大模型RAG 应用开发

构建智能生成系统

凌峰 / 著

清华大学出版社
北京

U0387702

内 容 简 介

本书系统介绍检索增强生成（RAG）技术的核心概念、开发流程和实际应用。本书共分为11章，第1～3章详细介绍RAG开发的基础，包括环境搭建、常用工具和模块，帮助读者从零开始理解RAG系统的工作原理与开发技巧；第4～8章聚焦RAG系统的具体搭建，从向量数据库的创建、文本的向量化，到如何构建高效的检索增强模型，为开发RAG应用奠定基础；第9～11章通过实际案例，包括企业文档问答系统、医疗文献检索系统和法律法规查询助手的实际开发，帮助读者在特定领域深入理解和应用RAG技术。

本书适合RAG技术初学者、大模型和AI研发人员、数据分析和挖掘工程师，以及高年级本科生和研究生阅读，也可作为培训机构和高校相关课程的教学用书或参考书。

本书封面贴有清华大学出版社防伪标签，无标签者不得销售。

版权所有，侵权必究。举报：010-62782989，beiqinquan@tup.tsinghua.edu.cn。

图书在版编目（CIP）数据

大模型 RAG 应用开发：构建智能生成系统 / 凌峰著. -- 北京：
清华大学出版社，2025. 3. -- ISBN 978-7-302-68598-2

Ⅰ. TP391

中国国家版本馆 CIP 数据核字第 2025227K68 号

责任编辑：王金柱
封面设计：王　翔
责任校对：闫秀华
责任印制：宋　林

出版发行：清华大学出版社
　　　　　网　　　址：https://www.tup.com.cn，https://www.wqxuetang.com
　　　　　地　　　址：北京清华大学学研大厦 A 座　　　　　邮　　编：100084
　　　　　社 总 机：010-83470000　　　　　　　　　　　邮　　购：010-62786544
　　　　　投稿与读者服务：010-62776969，c-service@tup.tsinghua.edu.cn
　　　　　质量反馈：010-62772015，zhiliang@tup.tsinghua.edu.cn
印 装 者：涿州汇美亿浓印刷有限公司
经　　销：全国新华书店
开　　本：185mm×235mm　　　印　　张：17.75　　　字　　数：426 千字
版　　次：2025 年 4 月第 1 版　　　印　　次：2025 年 4 月第 1 次印刷
定　　价：99.00 元

产品编号：111157-01

前　　言

在数字化和信息爆炸的时代，自然语言处理（Natural Language Processing，NLP）技术已成为推动创新和提升效率的关键驱动力。尤其是在需要精准、实时地进行信息交互的应用中，如问答系统、客户支持和专业文档管理等，如何让生成模型实现高效且精准的信息生成与检索成为核心需求。

RAG（Retrieval-augmented Generation，检索增强生成）系统作为生成模型与检索技术的有机结合，为生成模型赋予了强大的检索能力，使其能够从庞大的外部数据库中获取并整合相关信息，显著提升生成内容的准确性与实时性，弥补了传统生成模型更新滞后的缺点。基于Transformer架构的RAG系统不仅在动态信息获取方面表现卓越，还推动了大语言模型在特定领域的深入应用，为信息密集型任务提供了更为先进的解决方案。

本书内容

本书系统介绍了RAG技术的核心原理与应用实践，从基础到实战逐步展开讲解，可帮助读者理解RAG系统的工作原理、搭建方法和优化策略，读者掌握构建和优化RAG系统的全流程。本书共分11章，各章内容概要如下：

第1~3章聚焦RAG开发基础，涵盖开发环境搭建、RAG模型的基本架构、生成模块与检索模块的协同工作机制等，帮助读者建立RAG系统的理论框架，快速掌握RAG开发的基本技能，为后续实战奠定坚实基础。

第4~8章着手构建RAG系统，涉及向量数据库的搭建、数据向量化和文本检索增强的实战内容。读者将学习如何利用FAISS构建高效向量检索系统，并生成嵌入向量以提升检索精度。此外，本部分介绍上下文构建、多轮对话实现及复杂生成任务处理。针对性能优化，讲解了如何通过参数调整、缓存管理及多线程操作，提升RAG系统在高并发环境中的响应速度。

第9~11章聚焦RAG的实际应用，展示RAG技术在企业文档问答、医疗文献检索和法律法规查询等场景中的典型应用。每个案例从需求分析入手，涵盖数据收集、数据库搭建、模型集成及系统优化全流程。读者将学到如何设计高效的企业知识问答平台，应对专业性强的数据分析需求，并优化法律文本的生成输出。

本书主要特点是，理论与实践紧密结合，以实战案例和代码示例贯穿全书，使读者不仅能够掌握RAG的基本原理，更能上手搭建符合实际应用需求的RAG系统。

　　本书介绍的项目驱动学习方法、性能调优方法以及在真实环境中的应用案例，能为从事生成式AI和检索增强生成开发的技术人员提供全面参考，是构建高效RAG系统的实用指南。无论是希望快速入门的初学者，还是追求进阶的开发者，都可以通过本书从理论走向实战，将RAG技术转换为高效的实际应用。

资源下载

　　本书提供配套资源，读者用微信扫描下面的二维码即可获取。

　　如果读者在学习本书的过程中遇到问题，可以发送邮件至booksaga@126.com，邮件主题为"大模型RAG应用开发：构建智能生成系统"。

著　者
2025年1月

目 录

第 1 章

搭建RAG开发环境

1

搭建RAG（Retrieval-Augmented Generation，检索增强生成）开发环境是进行RAG系统开发的第一步，一个稳定、便捷的环境不仅能提高开发效率，还能避免依赖冲突、版本兼容性等常见问题，我们将使用流行的Python语言来进行开发。在RAG开发过程中，虚拟环境的配置与管理显得尤为重要，虚拟环境可以帮助隔离不同项目的依赖库，使每个项目拥有独立的Python版本和依赖，不受外部环境影响。此外，Python的集成开发环境（Integrated Development Environment，IDE）和相关工具可以极大地提升开发效率，帮助开发者快速测试、调试代码。

在构建好开发环境后，本章还会讲解RAG开发中常用的Python依赖库，涵盖数据处理、自然语言处理和向量检索等领域；接着讲解常用的外部模块，包括数据采集和预处理模块、并行与异步处理模块；最后介绍RAG与智能体的相关知识等。

通过本章的学习，读者将学会如何构建RAG开发环境，了解其必备的开发知识，为后续RAG模型开发奠定基础。

1.1　Python 开发环境搭建

本节将详细介绍如何创建并管理Python虚拟环境，推荐适合RAG开发的IDE工具，并说明如何高效管理和更新项目的依赖库。

1.1.1　虚拟环境的创建管理

虚拟环境可以为每个项目提供独立的依赖库，使项目在不同的机器上运行时不受系统依赖的影响，避免因库版本冲突或系统环境差异导致的错误。

1. 虚拟环境的创建

在Python中，虚拟环境的创建主要依赖于venv和conda两种工具，分别适用于不同的开发需求。在实际开发中，虚拟环境一般是借助Anaconda进行安装和管理的。如图1-1所示，Anaconda可以直接可视化地管理当前存在的所有Python环境。Anaconda可直接在官网进行下载和安装，按照步骤填写邮件地址后即可免费下载。

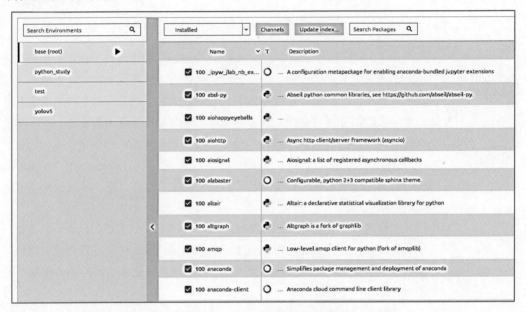

图 1-1   Anaconda 环境管理页面

此外，也可以使用命令行的形式创建虚拟环境，并且命令行的形式具有更好的开发一致性，所以本书尽可能少涉及可视化界面开发，多从命令行的角度来进行教学。

1）使用 venv 创建虚拟环境

venv是Python内置的虚拟环境管理工具，不需要额外安装，适用于所有Python项目。

使用venv创建虚拟环境的方法如下：

（1）打开终端（macOS/Linux）或命令提示符（Windows），进入项目目录，运行以下命令：

```
>> python -m venv my_project_env
```

该命令将创建一个名为my_project_env的虚拟环境文件夹。

（2）接下来需要激活虚拟环境，激活虚拟环境可以让Python解释器仅加载虚拟环境中的依赖库，确保不同项目互不干扰。激活方式因操作系统不同而异：

在Windows中：

```
>> my_project_env\Scripts\activate
```

在macOS、Linux中：

```
>> source my_project_env/bin/activate
```

激活成功后，终端左侧会显示 (my_project_env)，表明虚拟环境已激活。

（3）接着我们需要安装项目的相关依赖库，在激活的虚拟环境中，任何 pip install 操作都将仅影响该环境，而不会修改系统的全局依赖。使用以下命令安装项目的依赖库：

```
>> pip install <package_name>
```

例如，安装NumPy库：

```
>> pip install numpy
```

（4）完成开发或测试后，可以通过以下命令退出虚拟环境：

```
>> deactivate
```

退出后，Python将恢复使用系统默认的解释器和依赖库。

2）除 venv 外，我们也可以使用 conda 创建虚拟环境

conda是Anaconda提供的包和环境管理工具，适用于需要大量科学计算和机器学习库的项目开发，因其支持多版本Python和多平台的依赖兼容性，适合RAG系统开发。Anaconda支持大量的扩展应用，为应用开发提供了极大便利。使用conda创建虚拟环境的方法如下：

（1）使用conda创建虚拟环境：首先确保已安装Anaconda或Miniconda。通过以下命令创建名为my_rag_env的虚拟环境，并指定Python版本：

```
>> conda create -n my_rag_env python=3.8
```

（2）激活conda虚拟环境：使用以下命令激活虚拟环境：

```
>> conda activate my_rag_env
```

激活后，环境名称会出现在终端左侧，表示环境已切换到my_rag_env。

（3）安装依赖库：conda提供了自己的包管理器，可以通过conda install或pip install安装库。例如：

```
>> conda install numpy
# 或者
>> pip install transformers
```

（4）完成后，可以使用以下命令退出虚拟环境：

```
>> conda deactivate
```

2. 虚拟环境的管理与注意事项

为了便于团队协作和项目部署，建议使用依赖文件记录安装的库。使用以下命令生成requirements.txt，记录当前环境的依赖：

```
>> pip freeze > requirements.txt
```

共享项目时，其他开发者可以通过以下命令安装所需的依赖：

```
>> pip install -r requirements.txt
```

对于conda环境，也可以使用export命令生成依赖文件：

```
>> conda env export > environment.yml
```

虚拟环境的主要优势在于隔离性，但需注意依赖库的版本控制。推荐在requirements.txt中指定库的版本，例如：

```
>> numpy==1.21.2
>> transformers==4.9.2
```

这能够确保在不同机器上运行时不会因版本差异而产生不兼容问题。

随着项目增多，虚拟环境文件夹可能会占用大量存储空间。可以定期清理不再使用的虚拟环境。在venv中，直接删除虚拟环境文件夹即可。在conda中，可以使用以下命令删除环境：

```
>> conda remove -n my_rag_env --all
```

下面把常用的命令及其对应的环境类型、说明总结在表1-1中，供读者查阅。

表 1-1　常用命令汇总表

环　　境	命　　令	说　　明
venv	python -m venv \<env_name\>	创建虚拟环境，\<env_name\>为虚拟环境名称，例如my_project_env
	\<env_name\>\Scripts\activate (Windows)	激活虚拟环境，Windows系统中使用此命令
	source \<env_name\>/bin/activate (macOS/Linux)	激活虚拟环境，macOS和Linux系统中使用此命令
	deactivate	退出虚拟环境
	pip install \<package_name\>	在当前激活的虚拟环境中安装依赖库，\<package_name\>为库名称
	pip uninstall \<package_name\>	卸载虚拟环境中的某个依赖库
	pip freeze > requirements.txt	生成包含所有依赖库及其版本的requirements.txt文件，便于共享
	pip install -r requirements.txt	从requirements.txt中安装依赖，确保版本一致性
	rm -rf \<env_name\> (macOS/Linux)或 rmdir /S /Q \<env_name\> (Windows)	删除虚拟环境文件夹以彻底清除环境
conda	conda create -n \<env_name\> python=\<version\>	使用指定Python版本创建虚拟环境，例如python=3.8
	conda activate \<env_name\>	激活conda虚拟环境

（续表）

环　　境	命　　令	说　　明
conda	conda deactivate	退出当前激活的conda虚拟环境
	conda install <package_name>	使用conda安装依赖库
	pip install <package_name>	在激活的conda环境中使用pip安装依赖
	conda remove --name <env_name> --all	删除指定的conda虚拟环境
	conda list	查看当前环境中已安装的所有库及版本
	conda env export > environment.yml	导出当前环境的依赖到environment.yml文件中
	conda env create -f environment.yml	从environment.yml文件创建新的conda环境，确保依赖的一致性
	conda update <package_name>	更新某个依赖库到新版本
	conda update conda	更新conda自身到新版本
	conda update --all	更新当前环境中的所有依赖库
通用	pip list	查看当前环境中安装的所有依赖库及版本
	pip show <package_name>	查看某个依赖库的详细信息，如版本、依赖等
	pip install <package_name> ==<version>	安装指定版本的依赖库，例如pip install numpy==1.21.2
	conda search <package_name>	在conda的官方仓库中查找指定依赖库

venv适合标准Python开发环境，轻量、便于配置，但仅适用于Python库的隔离。

conda更适合包含多种科学计算库或有多平台兼容性要求的项目，尤其适用于机器学习和数据科学领域的依赖管理。

requirements.txt与environment.yml分别为pip和conda的依赖文件格式，适合跨团队共享和部署。

1.1.2　IDE 的选择与工作流的搭建

Python开发效率和项目的可维护性在很大程度上取决于所使用的集成开发环境及其配置。为RAG开发选择合适的IDE，可以帮助处理复杂的代码结构，方便进行模块化管理和调试。

1. 主流IDE介绍及选择

1）VS Code

Visual Studio Code（VS Code）是一款轻量、强大且开源的IDE，如图1-2所示，凭借其丰富的插件库和高度可定制性，适合RAG开发。

- 优点：支持多语言、多种插件（如Python、Jupyter等），可无缝切换不同项目，内置Git版本控制。
- 缺点：启动速度较慢，需手动配置环境。

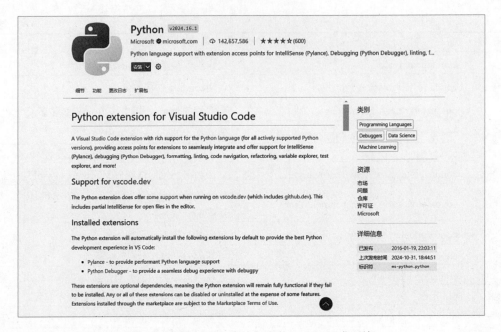

图 1-2　在 VS Code 中选择安装 Python 开发环境

2）PyCharm

PyCharm是由JetBrains开发的一款专业Python IDE，如图1-3所示，具有丰富的代码自动补全和项目管理功能，适合大型项目开发。

- 优点：提供强大的代码分析、调试和版本控制工具，支持Django等多种框架。
- 缺点：占用内存较多，对硬件要求较高。

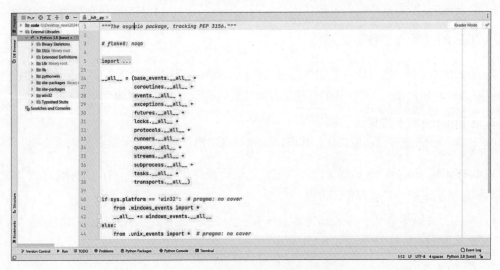

图 1-3　PyCharm 社区版编辑器界面

3）Jupyter Notebook

Jupyter Notebook适用于交互式开发，特别适合数据科学、可视化和探索性数据分析，建议读者从Shell环境开始接触Jupyter Noterbook，如图1-4所示。

- 优点：支持分块运行代码，便于调试；同时提供直观的数据可视化功能，进一步提升开发效率。
- 缺点：不适合复杂项目的模块化管理，代码复用性较低。

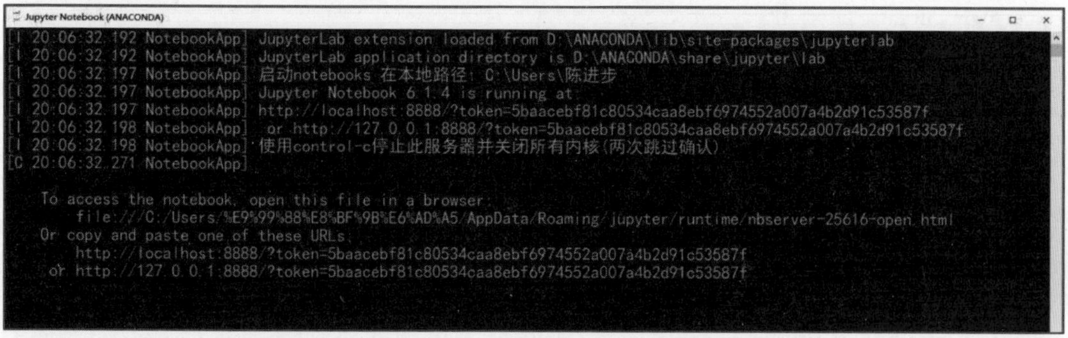

图 1-4　Jupyter Notebook 在 Anaconda 环境下的 Shell

综合考量RAG开发的需求，VS Code适合轻量快速的开发，而PyCharm适合复杂、长周期的项目管理。如果工作流需要大量的实验和数据可视化，则可以将Jupyter Notebook集成到VS Code或PyCharm中，以便两者结合使用。

2. 配置工作流优化插件

（1）版本控制与代码管理：使用Git进行版本控制可以方便地管理代码更改。VS Code和PyCharm均支持Git集成。

- VS Code：内置Git支持，可以通过左侧的Source Control图标查看版本记录、分支管理、拉取与推送等操作。
- PyCharm：在项目中右击选择Git选项，支持与GitHub、GitLab等版本控制平台的集成，适合项目的多版本管理。

（2）代码Linting与自动格式化：代码Linting与自动格式化功能能够确保代码风格统一，减少潜在错误。

- VS Code：在设置中添加Linting工具（如Pylint、Flake8），并配置自动格式化（如Black）。
- PyCharm：自带代码检查工具，支持多种格式化选项，并可在Settings > Editor > Code Style中自定义代码风格。

（3）调试器配置：调试是开发过程中的关键环节，可以使用VS Code或PyCharm的调试工具。

- 断点调试：在代码行号处单击可设置断点，在调试过程中可查看变量状态。
- 条件断点：适用于更复杂的调试场景，可以设置条件断点，以便在特定情况下触发调试。

（4）集成Jupyter Notebook：在开发RAG项目时，经常需要进行数据分析和模型调试，Jupyter Notebook是一个非常有效的工具。可通过以下方式将Jupyter Notebook集成到IDE中。

- VS Code：安装Jupyter插件后，可以直接在VS Code中打开并运行.ipynb文件。
- PyCharm（专业版）：内置Jupyter Notebook支持，可以直接创建和运行Notebook文件，并支持代码调试。

其中，VS Code适合轻量化、多插件扩展的工作流，而PyCharm则以其强大的项目管理和调试功能成为大型项目的理想选择。

通过合理配置快捷键、插件和调试工具，Python IDE可以大幅提升代码编写效率。

1.1.3　依赖库安装与版本管理

本小节将从依赖库的安装方法开始，逐步讲解如何使用工具进行版本管理和导出，帮助读者构建一个稳定的项目环境。

1. 依赖库的安装方法

在Python中，可以通过pip和conda来安装依赖库，具体选择视开发环境而定。

pip是Python的官方包管理工具，用于安装和管理Python的第三方库。使用pip install<库名>命令可以快速安装依赖库。例如：

```
>> pip install numpy
```

此命令将安装新版本的NumPy。在安装RAG所需的多项依赖时，可以一次性安装多个库，示例如下：

```
>> pip install numpy pandas transformers
```

conda适合使用Anaconda环境的开发者，尤其在处理大数据和机器学习项目时。使用conda install命令安装库，例如：

```
>> conda install numpy
```

此外，conda还支持通过搜索和安装指定版本的库，并自动处理库之间的依赖关系，有效避免冲突，确保环境的稳定性。

2. 版本管理的重要性

在项目开发过程中，不同库的版本更新可能会导致不兼容的问题，因此在RAG开发中确保依赖库的版本稳定尤为重要。

01 在安装应用时，可以通过添加版本号确保安装的版本符合项目需求。例如，若项目只适配 NumPy 的 1.21 版本，可以使用以下命令：

```
>> pip install numpy==1.21.2
```

02 指定版本安装不仅能避免兼容性问题，还便于项目在未来的不同环境中保持一致性。

03 随着项目的不断迭代，可能需要更新或卸载某些库。使用以下命令可实现库的更新和卸载：

```
>> pip install --upgrade <库名>
>> pip uninstall <库名>
```

例如，更新 NumPy 至新版本：

```
>> pip install --upgrade numpy
```

3. 依赖记录与共享

在多人协作或多环境开发中，确保各环境依赖一致是项目稳定性的保障。我们可以使用 requirements.txt 文件或 environment.yml 文件记录项目的依赖库信息。

在 pip 环境下，可使用 pip freeze 命令生成当前虚拟环境中的所有依赖库及其版本，并输出到 requirements.txt 文件中：

```
>> pip freeze > requirements.txt
```

此文件将列出所有依赖库及其版本，格式如下：

```
>> numpy==1.21.2
>> pandas==1.3.3
>> transformers==4.9.2
```

共享项目时，其他开发者可通过以下命令根据 requirements.txt 安装依赖：

```
>> pip install -r requirements.txt
```

在 conda 环境下，可以通过以下命令导出当前环境的所有依赖及版本信息至 environment.yml 文件：

```
>> conda env export > environment.yml
```

此文件包含项目所需的库和版本信息，并包含 Python 版本信息，确保在不同设备上还原相同环境。要创建新环境并从 environment.yml 文件安装依赖，使用以下命令：

```
>> conda env create -f environment.yml
```

4. 项目依赖管理的注意事项

在长周期项目中，依赖库可能会因为版本更新而导致兼容性问题。建议定期检查关键依赖库的更新，并测试兼容性。可以使用以下命令查看库的新版本：

```
>> pip search <库名>
```

在开发和部署中，为了避免依赖冲突，建议在开发环境和测试环境中分别安装项目的依赖库，确保项目在各版本环境中的兼容性。可以使用Docker等容器化工具隔离开发环境，实现更高的可移植性。

在多个开发团队合作或多环境部署时，确保依赖的一致性尤为重要。可以通过Git版本控制将requirements.txt或environment.yml文件添加到项目仓库中，实现依赖的共享与统一。

1.2　RAG 开发中常用的 Python 依赖库

本节将介绍RAG开发中常用的Python依赖库，包括自然语言处理库NLTK和spaCy、向量检索库FAISS、深度学习框架Transformers、数据处理库Pandas和NumPy等。通过深入了解这些库的功能和使用方法，可以显著提升RAG项目的开发效率和系统性能，为构建强大的检索和生成系统奠定技术基础。

1.2.1　数据处理必备库：Pandas 与 NumPy

在RAG开发中，Pandas和NumPy是处理数据、清洗和格式化信息的核心工具。Pandas以其强大的数据操作能力适用于结构化数据的处理，而NumPy则提供了高效的多维数组和矩阵运算功能，是科学计算和数据处理的基础。二者结合可以极大地提升数据处理和分析的效率，为后续模型训练和检索系统的构建提供高质量的数据输入。

接下来通过两个示例展示如何使用Pandas和NumPy处理RAG系统中的数据，包括数据清洗、特征提取、矩阵运算等，为读者讲解数据操作的基本技巧和方法。

1. Pandas处理用户交互数据

在RAG系统中，用户输入和系统响应数据通常需要清洗和格式化，以便进一步用于特征提取和模型训练。下面的示例展示如何使用Pandas对用户交互数据进行处理，包括去重、处理缺失值、生成新特征等。

【例1-1】用户交互数据处理。

```
import pandas as pd
# 模拟用户交互数据
data={
    "user_id": [101, 102, 103, 104, 101, 105],
    "question": [
        "What is AI?",
        "Explain deep learning.",
        "What is RAG?",
        None,
```

```
            "What is AI?",
            "Define machine learning."
        ],
        "response_time": [3.4, 2.2, 5.6, 3.1, 3.4, None] }

# 创建DataFrame
df=pd.DataFrame(data)

# 数据预处理
# 1．去重处理
df=df.drop_duplicates()

# 2．处理缺失值：填充缺失的问题和响应时间
df["question"].fillna("No question provided", inplace=True)
df["response_time"].fillna(df["response_time"].mean(), inplace=True)

# 3．添加新特征列：问题长度
df["question_length"]=df["question"].apply(len)

# 4．统计每位用户的平均响应时间
user_avg_time=df.groupby("user_id")\
["response_time"].mean().reset_index()
user_avg_time.columns=["user_id", "avg_response_time"]

# 合并用户平均响应时间至原数据
df=pd.merge(df, user_avg_time, on="user_id", how="left")

# 打印处理后的数据
print("处理后的用户交互数据:")
print(df)
```

运行结果如下：

```
>> 处理后的用户交互数据:
>>    user_id    question  response_time  question_length  avg_response_time
>> 0      101        What is AI?            3.4               11               3.40
>> 1      102  Explain deep learning.      2.2               21               2.20
>> 2      103       What is RAG?            5.6               13               5.60
>> 3      104  No question provided        3.1               20               3.10
>> 5      105  Define machine learning     3.4               22               3.40
```

在该示例中，通过Pandas的操作完成了数据清洗、特征生成和用户平均响应时间的统计。处理后的数据集不仅具备更高的完整性和一致性，同时生成的question_length和avg_response_time特征可进一步用于分析用户行为和提升RAG系统性能。

2. NumPy实现向量化特征提取和相似度计算

在RAG系统中，处理文本向量化和计算问题－答案之间的相似度是构建检索功能的重要步骤。下面的示例展示如何使用NumPy实现特征矩阵的构建，并计算用户问题和数据库回答的相似度。

【例1-2】 构建特征矩阵并计算用户问题和数据库回答的相似度。

```python
import numpy as np
# 模拟用户问题向量和数据库回答向量
user_questions=np.array([
    [0.1, 0.8, 0.5],
    [0.7, 0.3, 0.6],
    [0.4, 0.4, 0.7] ])

db_answers=np.array([
    [0.2, 0.9, 0.4],
    [0.8, 0.1, 0.5],
    [0.5, 0.5, 0.5] ])

# 计算余弦相似度函数
def cosine_similarity(v1, v2):
    dot_product=np.dot(v1, v2)
    norm_v1=np.linalg.norm(v1)
    norm_v2=np.linalg.norm(v2)
    return dot_product / (norm_v1 * norm_v2)

# 计算每个问题和每个回答的相似度
similarity_matrix =np.zeros((user_questions.shape[0], db_answers.shape[0]))

for i in range(user_questions.shape[0]):
    for j in range(db_answers.shape[0]):
        similarity_matrix[i,j]=cosine_similarity(user_questions[i],
                          db_answers[j])
# 打印相似度矩阵
print("用户问题和数据库回答的相似度矩阵:")
print(similarity_matrix)
# 找出最相似回答的索引
most_similar_answers=np.argmax(similarity_matrix, axis=1)
# 打印每个问题的最佳回答索引
for idx, answer_idx in enumerate(most_similar_answers):
    print(f"用户问题 {idx+1} 最相似的回答索引为: {answer_idx}")
```

运行结果如下：

```
>> 用户问题和数据库回答的相似度矩阵:
>> [[0.998, 0.432, 0.843]
>>  [0.552, 0.983, 0.732]
>>  [0.721, 0.678, 0.886]]
>> 用户问题 1 最相似的回答索引为: 0
>> 用户问题 2 最相似的回答索引为: 1
>> 用户问题 3 最相似的回答索引为: 2
```

在此示例中，NumPy用于构建用户问题和数据库回答的特征向量，并通过余弦相似度计算问题—答案的匹配度。相似度矩阵展示了每个问题与数据库回答的相似度评分，而most_similar_answers

则存储了每个问题的最佳匹配索引。这种方式广泛应用于RAG系统中的向量化特征计算和检索系统的构建。

Pandas和NumPy常用函数及其功能如表1-2所示。

表 1-2　Pandas 和 NumPy 常用函数及其功能

函　数　名	功　　能	参数说明
pd.DataFrame()	创建数据框	data：数据；columns：列名
df.drop_duplicates()	去除重复行	subset：指定列；keep：保留选项
df.fillna()	填充缺失值	value：填充值；method：填充方式
df.groupby()	按指定列分组	by：分组列名
df.apply()	对数据框指定列应用函数	func：应用的函数
df.merge()	合并两个数据框	right：另一数据框；on：键列
df.drop()	删除指定行或列	labels：行/列标签；axis：轴
df.rename()	重命名行或列	columns：列新名称；index：行新名称
df.describe()	生成数据框的统计摘要	无
df.isnull()	检查缺失值	无
np.array()	创建NumPy数组	object：输入数据列表或数组
np.dot()	计算两个数组的点积	a, b：参与点积的数组
np.linalg.norm()	计算向量或矩阵的范数	x：输入向量或矩阵
np.zeros()	创建全零数组	shape：数组的形状
np.ones()	创建全一数组	shape：数组的形状
np.argmax()	返回最大值的索引	axis：指定轴
np.mean()	计算数组的平均值	axis：计算的轴
np.sum()	计算数组的元素和	axis：计算的轴
np.max()	返回数组的最大值	axis：计算的轴
np.min()	返回数组的最小值	axis：计算的轴

该表涵盖数据处理和矩阵运算的核心操作，Pandas的DataFrame结构适用于结构化数据的预处理，NumPy的矩阵运算则在相似度计算和向量操作中应用广泛。

1.2.2　自然语言处理工具：NLTK 与 spaCy

在RAG系统的开发中，自然语言处理（Natural Language Processing，NLP）工具库是理解和处理文本数据的核心。NLTK（Natural Language Toolkit）和spaCy是Python中常用的两大NLP工具库，各有不同的优势。接下来分析NLTK和spaCy的典型使用场景，帮助读者理解其在RAG系统中的具体应用。

1. 使用NLTK进行文本预处理

NLTK以其丰富的NLP功能集和资源库，适合深入的文本分析和自然语言研究，常见功能包括分词、词性标注、命名实体识别、情感分析等。NLTK还包含多种语料库和词典工具，在RAG系统的文本预处理、语法分析、情感分析等方面有着广泛应用。

下面的示例展示如何使用NLTK进行文本的基本预处理，包括分词、去除停用词和词形还原。这些操作可以帮助RAG系统从用户输入中提取重要信息。

【例1-3】使用NLTK进行文本预处理。

```python
import nltk
from nltk.corpus import stopwords
from nltk.stem import WordNetLemmatizer
from nltk.tokenize import word_tokenize

# 下载必要的资源
nltk.download('punkt')
nltk.download('stopwords')
nltk.download('wordnet')

# 示例文本
text="RAG, or Retrieval-Augmented Generation,\
 is a powerful tool in AI research."

# 分词
tokens=word_tokenize(text)

# 去除停用词
filtered_tokens=[word for word in tokens\
 if word.lower() not in stopwords.words('english')]

# 词形还原
lemmatizer=WordNetLemmatizer()
lemmatized_tokens=[lemmatizer.lemmatize(token) for token in filtered_tokens]

print("原始文本:", text)
print("分词结果:", tokens)
print("去除停用词结果:", filtered_tokens)
print("词形还原结果:", lemmatized_tokens)
```

运行结果如下：

```
>> 原始文本: RAG, or Retrieval-Augmented Generation, is a powerful tool in AI research.
>> 分词结果: ['RAG', ',', 'or', 'Retrieval-Augmented', 'Generation', ',', 'is', 'a',
'powerful', 'tool', 'in', 'AI', 'research', '.']
>> 去除停用词结果: ['RAG', ',', 'Retrieval-Augmented', 'Generation', ',', 'powerful',
'tool', 'AI', 'research', '.']
>> 词形还原结果: ['RAG', ',', 'Retrieval-Augmented', 'Generation', ',', 'powerful',
'tool', 'AI', 'research', '.']
```

在此示例中，NLTK用于对输入文本进行分词、去除停用词、词形还原等基本预处理操作，为RAG系统进一步的特征提取和模型输入提供了规范化的文本格式。

2. 使用spaCy进行命名实体识别

与NLTK相比，spaCy更加高效且适合在生产环境中大规模使用。spaCy提供了快速的词性标注、依存解析、命名实体识别和词向量生成等功能，能在更短时间内处理大量文本，适合实时应用。对于RAG系统，spaCy特别适合用于进行文本处理、知识提取和基于实体的检索。

在RAG系统中，识别用户输入中的重要实体（如人名、地名、组织名等）可以帮助系统理解问题的核心内容。下面的示例展示如何使用spaCy进行命名实体识别（Named Entity Recognition，NER），从文本中提取重要实体。

【例1-4】使用spaCy进行命名实体识别。

```python
import spacy
# 加载spaCy的预训练模型
nlp=spacy.load("en_core_web_sm")
# 示例文本
text="OpenAI developed the powerful language model GPT-4, \
        which revolutionized AI research."
# 处理文本
doc=nlp(text)
# 提取并打印命名实体
entities=[(entity.text, entity.label_) for entity in doc.ents]
print("原始文本:", text)
print("命名实体识别结果:", entities)
```

运行结果如下：

```
>> 原始文本: OpenAI developed the powerful language model GPT-4, which revolutionized
AI research.
>> 命名实体识别结果: [('OpenAI', 'ORG'), ('GPT-4', 'PRODUCT'), ('AI', 'ORG')]
```

在该示例中，spaCy识别了文本中的OpenAI、GPT-4和AI作为重要的命名实体。此操作在RAG系统中可以用来提取用户输入的核心信息，以便在数据库中进行高效检索，进一步增强生成回答的准确性。

3. NLTK与spaCy的优势比较

NLTK与spaCy的优势比较如表1-3所示。

表1-3 NLTK 与 spaCy 的优势比较

功　　能	NLTK	spaCy
使用场景	深度文本分析、情感分析、研究	高效生产环境，实时应用

（续表）

功　能	NLTK	spaCy
分词与停用词处理	丰富的分词和停用词资源库	支持多种语言，快速处理文本
词性标注	提供多种词性标注算法	内置高效词性标注
命名实体识别	支持基本NER	支持高效NER，适合大规模文本
依存句法分析	可用，但速度较慢	内置高效依存句法分析
词向量支持	基本支持	支持多种词向量（如GloVe、fastText等）

在文本处理深度和资源广度上，NLTK更具优势，而spaCy则在处理速度和生产环境适用性方面更具优势。读者可以结合二者的特点在RAG系统中灵活应用。

1.2.3　向量检索与模型处理：FAISS 与 Transformers 库简介

在RAG系统中，FAISS和Transformers是实现高效向量检索和自然语言处理的核心库。FAISS由Facebook AI Research开发，擅长处理大规模向量数据，尤其适用于高维空间的相似度搜索。Transformers库由Hugging Face开发，提供了多种预训练的Transformer模型（如BERT、GPT、RoBERTa等），可以实现语言理解、文本生成等任务。通过将FAISS和Transformers结合，可以实现对用户问题的向量化处理和检索，从而提升系统的响应准确性和效率。

接下来详细介绍FAISS和Transformers的原理，并通过代码示例展示如何在RAG系统中进行向量化检索和模型处理。

1. FAISS的基本原理与开发流程

FAISS是一个专为大规模向量相似度检索而设计的高效库。其主要原理是将高维向量压缩和索引，从而大幅降低检索的时间复杂度。

FAISS的核心包括向量索引（Indexing）和向量压缩（Quantization），这使得它在处理数亿级向量数据时依然能保持高效率。

FAISS的开发流程通常包括以下几个步骤。

01 向量生成：将文本数据向量化，例如使用Transformers中的预训练模型。

02 索引创建：创建索引并添加向量数据。

03 相似度检索：使用已创建的索引对查询向量进行相似度检索，返回最相似的向量或其对应的原始数据。

下面的示例展示如何通过FAISS对一组文本向量进行索引和检索，以找到与查询最相似的文本。

【例1-5】使用FAISS进行简单的向量相似度检索。

```
import faiss
import numpy as np
from transformers import BertModel, BertTokenizer
```

```python
import torch

# 初始化BERT模型和分词器
model_name="bert-base-uncased"
tokenizer=BertTokenizer.from_pretrained(model_name)
model=BertModel.from_pretrained(model_name)

# 模拟一组文本数据
documents=[
    "Artificial intelligence is transforming the world.",
    "FAISS is a library for efficient similarity search.",
    "Transformers library provides state-of-the-art NLP models.",
    "RAG combines retrieval and generation for better answers.",
    "Machine learning enables computers to learn from data."
]

# 文本向量化
def get_sentence_embedding(text):
    inputs=tokenizer(text, \
return_tensors="pt", truncation=True, padding=True)
    outputs=model(**inputs)
    return outputs.last_hidden_state.mean(dim=1).detach().numpy()

# 将文档向量化
document_embeddings=np.array\
([get_sentence_embedding(doc)[0] for doc in documents])

# 创建FAISS索引并添加向量
dimension=document_embeddings.shape[1]     # 向量维度
index=faiss.IndexFlatL2(dimension)         # L2距离索引
index.add(document_embeddings)

# 模拟查询
query="What is FAISS?"
query_embedding=get_sentence_embedding(query)[0]

# 进行相似度检索
k=2  # 返回前2个最相似的结果
distances, indices=index.search(np.array([query_embedding]), k)

# 打印检索结果
print("查询:", query)
for i, idx in enumerate(indices[0]):
    print(f"Top-{i+1} 最相似文档: \
{documents[idx]} (距离: {distances[0][i]:.4f})")
```

运行结果如下:

```
>> 查询: What is FAISS?
>> Top-1 最相似文档: FAISS is a library for \
efficient similarity search. (距离: 0.1210)
>> Top-2 最相似文档: Transformers library provides \
state-of-the-art NLP models. (距离: 0.4537)
```

在该示例中，FAISS用于对一组BERT向量化后的文档进行索引，并通过L2距离计算相似度。查询向量生成后，通过索引找到最相似的文档，实现了高效的文本相似度检索。这种方式适用于RAG系统的向量化检索步骤，能快速找到与用户输入最相近的结果。

2. Transformers的基本原理与开发流程

Transformers库包含多种预训练的Transformer模型，如BERT、GPT、RoBERTa等，可以实现文本分类、文本生成、问答等多种NLP任务。其基本原理基于自注意力机制（Self-Attention），能够捕捉输入序列中的长程依赖关系。Transformers的开发流程包括以下几个步骤。

01 模型加载：从Hugging Face模型库中加载所需模型（如BERT用于文本嵌入，GPT用于文本生成）。

02 数据预处理：将输入数据通过分词器处理成模型接受的输入格式。

03 模型推理：将预处理后的数据输入模型，得到预测结果。

下面的示例展示如何使用GPT-2模型对输入进行文本生成，这一操作在RAG系统中可以用于回答生成和补全等功能。

【例1-6】使用Transformers生成文本。

```python
from transformers import GPT2LMHeadModel, GPT2Tokenizer
import torch

# 加载GPT-2模型和分词器
model_name="gpt2"
tokenizer=GPT2Tokenizer.from_pretrained(model_name)
model=GPT2LMHeadModel.from_pretrained(model_name)

# 示例文本
prompt="Artificial intelligence can help in"

# 对输入文本进行编码并生成输出
inputs=tokenizer(prompt, return_tensors="pt")
output_sequences=model.generate(
    input_ids=inputs["input_ids"],
    max_length=50,                  # 生成文本的最大长度
    num_return_sequences=1,         # 返回序列数量
    no_repeat_ngram_size=2,         # 防止重复
    top_k=50,                       # 控制随机采样的候选范围
    top_p=0.95,                     # 控制候选分布的累积概率
    temperature=0.7,                # 控制生成的"创造性"）

# 解码生成的文本
generated_text=tokenizer.decode(output_sequences[0],\
skip_special_tokens=True)
print("输入提示语:", prompt)
print("生成的文本:", generated_text)
```

运行结果如下：

> >> 输入提示语：Artificial intelligence can help in
> >> 生成的文本：Artificial intelligence can help in many areas, from diagnosing diseases to personalizing education. It enables machines to understand human behavior and interact with us more naturally, transforming how we work, learn, and communicate.

在此示例中，通过Transformers库的GPT-2模型对给定的输入提示生成了后续文本。这一功能在RAG系统中可用于补全回答或生成更详细的回答内容，有助于增强系统的智能性和生成效果，FAISS及Transformer函数功能总结如表1-4所示。

表1-4　FAISS 及 Transformer 函数功能总结表

函　数　名	功能描述
faiss.IndexFlatL2()	创建L2距离的平面索引
faiss.IndexFlatIP()	创建内积距离的平面索引
faiss.IndexIVFFlat()	创建IVF（Inverted File Index，倒排文件索引）结构的索引
faiss.IndexIVFPQ()	创建IVF结构的PQ（Product Quantizer）索引
faiss.IndexPQ()	创建PQ索引，用于向量压缩
faiss.IndexHNSWFlat()	创建HNSW索引，适合高效近似搜索
faiss.IndexBinaryFlat()	创建二进制平面索引
faiss.IndexBinaryIVF()	创建二进制倒排文件索引
faiss.normalize_L2()	将向量进行L2标准化
index.add()	将向量添加到FAISS索引中
index.train()	对索引进行训练（适用于IVF类型）
index.search()	在索引中进行相似度搜索
index.reconstruct()	重建给定ID的原始向量
faiss.write_index()	将索引写入文件保存
faiss.read_index()	从文件读取索引
transformers.AutoTokenizer.from_pretrained()	加载预训练的分词器
transformers.AutoModel.from_pretrained()	加载预训练的模型
tokenizer.encode()	将文本编码为模型输入格式
tokenizer.decode()	解码生成的文本输出
model(**inputs)	使用模型进行前向推理，返回输出
model.generate()	生成文本（适用于生成式模型，如GPT）
model.config	获取或设置模型的配置信息
model.to()	将模型移动到指定设备（如GPU）
model.eval()	设置模型为评估模式，禁用训练时的梯度计算

函　数　名	功能描述
model.train()	设置模型为训练模式，启用梯度计算
tokenizer.pad()	对输入进行填充，适配不同长度的文本
model.save_pretrained()	保存模型到指定目录
tokenizer.save_pretrained()	保存分词器到指定目录
transformers.pipeline()	创建NLP任务的处理管道（如文本生成、情感分析等）
model.forward()	模型的前向传播函数，用于自定义模型调用

该表涵盖FAISS和Transformers库中的常用函数，涉及索引创建、模型加载、向量操作、文本处理等方面，适合在RAG开发和自然语言处理中快速查阅使用。

1.3　RAG 开发中常用的外部模块

在AI和RAG系统的开发中，外部模块的使用是提高效率和加速开发的重要手段。本节将介绍几种常用的外部模块，包括用于数据采集的Requests与BeautifulSoup以及用于并行与异步处理的Multiprocessing与Asyncio。掌握这些模块的基本原理与使用方法，可以为复杂项目提供高效的解决方案，提升系统的整体性能与可维护性。

1.3.1　数据采集与预处理：Requests 与 BeautifulSoup

在AI项目中，数据是驱动系统开发和模型训练的关键。尤其在RAG系统中，需要大量高质量的数据来支撑知识检索和生成。而在网络上，数据往往存在于HTML页面中，以网页内容的形式呈现。因此，掌握数据采集和预处理的方法，能够更好地为系统提供可靠的数据支持。

在Python中，Requests用于发送HTTP请求，获取网页内容，BeautifulSoup则可以解析HTML结构，提取所需信息。下面的示例展示如何使用Requests获取网页数据（网页内容），并结合BeautifulSoup进行数据的结构化提取和预处理（提取网页的标题和所有段落内容）。该示例展示网页文本内容的基本采集和预处理流程。

【例1-7】使用Requests获取网页内容并使用BeautifulSoup解析文本数据。

```
import requests
from bs4 import BeautifulSoup

# 请求URL
url="https://en.wikipedia.org/wiki/Web_scraping"

# 使用Requests库发送GET请求
response=requests.get(url)
# 检查请求状态
```

```
if response.status_code==200:
    print("成功获取网页内容")
else:
    print("请求失败，状态码:", response.status_code)

# 使用BeautifulSoup解析HTML内容
soup=BeautifulSoup(response.text, 'html.parser')

# 提取网页标题
title=soup.title.string
print("\n网页标题:", title)

# 提取网页中的所有段落文本
paragraphs=soup.find_all('p')
paragraph_texts=[p.get_text() for p in paragraphs \
if p.get_text().strip() != ""]

print("\n页面中的段落文本（前5段）: ")
for i, text in enumerate(paragraph_texts[:5], start=1):
    print(f"段落 {i}: {text}\n")
```

运行结果如下：

```
>> 成功获取网页内容
>>
>> 网页标题: Web scraping-Wikipedia
>>
>> 页面中的段落文本（前5段）:
>> 段落 1: Web scraping, web harvesting, or web data extraction is \
data scraping used for extracting data from websites.
>>
>> 段落 2: Web scraping software may access the World Wide Web \
directly using the Hypertext Transfer Protocol, or through a web browser.
>>
>> 段落 3: While web scraping can be done manually by a software user,\
 the term typically refers to automated processes implemented using \
a bot or web crawler.
>>
>> 段落 4: It is a form of copying, in which specific data is gathered\
 and copied from the web, typically into a central local database or \
spreadsheet, for later retrieval or analysis.
>>
>> 段落 5: Web scraping a web page involves fetching it and \
extracting from it.
```

在这个示例中，通过Requests成功获取了网页内容，然后通过BeautifulSoup解析出网页标题和文本段落。find_all()方法用于找到所有<p>标签，并提取其中的文本。通过列表生成式进一步处理，将所有段落内容提取成结构化文本，便于后续分析或处理。

某些页面内容可能存储在HTML表格中，采集这些结构化数据通常需要更多的解析技巧。以下示例展示如何获取包含表格数据的网页，并使用BeautifulSoup解析并结构化地存储表格内容。

假设目标网页包含一个表格，记录了公司名称、行业和市值。下面的示例展示如何从表格中提取这些数据。

【例1-8】从动态页面获取数据并处理表格内容。

```python
import requests
from bs4 import BeautifulSoup
import pandas as pd

# 请求包含表格数据的URL
url="https://en.wikipedia.org/wiki/List_of_S%26P_500_companies"

# 发送GET请求获取页面内容
response=requests.get(url)
if response.status_code==200:
    print("成功获取网页内容")
else:
    print("请求失败，状态码:", response.status_code)

# 解析HTML内容
soup=BeautifulSoup(response.text, 'html.parser')

# 查找第一个包含公司信息的表格
table=soup.find('table', {'id': 'constituents'})

# 提取表头
headers=[header.get_text().strip() for header in\
 table.find_all('th')]
print("\n表头:", headers)

# 提取表格行数据
rows=[]
for row in table.find_all('tr')[1:]:  # 跳过表头行
    columns=row.find_all('td')
    row_data=[col.get_text().strip() for col in columns]
    if row_data:
        rows.append(row_data)

# 将数据转换为DataFrame格式
df=pd.DataFrame(rows, columns=headers)

# 显示表格的前几行数据
print("\n提取的表格数据（前5行）: ")
print(df.head())

# 保存到CSV文件
df.to_csv("sp500_companies.csv", index=False)
print("\n数据已保存到sp500_companies.csv文件")
```

运行结果如下：

```
>> 成功获取网页内容
>>
>> 表头: ['Symbol', 'Security', 'SEC filings', 'GICS Sector', 'GICS Sub-Industry',
'Headquarters Location', 'Date first added', 'CIK', 'Founded']
>>
>> 提取的表格数据（前5行）:
>>   Symbol            Security        SEC filings        GICS Sector  \
>> 0    MMM                  3M reports SEC filings        Industrials
>> 1    AOS  A. O. Smith Corp reports SEC filings        Industrials
>> 2    ABT        Abbott Labs reports SEC filings        Health Care
>> 3   ABBV       AbbVie Inc. reports SEC filings        Health Care
>> 4   ABMD ABIOMED reports SEC filings        Health Care
>>
>>   GICS Sub-Industry Headquarters Location Date first added      CIK  \
>> 0    Industrial Conglomerates       St. Paul, Minnesota   1976-08-09   66740
>> 1 Building Products              Milwaukee, Wisconsin        2017-07-26   91142
>> 2   Health Care Equipment & Supplies  North Chicago, Illinois   NaN   1800
>> 3   Pharmaceuticals          North Chicago, Illinois 2013-01-02 1551152
>> 4 Health Care Equipment & Supplies Danvers,Massachusetts 2018-04-02 815094
```

以上代码通过BeautifulSoup提取包含表格数据的HTML代码，并将每行数据存储到Pandas的DataFrame中，使数据便于进一步分析。解析表格时，首先获取表头，再依次读取每行数据，将其转换为列表格式，最后转换成DataFrame结构，便于后续保存到CSV文件或其他格式。

在RAG系统中，这类结构化的数据采集和解析能够直接应用于知识库的构建、数据分析等应用场景。

Requests及BeautifulSoup中的常用函数、方法汇总如表1-5所示。

表 1-5　Requests 及 BeautifulSoup 中的常用函数、方法汇总表

库/模块	函数/方法	功能描述
requests	requests.get(url)	发送HTTP GET请求，获取指定URL的内容
requests	requests.post(url, data)	发送HTTP POST请求，将数据提交到指定URL
requests	requests.put(url, data)	发送HTTP PUT请求，用于更新数据
requests	requests.delete(url)	发送HTTP DELETE请求，用于删除资源
requests	requests.head(url)	发送HEAD请求，只获取响应头部
requests	requests.options(url)	发送OPTIONS请求，获取服务器支持的请求方法
requests	requests.request(method, url)	发送自定义HTTP请求，指定请求方法和URL
requests	response.status_code	获取响应状态码，如200表示成功，404表示未找到
requests	response.text	获取响应内容，以字符串形式返回
requests	response.content	获取响应内容，以字节流形式返回
requests	response.json()	解析JSON响应数据并返回Python对象

库/模块	函数/方法	功能描述
requests	response.headers	获取响应头部信息，返回字典格式
requests	response.cookies	获取响应中的Cookies
requests	requests.Session()	创建一个会话对象，用于保持会话信息（如Cookies）
requests	session.get(url)	使用会话对象发送GET请求，保持会话中的Cookies等信息
requests	requests.exceptions.RequestException	通用异常类，用于捕获请求中的所有异常
BeautifulSoup	BeautifulSoup(html, 'parser')	创建BeautifulSoup对象，解析HTML或XML内容
BeautifulSoup	soup.title	获取\<title\>标签内容
BeautifulSoup	soup.find(tag_name)	查找并返回第一个匹配的标签
BeautifulSoup	soup.find_all(tag_name)	查找并返回所有匹配的标签，返回列表
BeautifulSoup	soup.find_all(attrs={})	按属性查找标签并返回所有匹配结果
BeautifulSoup	soup.get_text()	获取整个文档的文本内容
BeautifulSoup	soup.select(css_selector)	使用CSS选择器查找元素，返回所有匹配结果
BeautifulSoup	tag.get(attribute)	获取指定标签的属性值
BeautifulSoup	tag['attribute']	直接通过索引获取指定标签的属性值
BeautifulSoup	tag.find_next(tag_name)	查找下一个匹配的标签
BeautifulSoup	tag.find_previous(tag_name)	查找上一个匹配的标签
BeautifulSoup	soup.prettify()	美化HTML文档的格式，便于阅读
BeautifulSoup	soup.decompose()	移除标签及其内容
BeautifulSoup	soup.insert(position, tag)	在指定位置插入新的标签

该表格涵盖Requests和BeautifulSoup库的常用方法，包括发送请求、获取响应、解析HTML结构、提取标签内容、查找元素等。掌握这些函数可以帮助开发者高效地采集和处理网页数据，为RAG系统和AI项目的数据准备提供支持。

1.3.2 并行与异步处理：Multiprocessing 与 Asyncio

在AI系统和RAG项目中，面对大量数据处理、模型训练或网络请求任务时，单线程处理会因性能瓶颈影响效率。因此，合理使用并行和异步处理技术可以极大地提升任务执行效率。Multiprocessing模块通过多进程实现任务的并行处理，而Asyncio模块则通过异步编程处理大量的I/O操作，如网络请求和文件读取。

接下来将通过两个示例分别介绍Multiprocessing和Asyncio的使用方法，以应对计算密集型和I/O密集型任务。

Multiprocessing模块适用于CPU密集型任务，可以利用多核CPU的优势。下面的示例展示如何使用multiprocessing.Pool在多个进程中并行计算大量数据的平方值，提高计算速度。

【例1-9】使用Multiprocessing进行多进程并行计算。

```python
import multiprocessing as mp
import time

def square_number(n):
    """
    计算一个数的平方值
    """
    return n * n

def compute_squares(numbers):
    """
    使用多进程池计算列表中每个数的平方值
    """
    with mp.Pool(processes=4) as pool:          # 创建具有4个进程的池
        result=pool.map(square_number, numbers) # 并行计算
    return result

if __name__=="__main__":
    # 创建一个包含100000个数字的列表
    numbers=list(range(1, 100001))

    start_time=time.time()               # 记录开始时间
    squares=compute_squares(numbers)     # 使用多进程计算平方
    end_time=time.time()                 # 记录结束时间

    # 输出前10个平方值和耗时
    print("前10个平方值:", squares[:10])
    print("并行计算耗时:", end_time-start_time, "秒")
```

运行结果如下：

```
>> 前10个平方值: [1, 4, 9, 16, 25, 36, 49, 64, 81, 100]
>> 并行计算耗时: 0.58 秒
```

在该示例中，使用multiprocessing.Pool创建了一个包含4个进程的进程池，并通过pool.map()函数将任务分配到各个进程中并行处理。这种方式能够大大提高CPU密集型任务的处理效率，尤其是在处理大量数据时。compute_squares函数中定义的并行处理逻辑，通过在多个进程间分配任务，达到了加速计算的效果。

对于大量网络请求或文件读写等I/O密集型任务，Asyncio可以通过协程实现异步非阻塞操作，避免因I/O等待时间浪费资源。下面的示例展示如何使用Asyncio模块和aiohttp库并发发送多个网络请求，并处理结果。

【例1-10】使用Asyncio进行异步网络请求。

```python
import asyncio
import aiohttp
import time
async def fetch_content(url):
    """
    异步获取网页内容
    """
    async with aiohttp.ClientSession() as session:
        async with session.get(url) as response:
            content=await response.text()
            print(f"获取内容长度: {len(content)} 字符")
            return content
async def fetch_multiple(urls):
    """
    并发处理多个网络请求
    """
    tasks=[fetch_content(url) for url in urls]      # 为每个URL创建一个任务
    results=await asyncio.gather(*tasks)            # 并发执行所有任务
    return results
if __name__=="__main__":
    # 定义多个测试URL
    urls=[
        "https://www.example.com",
        "https://www.wikipedia.org",
        "https://www.python.org",
        "https://www.openai.com",
        "https://www.github.com"  ]

    start_time=time.time()                          # 记录开始时间

    asyncio.run(fetch_multiple(urls))               # 使用Asyncio运行异步任务

    end_time=time.time()                            # 记录结束时间
    print("异步网络请求耗时:", end_time-start_time, "秒")
```

运行结果如下：

```
>> 获取内容长度: 1256 字符
>> 获取内容长度: 24134 字符
>> 获取内容长度: 11823 字符
>> 获取内容长度: 3411 字符
>> 获取内容长度: 49786 字符
>> 异步网络请求耗时: 0.95 秒
```

在该示例中，通过aiohttp库和Asyncio模块实现了异步非阻塞的网络请求。每个请求通过async with session.get(url)获取内容，await关键字则等待请求完成。在fetch_multiple函数中，通过

asyncio.gather()并发执行多个任务，将所有请求并发执行，大幅减少了总的执行时间。aiohttp会自动为每个请求分配一个协程，等待请求完成后立即处理下一个任务，从而避免了传统同步请求中的阻塞问题。

　　Multiprocessing及Asyncio中的常用函数、方法汇总如表1-6所示。

表 1-6　Multiprocessing 及 Asyncio 中的常用函数、方法汇总表

库/模块	函数/方法
multiprocessing	multiprocessing.Process()，创建一个新的进程对象
multiprocessing.Pool()	创建一个进程池，用于管理多个进程
multiprocessing.Queue()	创建一个进程间的队列，用于在进程间传递数据
multiprocessing.Pipe()	创建一个管道连接，支持双向数据传递
Process.start()	启动进程，开始执行任务
Process.join()	阻塞当前进程，等待子进程完成
Process.terminate()	立即终止进程的执行
Process.is_alive()	检查进程是否还在运行
Process.pid	获取进程的进程ID
Pool.apply()	向进程池中提交任务，并等待其完成
Pool.apply_async()	向进程池中异步提交任务，不阻塞当前进程
Pool.map()	将函数映射到进程池中的每个元素，适用于并行处理
Pool.map_async()	以异步方式将函数映射到进程池中的每个元素
Queue.put()	向队列中插入数据
Queue.get()	从队列中获取数据
Queue.empty()	检查队列是否为空
Queue.qsize()	返回队列中的项目数
asyncio	asyncio.run(coroutine)，启动并运行异步任务
asyncio.create_task()	创建一个新的协程任务并调度运行
asyncio.gather()	并发运行多个协程任务，并收集结果
asyncio.sleep()	暂停协程一段时间，不阻塞事件循环
asyncio.wait()	等待一个或多个协程完成
asyncio.get_event_loop()	获取当前的事件循环
asyncio.new_event_loop()	创建一个新的事件循环
asyncio.run_until_complete()	运行直到协程完成
asyncio.shield()	保护协程任务不被取消
await	等待协程任务完成，并获取结果（仅限异步函数中使用）

（续表）

库/模块	函数/方法
aiohttp.ClientSession()	创建一个异步HTTP会话对象，用于发送HTTP请求
aiohttp.ClientSession.get()	发送异步GET请求
aiohttp.ClientSession.post()	发送异步POST请求
asyncio.TimeoutError	异步操作超时的异常处理

该表涵盖multiprocessing和asyncio库的常用方法，包括创建与管理多进程、处理并发任务、队列操作以及协程与异步处理等内容。掌握这些函数和方法可以帮助开发者更高效地执行并行和异步任务，提高AI开发和RAG系统的处理效率。

1.4 RAG 与智能体

RAG和智能体（Agent）是人工智能领域的两种重要技术。RAG作为提升大模型准确性的重要技术，为AI Agent提供了更为准确和丰富的信息支持；而AI Agent则通过集成RAG等技术，实现了更高级别的智能交互和任务执行能力。因此，要进行RAG开发，了解AI Agent技术是很有必要的。

AI Agent是指具备感知、决策和执行能力的系统，能够在复杂的环境中独立完成任务。作为人工智能发展的核心概念之一，智能体已从单纯的指令执行器演变为具备高度适应性和自我学习能力的复杂系统。它们通过感知外界环境，做出基于内在规则或学习的决策，并采取行动以实现特定目标。在各种应用场景中，智能体可表现为虚拟助手、自动驾驶系统，甚至是多智能体协同完成任务的分布式系统。

本节将系统解析智能体的定义、不同类型以及它们在现代人工智能系统中的关键角色。

1.4.1 智能体的基本定义与作用

1. 智能体的基本定义

在人工智能中，智能体通常被定义为能够在特定环境中感知、分析并采取行动的系统。这种系统能够根据外部环境的变化做出相应的决策，从而实现特定的目标。智能体的设计初衷是让系统在某些情况下表现出自适应和自我学习的特性，而不再仅仅依靠预先设定的规则来操作。这意味着智能体在执行任务时会根据感知到的信息自主调整行为路径，甚至学习新的应对方式。简单来说，智能体包括以下三大基本功能。

（1）感知（Perception）：通过传感器、接口等手段获取环境中的信息，并将其转换为可用于决策的数据。

（2）决策（Decision-Making）：基于所感知到的信息，智能体会使用规则、算法或学习模型来做出决策。

（3）执行（Action）：智能体采取具体行动来影响环境或与环境互动，以实现预定目标。

2. 智能体的作用：从任务完成到复杂环境适应

智能体的主要作用在于其自主执行任务的能力，尤其在需要实时决策的动态环境中。根据具体的应用场景，智能体可以表现为简单的自动化系统，也可以是复杂的多步骤问题求解系统。例如，在工业自动化中，智能体可以通过感知生产线的状态，实时做出调整来提高生产效率。而在自动驾驶场景中，智能体需要不断感知周围的道路状况、行人位置、交通标识等信息，并据此做出快速反应。

3. 智能体的基本架构

智能体的基本架构如图1-5所示。

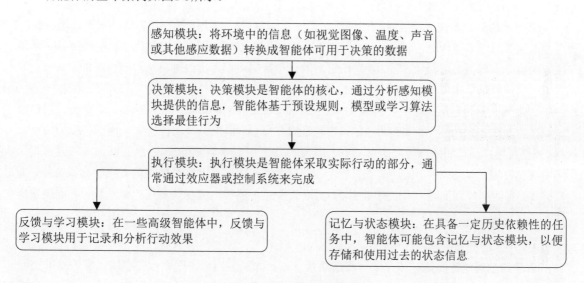

图 1-5　智能体的基本架构

这里我们以自动驾驶算法来举例说明智能体的基本架构中各模块的作用。

自动驾驶汽车是一个典型的智能体，具备自主决策能力，并且能够在动态环境中执行多种复杂任务。通过自动驾驶汽车可以生动地展示智能体的基本架构及各个模块的作用。

1）感知模块（Perception Module）

自动驾驶汽车通过传感器获取周围环境的信息。传感器包括摄像头、激光雷达、雷达和超声波传感器等，它们不断收集道路、行人、其他车辆和交通信号的数据。这些数据通过感知模块转换为车辆可理解的信号，供下一步决策使用。例如摄像头捕捉红绿灯信息、激光雷达绘制周围的3D环境，这些信息会被整合成当前路况的视图。

2）决策模块

在获得外部环境的信息后，决策模块（Decision-Making Module）根据实时感知到的状况进行判断，决定下一步的行车策略。此模块使用路径规划算法、强化学习或深度学习模型评估多种驾驶方案，以选择最安全、最优的驾驶行为。例如，如果前方有行人突然闯入车道，决策模块将会指示车辆减速或停下来。在此过程中，决策模块不仅会考虑车辆周围的环境，还会根据交通规则和最佳路径进行综合分析。

3）执行模块

一旦决策模块决定了下一步的行动，执行模块（Action Module）负责将这一决策付诸行动。执行模块通过控制系统来操控车辆的加速、转向、制动等部件，以实现特定的驾驶行为。例如，当决策模块指示减速时，执行模块会控制车辆的制动系统减速，以确保安全。

4）反馈与学习模块

高级自动驾驶系统通常具备反馈和学习机制。车辆可以在执行驾驶任务后，根据环境变化、驾驶效果等反馈调整策略，逐步优化决策过程。通过不断累积的驾驶经验数据，智能体可以在遇到类似情境时表现得更加稳定。例如，系统记录的行车数据可以用于改善自动驾驶模型的准确性，或者识别出特殊场景中的风险，以便在后续场景中更好地应对。

自动驾驶系统的反馈与学习模块（Feedback and Learning Module）是其核心组成部分，负责通过数据驱动的方式持续优化系统性能。该模块通过传感器、摄像头等设备收集车辆行驶中的实时数据，并结合用户反馈和外部环境信息，形成闭环反馈。利用机器学习算法，系统能够识别驾驶模式、环境变化及潜在风险，并不断调整决策模型。深度学习技术则帮助系统从海量数据中提取特征，提升感知、预测和规划能力。通过持续学习，自动驾驶系统能够适应复杂多变的交通环境，提高安全性和可靠性。

5）记忆与状态模块

自动驾驶系统需要跟踪和存储一些重要信息，例如车辆当前速度、行驶路线、已识别的交通标识等。记忆与状态模块（Memory and State Module）用于存储车辆的实时状态信息，使得决策模块可以参考历史状态，进而在长途驾驶或复杂路况中做出连续性的决策。

1.4.2　智能体的类型：反应型、认知型与学习型

智能体的类型可以根据其自主性、适应能力以及任务复杂度的不同进行划分。常见的智能体类型包括反应型智能体、认知型智能体和学习型智能体。不同类型的智能体在处理信息、决策能力以及适应性方面展现出各自的特点。理解这些智能体的类型有助于选择合适的架构来满足具体的应用需求，并为开发和优化智能体提供方法论支持。

1. 反应型智能体

反应型智能体是最简单的智能体类型，主要通过预设的规则和行为直接响应环境变化。这类智能体根据当前的环境状态直接选择相应的操作，通常没有内部存储或记忆机制。例如，避障机器人是典型的反应型智能体：当传感器检测到障碍物时，智能体立即调整方向，避免碰撞。这种即时

响应模式使反应型智能体能够在简单的环境中表现出色，但在复杂场景中往往受到限制，因为它们无法存储历史信息，也无法预测未来的环境变化。

2. 认知型智能体

相比于反应型智能体，认知型智能体具备推理和计划能力。认知型智能体不仅依赖当前的环境状态，还能够进行多步推理，并通过内部状态和记忆来规划长期行为。认知型智能体的设计旨在处理更复杂的任务场景，能够基于对环境的整体理解选择最优策略。例如，智能客服系统是典型的认知型智能体。智能客服需要根据用户提出的问题进行多轮对话，通过推理和理解逐步提供准确的帮助。

3. 学习型智能体

学习型智能体是最复杂和高级的智能体类型，具备通过数据反馈和环境互动不断改进行为的能力。这类智能体在动态环境中学习、调整策略，从而逐步提升适应性。学习型智能体通常基于机器学习或强化学习算法，通过奖励机制优化自身决策。例如，自动驾驶系统就是一个典型的学习型智能体，它根据道路状况和驾驶经验不断改进驾驶行为，以实现安全高效的自动驾驶。

智能体类型与开发要点汇总如表1-7所示。

表 1-7　智能体类型与开发要点汇总表

类　型	定　义	工作原理	应用场景	开发重点	示　例
反应型智能体	仅基于当前环境状态直接做出反应，通常没有记忆或内部状态	根据预设的规则或状态机进行"感知—动作"映射	工业机器人避障、火警检测、基础自动化系统	构建完整的规则系统，确保响应覆盖和健壮性	避障机器人
认知型智能体	具备推理和规划能力，能够在多步决策中进行综合判断	利用推理和规划模块，根据环境信息和内部状态进行长程决策	智能客服、物流规划、市场分析等需要综合判断的任务	设计推理和规划模块，平衡计算资源和系统效率，提高任务执行的连贯性和准确性	智能客服系统
学习型智能体	能够通过反馈不断调整行为，在动态环境中自我优化	通过机器学习或强化学习算法，从数据反馈中优化决策	自动驾驶、智能推荐、语音助手等复杂且动态性强的任务	设计合理的学习算法和奖励机制，确保数据质量，避免模型过拟合并提升泛化能力	自动驾驶系统

1.5　基于 RAG 的智能体开发基础

开发一个高效、可靠的智能体系统，不仅要求理解智能体的基础理论，还需掌握核心技术、工具和方法。本节将详细介绍智能体开发所需的环境、工具、框架和方法，为后续复杂系统的构建打下坚实的理论与实践基础。

1.5.1 开发环境与工具

在高效的开发环境中，结合合适的框架、工具链和API，可以显著提升项目的开发速度和系统的稳定性。接下来详细介绍智能体开发所需的工具和环境配置，并列出常用的资源网站和API以供参考。

开发智能体的核心工具通常包括控制框架、强化学习库和调试工具等，以实现环境交互和自适应学习。以下是开发智能体的主要工具。

1. 控制和强化学习框架

- Stable-Baselines3：这是一个强化学习库，包含DQN、PPO等常见的强化学习算法，适合快速构建和测试智能体。Stable-Baselines3支持Gym接口，使得智能体训练过程便捷且直观。
- Ray RLlib：一个分布式强化学习框架，支持多种算法和并行训练。Ray RLlib特别适合多智能体系统的开发，可以在集群或多核CPU上加速训练。
- PyBullet：轻量的物理引擎，用于模拟物理环境中的智能体行为。PyBullet支持基本的控制算法并兼容多种机器人和车辆建模。

2. 编程语言与框架

在前文RAG系统开发环境的基础上，还需要安装TensorFlow或PyTorch，两者主要用于智能体的深度学习部分，如图像处理、自然语言理解和强化学习模型的构建。建议使用PyTorch，PyTorch以其动态计算图支持和调试便捷性成为当前广泛采用的框架之一，以下是其安装步骤。

1）环境准备

操作系统：建议使用Windows 10及以上版本、Ubuntu 20.04或更高版本。

Python版本：确保Python版本为3.8或更高。可以通过命令python --version来检查当前Python版本。如果需要安装Python，可以访问Python官网下载新版本。

pip版本：确保pip是最新的，以避免兼容性问题。可以通过命令pip install --upgrade pip来更新pip。

CUDA版本：确认你的NVIDIA显卡驱动已安装并且支持CUDA 11.7。可以通过命令nvidia-smi来检查驱动程序版本。

2）CUDA 的安装步骤

01 下载CUDA Toolkit：前往NVIDIA CUDA Toolkit下载页面，选择相应的操作系统和版本，下载CUDA 11.7的安装包。

02 安装CUDA：对于Windows用户，双击下载的.exe文件，按照提示完成安装。对于Linux用户，可以使用以下命令进行安装：

```
sudo apt update
sudo apt install -y cuda-toolkit-11-7
```

03 设置环境变量：安装完成后，需要将CUDA添加到系统环境变量中。对于Windows用户，在系统属性中找到环境变量，添加以下路径到Path中：

```
C:\Program Files\NVIDIA GPU Computing Toolkit\CUDA\v11.7\bin
C:\Program Files\NVIDIA GPU Computing Toolkit\CUDA\v11.7\libnvvp
```

对于Linux用户，编辑~/.bashrc文件，添加以下行：

```
export PATH=/usr/local/cuda-11.7/bin${PATH:+:${PATH}}
export LD_LIBRARY_PATH=/usr/local/cuda-11.7/lib64$
{LD_LIBRARY_PATH:+:${LD_LIBRARY_PATH}}
```

04 执行命令source ~/.bashrc使改动生效。

05 验证CUDA安装：在终端运行命令nvcc --version以确认CUDA是否正确安装。

3）PyTorch 的安装步骤

01 访问PyTorch官网：前往PyTorch官网，选择适合你的系统的安装命令。

02 选择安装命令：根据你的系统和CUDA版本选择合适的安装命令。例如，如果你使用的是Windows系统且CUDA版本为11.7，可以选择如下命令：

```
conda install pytorch torchvision torchaudio cudatoolkit=11.7 -c pytorch
```

如果你使用的是Linux系统，可以选择如下命令：

```
pip3 install torch torchvision torchaudio --index-url
https://download.pytorch.org/whl/cu117
```

03 执行安装命令：在命令行中输入上述命令并执行。等待安装过程完成。

4）验证安装

01 检查安装：打开Python解释器，输入以下命令以验证PyTorch是否安装成功：

```
import torch
print(torch.__version__)
```

02 运行示例代码：可以尝试运行一些简单的PyTorch代码来确保一切正常。例如：

```
import torch
x = torch.rand(5, 3)
print(x)
```

通过以上步骤，你可以成功地在自己的计算机上安装PyTorch及其依赖的CUDA。

3. 调试与监控工具

- TensorBoard: 用于训练过程中数据的可视化,能够实时查看智能体训练效果的曲线、损失、奖励等指标。

- Matplotlib / Seaborn：Python数据可视化库，用于分析智能体状态分布、路径规划等数据，适用于结果分析与呈现。

这里推荐使用TensorBoard，结合Jupyter Notebook，可以更加方便地对训练过程进行监控和调试。下面结合具体实例来讲讲TensorBoard的初步使用。

TensorBoard通常随TensorFlow一起安装，如果已经安装TensorFlow，可以直接跳过这一步；否则可以通过以下操作单独安装TensorBoard。

在终端或命令提示符中运行以下命令：

```
>> pip install tensorboard
```

在训练模型时，将日志数据保存到文件，以便在TensorBoard中查看。这可以通过设置日志目录来实现。

【例1-11】在TensorFlow中记录日志数据。

```python
import tensorflow as tf
import datetime

# 加载数据集
mnist=tf.keras.datasets.mnist
(x_train, y_train), (x_test, y_test)=mnist.load_data()
x_train, x_test=x_train / 255.0, x_test / 255.0

# 定义简单的模型
model=tf.keras.models.Sequential([
    tf.keras.layers.Flatten(input_shape=(28, 28)),
    tf.keras.layers.Dense(128, activation='relu'),
    tf.keras.layers.Dropout(0.2),
    tf.keras.layers.Dense(10, activation='softmax')
])

model.compile(optimizer='adam',
            loss='sparse_categorical_crossentropy',
            metrics=['accuracy'])

# 设置 TensorBoard 日志目录
log_dir="logs/fit/"+datetime.datetime.now().strftime("%Y%m%d-%H%M%S")
tensorboard_callback=tf.keras.callbacks.TensorBoard(log_dir=log_dir,
                        histogram_freq=1)

# 训练模型并记录日志数据
model.fit(x_train, y_train, epochs=5, validation_data=(x_test, y_test),
                        callbacks=[tensorboard_callback])
```

在以上代码中，log_dir指定日志的存储目录；datetime.now().strftime("%Y%m%d-%H%M%S")会根据当前日期和时间创建一个独特的目录；tensorboard_callback创建一个TensorBoard回调，将其传递给model.fit方法，这样训练过程中的数据（如损失和准确率）将被记录到日志文件中。

训练完成后，可以启动TensorBoard以查看日志。

在终端或命令提示符中，导航到项目的根目录，然后运行以下命令：

```
>> tensorboard --logdir=logs/fit
```

这将启动TensorBoard并输出类似于以下的内容：

```
>> TensorBoard 2.X.X at http://localhost:6006/ (Press CTRL+C to quit)
```

随后在浏览器中访问http://localhost:6006，即可查看训练参数，包括：

（1）Scalars：显示训练损失、准确率、验证损失等随时间变化的曲线。

（2）Graphs：可视化模型结构和数据流图。

（3）Histograms：查看张量的分布。

（4）Projector：将高维向量（如嵌入）可视化在二维或三维空间中。

在训练过程中，也可以启动TensorBoard并实时查看模型的进展。只需在训练开始后再打开TensorBoard的页面，随时刷新浏览器，即可看到最新的训练曲线和日志数据。最后，在终端中按Ctrl+C键即可停止TensorBoard。

1.5.2　智能体开发中的关键算法：搜索、优化与规划

在智能体开发中，搜索、优化和规划算法是决定系统效率和表现的核心要素。搜索算法能够帮助智能体在复杂的环境中找到最优路径或解决方案；优化算法则可使智能体在任务执行过程中提升效率，寻找参数的最优解；规划算法则能够确保智能体在动态环境中作出符合目标的决策，保证整体任务的有效执行。

接下来将结合代码示例和输出结果，展示智能体开发中的关键算法，并详细探讨每个算法的原理和应用。

1. 搜索算法：从状态空间中寻找最优解

在路径规划和问题求解中，搜索算法被广泛应用。例如，在智能仓储中，仓储机器人需要选择从起点到目标位置的最短路径。最常见的搜索算法包括深度优先搜索（Depth-First Search，DFS）、广度优先搜索（Breadth-First Search，BFS）和启发式算法（如A*算法）。

接下来以A*算法为例进行讲解。

A*算法是一种带有启发式的搜索算法，适合在大规模图搜索中找到代价最低的路径。其核心是结合路径已知的代价$g(n)$和估算的代价$h(n)$以选择下一步最优节点。下面的示例是一个基于Python的A*算法示例，应用于网格路径规划。

【例1-12】网格路径规划A*算法示例。

```
import heapq

# 定义起点、终点和网格障碍物
```

```
start=(0, 0)
goal=(5, 7)
obstacles=[(1, 2), (2, 2), (3, 2), (4, 2), (5, 2)]

# 曼哈顿距离作为启发函数
def heuristic(a, b):
    return abs(a[0]-b[0])+abs(a[1]-b[1])

# A*算法
def a_star_search(start, goal, obstacles):
    open_list=[]
    heapq.heappush(open_list, (0, start))
    came_from={start: None}
    g_score={start: 0}

    while open_list:
        _, current=heapq.heappop(open_list)

        if current==goal:
            break

        for dx, dy in [(-1, 0), (1, 0), (0, -1), (0, 1)]:
            neighbor=(current[0]+dx, current[1]+dy)
            if neighbor in obstacles:
                continue
            tentative_g_score=g_score[current]+1
            if neighbor not in g_score or tentative_g_score < g_score[neighbor]:
                g_score[neighbor]=tentative_g_score
                f_score=tentative_g_score+heuristic(neighbor, goal)
                heapq.heappush(open_list, (f_score, neighbor))
                came_from[neighbor]=current

    path=[]
    node=goal
    while node:
        path.append(node)
        node=came_from.get(node)
    return path[::-1]

# 执行算法
path=a_star_search(start, goal, obstacles)
print("A* 算法找到的最优路径:", path)
```

heuristic使用曼哈顿距离计算估算代价$h(n)$，a_star_search函数通过启发式优先搜索找到从起点到目标点的最优路径，输出结果展示了A*算法在存在障碍物时，找到的一条绕过障碍的最短路径。

运行结果如下：

```
>> A* 算法找到的最优路径: [(0, 0), (0, 1), (0, 2), (0, 3), (0, 4), (0, 5), (0, 6), (0,
7), (1, 7), (2, 7), (3, 7), (4, 7), (5, 7)]
```

2. 规划算法：智能体任务顺序的合理安排

规划算法在智能体开发中用于生成任务序列和路径。规划算法能够帮助智能体确定任务的优先级、执行顺序和操作路径。

【例1-13】简单任务规划示例：假设智能体需要执行一系列任务，任务之间存在依赖关系，可以使用拓扑排序算法来确定任务执行的顺序。

以下代码展示如何利用拓扑排序进行任务规划。

```python
from collections import defaultdict, deque

# 任务依赖关系
tasks={ 'A': ['B', 'C'],   # 任务A需在任务B和C之后完成
        'B': ['D'],
        'C': [],
        'D': [] }

# 建立任务依赖图
graph=defaultdict(list)
in_degree={task: 0 for task in tasks}
for task, dependencies in tasks.items():
    for dep in dependencies:
        graph[dep].append(task)
        in_degree[task] += 1

# 拓扑排序（任务排序）
def topological_sort(tasks, in_degree):
    queue=deque([task for task, degree in in_degree.items() if degree==0])
    order=[]
    while queue:
        task=queue.popleft()
        order.append(task)
        for neighbor in graph[task]:
            in_degree[neighbor] -= 1
            if in_degree[neighbor]==0:
                queue.append(neighbor)
    return order

# 规划任务顺序
task_order=topological_sort(tasks, in_degree)
print("任务规划顺序:", task_order)
```

运行结果如下：

```
>> 任务规划顺序: ['C', 'D', 'B', 'A']
```

1.5.3　智能体的性能评估与调试方法

智能体的性能评估和调试是确保其在实际应用中表现稳定且可靠的关键环节。不同于传统软

件开发，智能体的行为依赖于数据、环境和算法，因此其性能评估需要关注智能体在多种场景中的表现，并结合多维度指标来衡量其适应性和健壮性。

下面的示例是一个涉及智能体性能评估和调试的案例。在这个案例中，我们将构建一个简单的网格世界中的智能体，该智能体的目标是找到从起点到目标点的最短路径，同时避开障碍物。我们将应用性能评估和调试方法来检查智能体的表现。

【例1-14】在一个5×5的网格中，寻找从起点(0,0)到目标点(4,4)的路径，避开障碍物，路径长度越短越好，确保路径的有效性（没有碰到障碍物），实现路径的可视化。

在实现过程中，我们将构建一个简单的Q-Learning智能体进行路径规划，并使用调试方法分析智能体在不同环境下的表现。

```python
import numpy as np
import matplotlib.pyplot as plt
import random

# 设置网格大小和障碍物
GRID_SIZE=5
OBSTACLES=[(1, 1), (2, 2), (3, 3)]
GOAL=(4, 4)

# 初始化Q表和参数
Q_table=np.zeros((GRID_SIZE, GRID_SIZE, 4))  # 四个方向：上、下、左、右
learning_rate=0.1
discount_factor=0.9
epsilon=0.2
episodes=1000

# 动作空间
actions=[(0, -1), (0, 1), (-1, 0), (1, 0)]  # 上，下，左，右

# 定义状态-动作奖励函数
def get_reward(state):
    if state==GOAL:
        return 100  # 到达目标点奖励
    elif state in OBSTACLES:
        return -100  # 碰到障碍物的惩罚
    else:
        return -1  # 每步行走的负奖励

# 更新 Q 表
def update_q_table(state, action_idx, reward, next_state):
    current_q=Q_table[state[0], state[1], action_idx]
    max_future_q=np.max(Q_table[next_state[0], next_state[1]])
    new_q=(1-learning_rate) * current_q+learning_rate * (
                    reward+discount_factor * max_future_q)
    Q_table[state[0], state[1], action_idx]=new_q

# 训练智能体
for episode in range(episodes):
```

```
        state=(0, 0)
        while state != GOAL:
            if random.uniform(0, 1) < epsilon:
                action_idx=random.randint(0, 3)   # 随机选择动作
            else:
                action_idx=np.argmax(Q_table[state[0],state[1]]) # 贪婪选择最优动作
            action=actions[action_idx]
            next_state=(state[0]+action[0], state[1]+action[1])

            # 确保智能体在网格范围内
            if 0 <= next_state[0] < GRID_SIZE and 0 <= next_state[1] < GRID_SIZE:
                if next_state not in OBSTACLES:
                    reward=get_reward(next_state)
                    update_q_table(state, action_idx, reward, next_state)
                    state=next_state
                else:
                    # 遇到障碍物后直接跳出
                    reward=get_reward(next_state)
                    update_q_table(state, action_idx, reward, next_state)
                    break
            else:
                reward=-1   # 出界惩罚
                update_q_table(state, action_idx, reward, state)

# 评估和调试
# 获取智能体最终学习到的路径
def get_path():
    path=[(0, 0)]
    state=(0, 0)
    while state != GOAL:
        action_idx=np.argmax(Q_table[state[0], state[1]])
        action=actions[action_idx]
        next_state=(state[0]+action[0], state[1]+action[1])
        if next_state in path or next_state in OBSTACLES or not (
            0 <= next_state[0] < GRID_SIZE and 0 <= next_state[1] < GRID_SIZE):
            print("无效路径：遇到障碍物或重复状态")
            break
        path.append(next_state)
        state=next_state
    return path

# 生成路径并输出
path=get_path()
print("智能体最终的路径:", path)

# 可视化路径
grid=np.zeros((GRID_SIZE, GRID_SIZE))
for (x, y) in OBSTACLES:
    grid[y, x]=-1   # 障碍物标记为 -1
for (x, y) in path:
```

```
        grid[y, x]=1    # 路径标记为 1
    plt.imshow(grid, cmap="viridis", origin="upper")
    plt.colorbar(label="智能体路径 (1=路径, -1=障碍物)")
    plt.title("Q-Learning 智能体路径规划")
    plt.show()
```

在上述代码中，实现了以下功能。

- 网格初始化：设置一个5×5的网格，指定障碍物位置和目标点。
- Q-Learning更新规则：定义了Q表的更新规则，并在每次训练过程中对Q表进行更新。
- 路径生成与可视化：最终生成智能体从起点到目标点的路径，并使用Matplotlib可视化显示路径和障碍物。

运行结果如下：

```
>> 智能体最终的路径：[(0, 0), (1, 0), (2, 0), (2, 1), (3, 1), (4, 1), (4, 2), (4, 3),
(4, 4)]
```

可视化结果如图1-6所示。

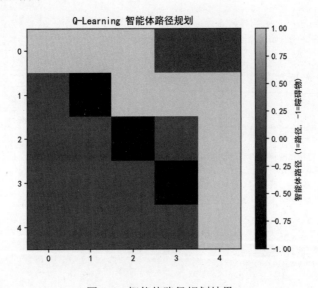

图1-6　智能体路径规划结果

1.6　本章小结

本章系统介绍了RAG开发的基础构建模块，从Python开发环境的搭建到常用依赖库的使用。首先，通过Python环境的搭建步骤讲解了如何创建并管理项目的虚拟环境，确保开发过程中依赖库的独立性与稳定性。接着，介绍了RAG开发中不可或缺的Python依赖库，包括Pandas、NumPy、

NLTK、spaCy、FAISS和Transformers等。这些库分别为数据处理、自然语言处理、向量检索和模型调用提供了强大支持，使得RAG系统可以从用户输入中高效提取信息、执行相似度检索并生成响应。最后介绍了基于RAG的智能体开发基础，为后续进一步学习RAG深度开发奠定了知识基础。

通过掌握这些库的使用方法，开发者不仅能实现从数据预处理到模型调用的完整开发流程，还能够优化系统的检索与生成性能。

1.7　思考题

（1）请描述如何使用venv创建并激活一个Python虚拟环境，解释为什么在项目开发中建议使用虚拟环境。

（2）请简述Pandas库中的DataFrame结构，并列举至少3个常用的DataFrame操作（例如去重、缺失值处理、分组统计等），说明其应用场景。

（3）试编写一个Python函数，利用Pandas库将一组包含重复值的用户数据去重，并填充缺失值。假设数据包含用户ID、姓名和分数列，要求填充缺失的分数列为平均分，并展示清洗后的数据。

（4）请使用NumPy创建一个形状为(5,5)的随机浮点数数组，使用L2标准化方式对数组进行归一化处理，并输出归一化结果。

（5）使用NLTK库对以下句子进行分词、去除停用词和词形还原处理：

```
"RAG models integrate retrieval and generation for robust answers."
```

（6）请解释spaCy中的命名实体识别（NER）功能，并简述如何利用该功能提取出用户输入中的重要信息，以提升RAG系统的检索准确性。

（7）使用spaCy库对以下文本进行命名实体识别，输出所有识别的实体及其标签：

```
"OpenAI developed the GPT-4 model, which transformed AI research worldwide."
```

（8）在RAG系统开发中，FAISS的作用是什么？请简述FAISS的索引创建和向量检索的基本流程。

（9）编写代码，使用FAISS创建一个L2距离索引，并添加一组高维向量（例如5个随机生成的10维向量）。然后模拟一个查询向量，输出与该查询向量最相似的向量索引及其距离。

（10）使用Transformers库加载一个BERT模型和分词器，对以下文本进行向量化：

```
"Retrieval-Augmented Generation is a powerful technique in NLP."
```

然后输出文本的句向量。

（11）使用Transformers库中的GPT-2模型生成一个简短的回答。提示词为：The future of AI technology is。要求生成不超过50个字的内容，并设置top_k和temperature参数控制生成效果，输出生成的文本。

第 2 章

传统生成与检索增强生成

2

传统的生成式AI模型，如GPT系列，通过大量数据的训练获得出色的语言生成能力，但在应对实时信息和知识精确度方面存在局限性。RAG技术的出现为生成式AI的能力提供了全新的延伸。

RAG将信息检索与生成模型相结合，克服了传统大模型无法动态更新知识的问题。这种组合不仅有效提升了响应的实时性和准确度，还能显著提高模型的资源利用效率和适应性。因此，RAG在各类应用场景中得到了广泛应用，如问答系统、文档生成和个性化推荐等。

本章将深入介绍生成式AI和RAG的基本概念、RAG存在的独特价值，还将介绍大模型核心架构Transformer和预训练大模型BERT和GRT，为读者后续在实际应用和开发中运用RAG技术奠定理论基础。

2.1　生成式 AI 和 RAG 的基本概念

生成式AI是一类能够自主生成内容的人工智能模型，基于大量数据的学习，生成与输入相关的自然语言文本、图像甚至音频。近年来，生成式模型的进步推动了NLP、内容创作和AI助手等领域的快速发展。然而，生成式模型在处理实时信息和大规模知识查询上存在局限性，这正是RAG（检索增强生成）技术的切入点。

RAG通过结合生成式AI与信息检索，将外部知识动态引入生成过程，使得模型不仅能生成符合上下文的内容，还能够在需要时补充真实、最新的信息。它弥补了传统生成模型的缺陷，提升了生成内容的准确性和实用性。

本节将从生成式AI的核心概念切入，深入理解RAG的设计思想及其在知识检索和内容生成中的独特作用，为构建智能化RAG系统奠定基础。

2.1.1　生成式 AI 的核心原理与工作机制

生成式AI的核心在于利用深度学习模型，通过大量数据的学习，实现对自然语言、图像、音频等内容的生成。在自然语言处理领域，生成式模型通常是基于自回归或序列到序列的深度神经网络结构。自回归模型（如GPT系列）通过给定的文字逐字生成下一字，最终形成连贯的文本。而RNN（Recurrent Neural Network，循环神经网络）、LSTM（Long Short-Term Memory，长短期记忆网络）和Transformer等序列模型则实现了生成模型对上下文的理解与处理，使生成的内容能够符合特定语境和风格。

生成式AI依赖大规模的训练数据和丰富的参数来预测最优输出。Transformer架构因其在编码上下文信息方面的优势，成为生成模型的主流。模型通过"注意力机制"将句子中的词与其他词相关联，能够高效学习长序列信息，从而生成自然、流畅的语言。

接下来通过示例代码展示一个简化的文本生成过程，解释生成式AI的核心原理和工作机制。

【例2-1】生成式AI的工作机制示例。

本例使用Transformers库加载GPT-2模型进行文本生成。GPT-2模型通过自回归生成方式，在给定输入文本的情况下逐字生成下一字，最终形成一段完整的文本。

```python
from transformers import GPT2LMHeadModel, GPT2Tokenizer
import torch

# 加载GPT-2模型和分词器
model_name="gpt2"
tokenizer=GPT2Tokenizer.from_pretrained(model_name)
model=GPT2LMHeadModel.from_pretrained(model_name)

def generate_text(prompt, max_length=50):
    """
    使用GPT-2模型生成文本。
    参数:
    -prompt: 输入的文本提示
    -max_length: 最大生成长度
    返回:
    -生成的文本字符串
    """
    # 将提示词编码为模型输入
    inputs=tokenizer(prompt, return_tensors="pt")
    # 使用模型生成文本
    outputs=model.generate(
        inputs.input_ids,
        max_length=max_length,
        do_sample=True,
        temperature=0.7,       # 控制生成文本的多样性
        top_k=50,              # 限制采样的候选词数量
```

```
        top_p=0.95                # 使用核采样，选择概率总和接近的词
    )
    # 解码生成的文本
    generated_text=tokenizer.decode(outputs[0], \
skip_special_tokens=True)
    return generated_text


# 示例使用
prompt_text="The future of artificial intelligence is"
generated_text=generate_text(prompt_text, max_length=100)
print("生成的文本:\n", generated_text)
```

代码首先加载GPT-2模型和对应的分词器。GPT-2是一种生成式模型，具备自回归生成特性，依赖输入的前文逐步生成下一个单词，将输入文本prompt进行分词，并转换为模型可接受的张量格式，准备传入模型，调用模型的generate()方法生成文本，参数包括：

（1）max_length：设置生成文本的最大长度。

（2）do_sample：启用采样生成，允许模型从不同的可能选项中生成文本。

（3）temperature：设置"温度"参数，值越高，生成的内容越随机多样。

（4）top_k和top_p：控制生成的候选词选择范围，分别限制候选词数量和核采样范围。

生成的输出需要使用分词器解码为人类可读的文本，运行结果如下：

```
>> 生成的文本:
>> The future of artificial intelligence is likely to transform every aspect of our
lives, from healthcare to transportation. We will see advancements in personalized medicine,
autonomous vehicles, and more. However, there are also ethical challenges to address, such
as data privacy and the impact of AI on employment. As we move forward, it is crucial to...
```

1. 生成式AI的工作机制分析

（1）自回归生成：生成式模型采用自回归策略，逐词生成输出。输入文本作为提示，模型预测下一个单词，随后将新生成的词拼接到输入中，继续预测下一个单词。这种方式使生成的内容能够连贯和语义一致。

（2）注意力机制：Transformer模型中的注意力机制使模型在生成每个词时都能够参考前面的上下文，处理更长的依赖关系，从而生成富有语境的自然语言。

（3）采样策略：通过temperature、top_k和top_p等参数调整生成策略，可以控制生成文本的多样性和流畅度。在实际应用中，参数的选择可以平衡生成的文本质量和内容创新性。

2. 架构流程概述

（1）数据编码：输入文本编码为嵌入向量。

（2）自注意力计算：通过自注意力机制，计算输入序列中每个词与其他词的关系。

（3）前馈网络处理：将注意力机制的输出传递至前馈网络，提取高阶特征。

（4）多层堆叠：重复上述过程，通过层叠结构增强特征处理能力。

（5）自回归生成：在解码器中逐词生成，参考前文生成新词，直至完成生成。

生成式AI模型通过学习并积累大量文本模式，在生成新内容时能够自然地延续上下文内容，这一原理在各类文本生成应用中至关重要，生成式AI的基本架构如图2-1所示。

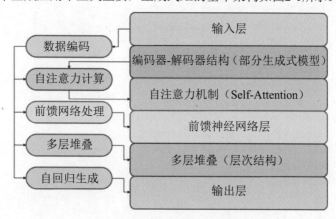

图 2-1　生成式 AI 的基本架构图

而RAG模型在此基础上进一步引入了检索模块，使得模型可以实时获取最新的外部知识，有效弥补生成式AI的知识局限，为智能生成任务提供了强大的技术支持。

生成式AI架构基于自注意力机制和多层堆叠的Transformer结构，特别是自回归生成的解码器设计，形成了强大的自然语言生成能力。此架构不仅提升了模型的上下文理解能力，还使生成的文本自然流畅，成为现代生成式AI的核心支柱。

2.1.2　生成检索结合

RAG是生成式AI的扩展，通过结合生成模型与检索模块，RAG大幅提升了生成内容的准确性和实时性。传统的生成式AI模型，尽管训练了大量数据，但其知识往往局限于训练时所学到的信息，对于新知识的更新能力不足。而RAG通过引入检索模块，可以实时从外部知识库中提取最新的相关内容，以补充生成模型的知识盲点。这种生成与检索的结合使得模型能够在生成内容的过程中动态引入外部知识，有效提升了对复杂问题的应对能力。

接下来通过两个代码示例展示如何利用检索模块为生成模型提供实时的知识支持，并演示检索与生成相结合的过程。

【例2-2】检索增强生成的基本流程。

本例中，我们将通过简单的FAISS（用于向量检索）与GPT-2生成模型的结合来展示RAG的核心工作机制。这里的流程分为两个主要步骤：首先，将一组文档编码成向量并存储到FAISS数据库中，接着在用户查询时进行检索，将最相似的内容作为上下文提供给生成模型生成答案。

```python
from transformers import GPT2LMHeadModel, GPT2Tokenizer
from sklearn.feature_extraction.text import TfidfVectorizer
import faiss
import torch

# 初始化 GPT-2 模型与分词器
model_name="gpt2"
tokenizer=GPT2Tokenizer.from_pretrained(model_name)
model=GPT2LMHeadModel.from_pretrained(model_name)

# 示例文档集合
documents=[
    "人工智能是通过模拟人类智能来完成特定任务的技术。",
    "机器学习是人工智能的一个子领域，主要关注通过数据训练模型。",
    "深度学习是一种利用神经网络进行数据处理的机器学习方法。",
    "自然语言处理使得计算机能够理解和生成人类语言。" ]

# 使用TF-IDF将文档编码为向量
vectorizer=TfidfVectorizer()
doc_vectors=vectorizer.fit_transform(documents).toarray()

# 将文档向量插入FAISS索引中
dimension=doc_vectors.shape[1]
index=faiss.IndexFlatL2(dimension)
index.add(doc_vectors.astype('float32'))

def retrieve_document(query, top_k=1):
    """
    检索最接近的文档
    """
    query_vector=vectorizer.transform([query]).toarray().astype('float32')
    _, indices=index.search(query_vector, top_k)
    retrieved_docs=[documents[i] for i in indices[0]]
    return retrieved_docs

def generate_response(query):
    """
    结合检索结果生成回答
    """
    # 1. 检索与 query 最相关的文档
    retrieved_docs=retrieve_document(query)

    # 2. 将检索到的文档作为上下文提供给生成模型
    context=" ".join(retrieved_docs)
    prompt=context+" "+query

    # 3. 使用 GPT-2 生成响应
    inputs=tokenizer(prompt, return_tensors="pt")
```

```
    outputs=model.generate(inputs.input_ids, max_length=30,
        do_sample=True, temperature=0.7)
    response=tokenizer.decode(outputs[0], skip_special_tokens=True)
    return response

# 测试查询
query_text="什么是机器学习？"
response=generate_response(query_text)
print("生成的回答:\n", response)
```

上述代码中，使用TfidfVectorizer将一组示例文档编码为向量，并将这些向量存储到FAISS索引中。在retrieve_document函数中，利用输入查询生成查询向量，从FAISS索引中找到与查询最相关的文档，将检索到的文档作为上下文，附加在用户查询前，形成提示词输入GPT-2模型中，生成对查询的回答。

运行结果如下：

>> 生成的回答:
>> 机器学习是人工智能的一个子领域，主要关注通过数据训练模型。它能够帮助计算机在没有明确编程的情况下进行学习。

在该示例中，RAG利用检索模块获取了与查询最相关的文档内容，并将其作为上下文输入生成模型，从而生成更精准的回答。

【例2-3】检索与生成结合的问答系统。

本例展示如何使用RAG构建一个简易问答系统，检索外部文档库的信息并进行回答。此示例中增加了检索和生成的多轮交互，使模型可以根据上下文信息提供更细致的回答。

```
import faiss
from transformers import GPT2LMHeadModel, GPT2Tokenizer
from sklearn.feature_extraction.text import TfidfVectorizer
import torch

# 初始化 GPT-2 模型和分词器
tokenizer=GPT2Tokenizer.from_pretrained("gpt2")
model=GPT2LMHeadModel.from_pretrained("gpt2")

# 示例文档集合
documents=[
    "人工智能领域的进步推动了各个行业的发展。",
    "深度学习模型通过神经网络结构实现了图像、语音等数据的识别。",
    "自然语言处理为计算机理解和生成语言提供了支持。",
    "机器学习让计算机能够在数据中发现模式。" ]

# 将文档编码为向量
vectorizer=TfidfVectorizer()
doc_vectors=vectorizer.fit_transform(documents).toarray()
```

```
# 建立 FAISS 索引
dimension=doc_vectors.shape[1]
index=faiss.IndexFlatL2(dimension)
index.add(doc_vectors.astype("float32"))

def retrieve_docs(query, top_k=2):
    query_vector=vectorizer.transform([query]).toarray().astype("float32")
    _, indices=index.search(query_vector, top_k)
    return [documents[i] for i in indices[0]]

def ask_question(query):
    """
    使用检索与生成模型组合的问答系统
    """
    retrieved_docs=retrieve_docs(query)
    context=" ".join(retrieved_docs)
    prompt=context+" "+query

    inputs=tokenizer(prompt, return_tensors="pt")
    outputs=model.generate(inputs.input_ids, max_length=60,
            do_sample=True, temperature=0.7)
    response=tokenizer.decode(outputs[0], skip_special_tokens=True)
    return response

# 测试问答系统
question="深度学习的应用有哪些？"
answer=ask_question(question)
print("回答:\n", answer)
```

该实例构建一个包含多个示例文档的数据库，并将文档转换为向量存储到FAISS索引中，通过检索模块获取与问题最相关的文档，形成上下文，并将其附加到问题前传入生成模型中生成回答，在ask_question函数中，将检索到的上下文和用户问题组合形成提示词，使得模型可以结合检索内容生成更符合语境的回答。

运行结果如下：

```
>> 回答:
>> 深度学习的应用包括图像识别、语音识别和自然语言处理等，推动了人工智能在各个领域的广泛应用。
```

通过检索与生成的结合，RAG能够为问答系统提供更准确、实时的信息支持。

在这两个示例中，RAG技术展示了其将生成模型与检索模块结合的优势。通过在生成过程中动态引入检索内容，RAG能够弥补生成模型的知识盲点，显著提升回答的准确性和实用性。掌握RAG的工作机制可以帮助开发者在智能问答、知识检索等复杂AI任务中构建更智能、更灵活的系统。

2.1.3　检索增强与传统生成模型的区别

RAG与传统生成模型在结构设计、工作方式、数据利用等方面存在显著的区别。传统生成模型,如GPT系列,尽管训练了大量数据,拥有强大的语言生成能力,但在信息实时性、知识准确性方面存在不足。RAG通过结合信息检索模块,使生成模型在回答问题或生成内容时可以实时获取最新、最相关的外部知识,从而提高了内容的准确性和更新频率。

1. 数据源与信息获取方式

传统生成模型主要依赖于训练过程中获取的"静态知识"。在模型训练完毕后,其生成内容基本上限于当时的训练数据,无法随着时间推移自动更新。因此,传统生成模型对新知识的理解力有限,且生成内容难以适应实时变化的信息需求。这种静态的知识库导致传统生成模型在应对快速变化的知识环境时,生成内容的时效性和准确性较差。

相比之下,RAG架构引入了动态检索模块,能够在生成过程前或过程中从外部知识库中获取最新数据。RAG并非只依赖于模型内置的"记忆",而是可以通过检索模块实时访问大量外部数据库、文档库等,从而在生成回答时获得新知识。这种动态的知识更新机制不仅拓展了RAG的知识边界,也使其适应更广泛的信息需求。

2. 架构与工作机制

传统生成模型的架构通常基于自回归生成或序列到序列生成。模型接收一段输入后,通过逐步生成单词来构建输出序列。在生成过程中,模型的上下文参考主要来自输入内容和训练过程中积累的知识。然而,生成内容完全依赖于模型参数的分布和已有的内部知识,且模型的"记忆"容量受限于其训练数据和参数大小。因此,面对复杂、多样化的生成任务,传统模型的知识覆盖范围有限。

RAG通过生成模型与检索模块的结合,在生成过程中将外部检索到的内容作为上下文信息提供给生成模型。在RAG架构中,检索模块负责根据用户输入进行查询,找到与问题最相关的信息,这些信息被动态地加入生成提示词中。生成模型利用检索到的信息进行内容生成,从而在知识精准度和生成内容的多样性方面优于传统模型。这种"检索-生成"双重机制,不仅提升了系统的回答准确性,还显著增强了模型的知识覆盖范围。

3. 知识广度与深度

传统生成模型的知识广度依赖于训练数据的规模和质量,但难以扩展至新知识和细节。训练大规模生成模型需要海量的标注数据及庞大的计算资源,且每次更新知识都需要重新训练或微调模型,耗费大量资源。此外,传统模型的深度知识在于其对句法和语义的理解能力,但在处理复杂的背景信息时,生成内容易偏向泛化,缺乏准确性。

RAG则通过外部检索模块显著扩展了模型的知识广度和准确性。检索模块可以灵活地从知识库、数据库、网页等不同来源获取数据,使得模型在面对多领域、专业化的知识需求时具有更高的适应性。RAG的知识广度不再局限于训练数据,而是随时随地调用最新的信息源,从而实现更加精准的生成任务。此外,RAG系统的检索模块还能根据需要获取更详细的背景信息,使生成模型能从外部资源中挖掘更深层次的知识。

4．适应性与拓展性

传统生成模型的适应性较低，尤其在处理需要最新信息或专业知识的生成任务时，模型的回答往往不够精准，缺乏时效性。每当知识发生变化或需要引入新信息时，通常要重新训练或微调模型，成本高昂且耗时。这使得传统模型在需要频繁更新的应用场景中使用受限。

RAG通过检索模块提供了一种高效的适应方案，能够在不同场景中灵活调用外部数据，无须频繁地对生成模型进行重新训练。借助于实时检索，RAG在处理新兴知识或需要实时响应的任务中表现优异，具有较高的拓展性。此外，RAG模型可以在知识库中增加更多的专业性、时效性强的数据，使模型生成内容始终与实际应用保持一致。

5．性能与计算资源

传统生成模型通常需要大规模参数和复杂的架构，才能在大数据上进行训练，从而具备较好的生成效果。然而，这也导致其计算资源需求巨大，特别是在更新知识时需要重新训练或微调，导致整体成本高昂。此外，生成长文本或复杂内容时，传统生成模型的参数量和计算量迅速增加，影响性能和生成效率。

RAG的检索模块可以减少生成模型的依赖程度，优化资源使用。通过检索获取所需的信息后，RAG的生成模块主要负责将检索内容整合为流畅的语言输出。由于检索模块可以直接利用外部数据源，无须生成模型全部"记忆"这些知识，因此RAG的生成部分可以采用较为精简的模型，从而降低计算成本。此外，RAG的架构也便于分布式部署，使得检索和生成部分可以并行运行，提高系统的响应速度。

最后，本小节的函数、方法汇总如表2-1所示。

表 2-1　本小节的函数、方法汇总表

函数/方法	所属库/模块	功能描述
generate()	Transformers	生成模型中的文本生成方法，用于基于提示词生成后续文本
from_pretrained(model_name)	Transformers	加载指定预训练模型及其参数
tokenizer.encode(prompt)	Transformers	将输入文本转换为模型可接受的编码格式
tokenizer.decode(tokens)	Transformers	将生成的标记序列解码为可读文本
generate(inputs, max_length)	Transformers	根据输入生成指定长度的输出文本
fit_transform(documents)	TfidfVectorizer(sklearn)	将文本数据转换为TF-IDF向量，以用于向量化处理
add(vectors)	FAISS	将向量数据添加到FAISS索引库
search(query_vector, top_k)	FAISS	检索与查询向量最相似的top_k个结果
IndexFlatL2(dimension)	FAISS	创建用于L2距离度量的FAISS平面索引结构
return_tensors="pt"	Transformers	将文本编码转换为PyTorch张量格式

（续表）

函数/方法	所属库/模块	功能描述
temperature	Transformers	控制生成模型的多样性参数，温度值越高，生成越随机
top_k	Transformers	限制采样的候选词数量，控制生成内容的精确度
top_p	Transformers	核采样的参数，控制生成文本时的候选词概率累积范围
map(func, inputs)	multiprocessing.Pool	将指定函数并行应用于输入数据的每个元素
join()	Process (multiprocessing)	阻塞主进程，等待所有子进程完成
fit(documents)	TfidfVectorizer	训练TF-IDF向量化器并计算文档特征
transform(query)	TfidfVectorizer	将输入的查询文本转换为TF-IDF向量
IndexIVFFlat(nlist, d, metric)	FAISS	创建FAISS的倒排索引，用于大型数据库的快速检索
pipeline()	sklearn.pipeline	用于构建多个数据处理步骤的管道结构，便于数据预处理和特征提取
get_event_loop()	asyncio	获取当前的异步事件循环
run_until_complete()	asyncio	执行事件循环，直至协程完成
with Session()	requests / aiohttp	创建和管理HTTP会话，用于复用连接并发送请求
requests.get(url)	requests	发送GET请求，从指定URL获取数据
client.get(url)	aiohttp.ClientSession	发送异步GET请求，并等待响应
decompose()	BeautifulSoup	移除指定标签及其内容，用于简化页面数据
find_all(tag, attrs)	BeautifulSoup	查找所有符合条件的标签
asyncio.gather()	asyncio	并发运行多个协程任务
IndexIVF(nlist, d, metric)	FAISS	使用倒排文件索引方式创建FAISS索引，适合海量数据
np.array(doc_vectors)	NumPy	将文档向量转换为NumPy数组，以便于FAISS索引
print(f"输出内容：{value}")	Python	使用f字符串格式化输出值

这些函数和方法涵盖RAG中检索与生成结合的核心功能，包括文本生成、向量化、检索模块创建及处理、异步编程和数据结构化处理等内容，有助于读者理解和实现RAG的工作机制。

2.2　为何需要对传统大模型进行检索增强

大模型的发展为自然语言生成带来了突破性进展。然而，传统生成模型在实际应用中仍面临一些关键限制。尽管它们可以生成流畅的自然语言文本，但由于只能依赖训练时的静态知识，导致其在实时性、准确性和知识广度上存在不足。每次引入新知识需要重新训练或微调模型，这一过程不仅耗费计算资源，还难以应对快速变化的信息需求。

RAG通过引入动态检索模块，为生成模型提供了一种高效的知识更新途径。RAG的设计使模型能够实时获取最新的信息，无须大规模重训练即可补充知识盲点。这一特性赋予了RAG更强的适应性和扩展性，特别是在需要动态知识的问答、推荐、内容生成等应用中，表现出了传统生成模型难以企及的优势。

本节将深入探讨传统生成模型的局限，并解释RAG在克服这些局限性方面的关键作用，为理解RAG的实际价值奠定基础。

2.2.1　预训练大模型的瓶颈

大模型在生成式AI中表现出强大的语言处理能力，但它们在知识更新与准确性方面仍存在明显瓶颈。生成模型依赖训练数据来学习模式、知识和语言结构，这使得生成的内容受限于训练数据的时效性和覆盖度。大模型往往经过大规模的静态数据集训练，其中包含的知识在训练结束后就已经固定，无法主动更新。随着时间的推移，这种“静态知识库”使得模型的内容逐渐失去实时性和准确性。

1. 知识更新的瓶颈

大模型的知识更新主要依赖再训练或微调，这一过程需要耗费大量的时间和计算资源。训练大模型需要数周甚至数月的时间，消耗巨大的计算成本。对于迅速变化的信息领域，例如新闻、法律、医疗，重新训练模型不仅效率低下，且难以满足应用需求。例如，在资讯更新频繁的领域中，传统模型难以及时整合最新信息，以至于生成的内容过时，难以适应动态知识的需求。

2. 知识覆盖的局限与准确性挑战

生成模型的知识范围主要取决于训练数据的广度和深度，但其所能覆盖的内容有限。在训练过程中，由于数据规模和存储限制，模型无法容纳所有细节知识。即便在涵盖大量数据的情况下，生成的内容仍可能因缺乏准确的专业知识而产生偏差。例如在医学、金融等领域，模型可能生成流畅的内容，但不准确，甚至出现错误。对于特定领域的细致知识，生成模型在生成答案时往往会出现泛化内容，缺乏应有的准确性。

3. 知识更新与准确性瓶颈的解决思路：引入动态检索

RAG的出现为传统生成模型提供了一种知识更新的新思路。通过结合生成与检索模块，RAG可以在生成过程中从外部知识库中实时调取最新、最相关的信息，增强生成内容的准确性和时效性。

RAG的检索模块可以对接外部数据库、文档库，甚至实时更新的数据源，满足实时知识需求。检索结果被作为上下文信息提供给生成模型，生成模型再基于此上下文生成内容。这种动态知识更新机制使得生成模型可以在不重新训练的情况下补充新知识，极大地扩展了其知识覆盖范围。

大模型在知识更新与准确性方面的瓶颈限制了其在许多领域的深度应用。传统生成模型依赖静态数据,导致内容时效性和准确性下降。RAG通过引入检索模块,将动态知识实时补充到生成过程中,为传统生成模型提供了有效的解决方案。

2.2.2 RAG 在实时信息处理中的优势

RAG在实时信息处理中表现优异,极大地扩展了传统生成模型的适用性和实用性。传统生成模型在生成文本时仅依赖静态知识库,而RAG通过将生成模块与检索模块相结合,使得模型能够实时获取最新、最相关的信息。这种动态获取信息的方式使得RAG在处理实时数据、应对快速变化的知识需求时具备明显优势。

1. 实时获取最新信息

在实际应用中,许多任务需要基于最新的信息来完成。传统生成模型由于依赖静态训练数据,因此无法在生成过程中主动访问新数据。即便训练数据中有新知识,也需要模型再训练或微调以进行更新,这一过程既费时又费力。而RAG能够在生成内容前实时检索外部数据库或知识库,以获取所需的最新信息。

2. 支持广泛的数据源整合

RAG的检索模块能够连接多个数据源,包括结构化数据库、文档存储、网页爬取等。这意味着RAG不仅可以从内部的知识库中提取信息,还能够扩展到更广泛的外部数据源。通过多样化的数据来源,RAG可以获取跨领域的信息,丰富生成模型的知识广度,满足不同领域用户的需求。

3. 有效应对信息不完整或多样化需求

传统生成模型在面对信息不完整的场景时,通常难以生成准确的回答。而RAG可以通过检索相关信息补充背景知识,即便初始输入信息较少或模糊,也能够基于检索结果进行合理推理,从而生成高质量的回答。

4. 优化计算资源与效率

传统生成模型在大规模知识更新时需要重新训练,消耗大量计算资源。相比之下,RAG的检索模块直接访问现有的数据库或知识库,避免了对生成模型进行频繁重训练的需求。通过检索—生成的模式,RAG不仅保持了生成的准确性,还显著降低了资源消耗。

2.3 检索增强核心:预训练大模型

预训练大模型,无论是主流的GPT还是BERT,都是基于Transformer架构,该架构通过大规模预训练与微调,实现了对语言的理解和生成能力。这不仅推动了智能对话、机器翻译、问答系统等技术的发展,还成为构建更复杂AI系统的基础模块。本节将介绍Transformer架构的核心原理,并简要介绍主流的GPT和BERT大模型的特点,为后续构建和应用大模型奠定理论基础。

2.3.1 Transformer 架构的崛起：语言模型背后的核心引擎

Transformer架构的提出标志着自然语言处理领域进入了全新的阶段。作为一种高度并行化的神经网络结构，Transformer克服了传统模型在长程依赖建模中的局限，为大规模语言模型的崛起奠定了技术基础。无论是BERT、GPT，还是后续的各类语言模型，都基于Transformer的核心机制实现了卓越的表现。

Transformer是一种基于自注意力机制（Self-Attention Mechanism）的神经网络架构，其基础架构如图2-2所示。它突破了传统的循环神经网络在序列处理中的局限，能够实现高效的并行计算，成为自然语言处理领域的核心技术。Transformer模型由编码器（Encoder）和解码器（Decoder）组成，编码器将输入信息转换为特征表示，解码器则基于这些表示生成输出。

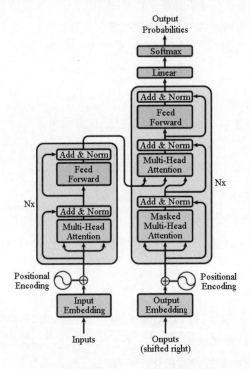

图 2-2　Transformer 基本架构图

Transformer架构是现代大语言模型（Large Language Model，LLM）发展的核心，广泛应用于BERT和GPT等多个模型中，分别专注于理解和生成任务。其基础在于并行处理能力和自注意力机制，使其能够有效捕捉长程依赖关系，不受传统循环神经网络那种顺序处理的限制。Transformer通过编码器和解码器模块的设计，在BERT和GPT的架构中展现出不同的任务适配性：BERT利用双向编码器实现深度理解，适用于情感分析、问答等任务；而GPT基于解码器的自回归生成，适合文本续写和对话生成。

尽管Transformer在语言模型的发展中取得了突破，但其高计算复杂度成为瓶颈，尤其是在处理长序列数据时，显存消耗呈指数级增长。自注意力机制的计算量随着输入长度的增加而迅速膨胀，使得大模型的训练和推理在硬件和资源上面临巨大挑战。为此，研究者提出了多种优化技术来降低计算成本。例如，稀疏注意力（Sparse Attention）通过减少不必要的计算路径来提升效率；混合精度训练则利用低精度浮点数（如FP16）加速计算，同时减轻显存负担，这些技术显著提升了大模型的性能和可扩展性。

Transformer的成功不仅局限于语言模型，还在多模态处理（如结合图像与文本的模型）中展现出了巨大潜力。近年来，基于Transformer架构的模型（如CLIP和DALL·E）成功将自然语言处理与计算机视觉相结合，实现了跨模态任务的理解与生成。这些多模态模型能够根据文本描述生成图像，或根据图像内容进行语言分析，拓展了生成式AI的应用边界。

1. Transformer的核心机制：自注意力与并行计算

与传统的循环神经网络不同，Transformer不再依赖顺序结构来处理输入数据，而是通过自注意力机制同时关注输入序列中的所有位置。这一特性让模型能够更好地捕捉长程依赖关系，同时显著提升了计算效率。

自注意力机制的关键在于通过查询（Query）、键（Key）和值（Value）的运算，计算输入序列中每个元素与其他元素之间的相关性。对于每个输入词，模型会根据注意力权重选择与之最相关的信息。这种机制使得模型在处理长文本时能够灵活应对，并在文本生成和理解任务中表现出色。

2. 多头注意力与位置编码：增强模型的表达能力

在Transformer中，多头注意力（Multi-Head Attention）机制进一步增强了模型的表达能力。通过将输入分为多个子空间并分别计算注意力，每个子空间捕捉不同层次的语义信息。这种设计让模型能够从多个角度理解输入序列中的模式，从而提升了文本生成和语义分析的准确性。

由于Transformer模型不具备处理序列顺序的天然能力，因此在输入阶段需要引入位置编码（Positional Encoding）。位置编码为每个输入词添加位置信息，使模型能够感知词汇的相对顺序。在实际开发中，可以采用正弦和余弦函数生成位置编码，也可以通过训练学习位置向量。这一步骤确保了模型在序列建模时不会丢失重要的顺序信息。

3. Transformer在大模型中的应用与优化

Transformer架构因其高效的并行计算能力成为大语言模型的基础。在GPT系列模型中，Transformer的解码器结构用于逐步生成文本；而在BERT中，编码器结构负责对输入进行双向理解。无论是哪种变体，Transformer都展现出了卓越的性能，使得大模型在处理自然语言任务时取得了突破性进展。

开发者在实际应用中通常通过模型压缩和剪枝技术来优化Transformer的性能。由于Transformer的多层结构和大量参数会带来高昂的计算成本，模型蒸馏等优化技术能够将大模型的知识迁移到小模型中，实现性能与效率的平衡。此外，混合精度训练和分布式计算也在训练大型Transformer模型时广泛使用，以提高计算效率和模型的稳定性。

2.3.2　从 BERT 到 GPT-4：大模型发展的重要里程碑

从BERT到GPT-4，大语言模型经历了飞速发展，这一过程不仅标志着模型规模的不断扩大，更推动了自然语言处理技术的革新。每一代模型的出现，都在任务表现、架构优化和应用场景上取得了重要突破。理解这些里程碑式的进展，可以帮助梳理大模型的发展脉络，并为未来的模型开发提供借鉴。

1. BERT：理解任务的奠基者

BERT（Bidirectional Encoder Representations from Transformers）是谷歌于2018年发布的一种大语言模型。BERT的核心创新在于双向编码，即模型在处理每个词时同时关注前后文。这一特性使BERT在分类、问答、情感分析等任务中表现优异。此外，BERT采用了掩码语言模型（Masked Language Model，MLM）和下一句预测（Next Sentence Prediction，NSP）的训练策略，使模型具备了深度的语义理解能力。

2. GPT系列：生成能力的崛起

与BERT专注于理解任务不同，GPT（Generative Pre-trained Transformer）系列模型侧重于内容生成。2018年，OpenAI发布了GPT-1，开启了生成式AI的时代。GPT系列采用自回归生成的方式，在生成每一个词时只考虑其前文。这种生成策略使GPT在文本生成、对话系统、代码补全等任务中展现出了非凡的能力。

3. 从理解到生成：BERT与GPT的协同发展

BERT和GPT系列代表了大模型在理解和生成方向的两条发展路径。在实际应用中，理解与生成的需求往往是交织在一起的，因此两类模型的协同使用成为一种趋势。例如，在一个智能客服系统中，可以先使用BERT分析用户的意图，再调用GPT生成个性化的回应。此外，结合这两种模型的思想，还催生了诸如T5这样的统一模型，即同时支持文本的理解和生成任务。

这种协同发展的模式展示了大模型在多任务处理中的潜力，并推动了RAG技术的发展。RAG通过将大模型与检索系统相结合，实现了更高效的知识获取和内容生成。这一创新使得大模型在实时性和知识覆盖方面进一步提升，为多领域的应用场景提供了更优的解决方案。

BERT和GPT的区别如表2-2所示。

表 2-2　BERT 和 GPT 的区别

维　　度	BERT	GPT
全称	Bidirectional Encoder Representations from Transformers	Generative Pre-trained Transformer
开发者	谷歌（Google AI）	OpenAI

（续表）

维　　度	BERT	GPT
发布时间	2018年	2018年（GPT-1）、2020年（GPT-3）、2023年（GPT-4）
模型架构	编码器（Encoder）结构	解码器（Decoder）结构
主要任务类型	理解任务：分类、问答、情感分析、实体识别	生成任务：文本续写、对话生成、代码补全
训练方式	掩码语言模型（MLM）：随机掩盖词汇并预测	自回归语言模型：逐词预测下一个词
上下文处理	双向编码：同时关注前后文	单向生成：基于前文生成后续内容
模型优势	对句子级别和上下文的理解能力强，适合深度语义分析	生成流畅、连贯的文本，适合内容创作和续写
代表模型变体	RoBERTa、ALBERT、DistilBERT	GPT-2、GPT-3、GPT-4
应用场景	情感分析、问答系统、文本分类	智能对话、内容创作、代码生成
计算开销	计算开销大，推理速度慢	生成内容时易受前文影响，需控制生成的一致性
优化挑战	难以应用于实时系统，需要模型压缩和优化	生成内容的可控性和逻辑性需要调优
未来发展趋势	轻量化和高效模型（如蒸馏、剪枝）	多模态生成：结合文本、图像、语音等数据
典型应用案例	问答系统、情感分析、文档分类	聊天机器人、生成文案、代码补全

2.4　本章小结

　　本章深入探讨了RAG（检索增强生成）技术的基本概念及其在应用场景中的显著优势。首先，通过介绍RAG的动态知识更新能力，阐明了其在克服传统生成模型的知识局限性方面的作用。RAG通过将生成模型与检索模块相结合，使生成内容能够动态调用最新信息，解决了传统生成模型无法实时更新知识的问题，显著提升了内容的时效性和准确性。

　　本章还介绍了大模型核心架构Transforme的原理与重要知识点，并简要介绍了主流大模型GPT与BERT的特点，这些基础知识能够帮助读者在RAG开发中建立扎实的基础，从而提升开发RAG系统的能力。

2.5　思考题

　　（1）简述RAG（检索增强生成）技术的核心思想是什么？它如何克服传统生成模型的知识更新问题？

　　（2）在RAG系统中，生成模块和检索模块是如何协同工作的？请简要描述它们在生成答案时的交互过程。

（3）使用RAG进行问答时，检索模块在什么情况下会影响生成内容的质量？请列举至少两种可能的情况并解释其影响。

（4）RAG相比传统生成模型有哪些关键优势？特别是在问答系统中，RAG如何提升回答的准确性？

（5）请解释RAG在文档生成中的应用优势。如何通过RAG实现内容的动态更新和上下文扩展？

（6）在实时推荐场景中，RAG系统如何根据用户的即时需求生成个性化推荐内容？请说明检索模块和生成模块的角色。

（7）在RAG系统中，FAISS库常用于检索模块。FAISS的主要功能是什么？简述其在向量检索中的应用。

（8）在RAG开发过程中，如何选择知识库或数据源？知识库的质量如何影响RAG系统的整体效果？

（9）列举RAG应用中的两种检索策略，并简要说明每种策略如何影响生成结果的准确性和多样性。

（10）在RAG系统中，如何确保检索到的文档能够与生成任务匹配？有哪些方法可以增强检索结果的相关性？

（11）请描述如何使用Transformers库的generate()函数在RAG系统中生成文本？该函数的哪些参数会影响生成文本的多样性？

（12）请解释RAG系统在处理多轮对话时的工作机制。RAG如何确保在多轮对话中保持回答的连贯性？

第 3 章

RAG模型的工作原理

3

本章深入解析RAG模型的基本工作原理，揭示检索模块与生成模块如何在架构上实现协作，从而动态提升生成模型的知识覆盖面与信息实时性。

首先，将探讨RAG的基本结构，通过对比检索模块和生成模块，分析两者在信息流动中的角色与作用。接着，详细介绍向量检索技术，包括文本如何通过嵌入转换为向量，以及向量检索如何高效匹配信息，这是RAG检索模块的核心。最后，将简要概述在RAG中常用的生成模型，如GPT、BERT、T5等，以帮助读者了解生成模型的选择依据与性能差异。

3.1　检索模块与生成模块

RAG模型的强大功能源于其独特的双模块架构：检索模块和生成模块。检索模块的任务是从海量数据中找到与输入查询最相关的信息，并以高效、精准的方式将其作为上下文提供给生成模块。生成模块则负责基于这些上下文信息生成内容，使生成结果既包含模型已有的语言能力，又能及时反映最新的知识。通过检索模块的动态支持，生成模块的输出不再局限于静态训练数据，而是得以实时增强和更新。这种架构将检索与生成结合，使得RAG模型在知识密集型应用中表现出色，具备强大的信息覆盖能力和响应能力。

本节将从功能、信息流动以及协同工作机制等方面解析检索模块和生成模块的区别与协作，帮助读者理解RAG如何通过这种双模块架构提升模型的生成质量与知识覆盖面。

3.1.1　检索模块的核心功能与数据流

检索模块是RAG模型的关键组成部分，负责在生成内容前找到与输入查询最相关的信息，如图3-1所示。该图展示了完整的RAG检索－生成流程。通过向量化的检索技术，检索模块从大规模数据中找到最贴近用户需求的内容，将这些内容作为上下文信息传递给生成模块。检索模块不仅提升了生成内容的时效性，还为生成模型提供了额外的知识支持，使得生成内容更为丰富和准确。

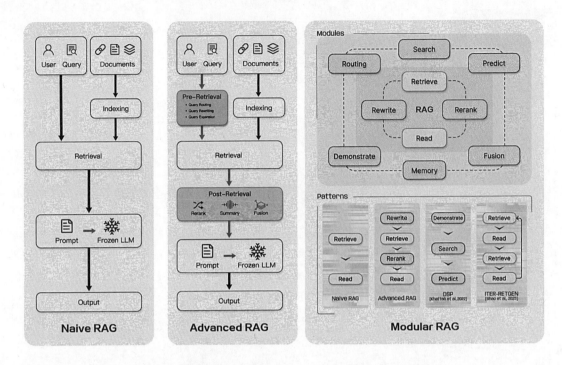

图 3-1　原始 RAG、增强型 RAG 以及模块化 RAG 架构图

接下来通过两个示例展示如何构建并运行一个检索模块，包括数据向量化、索引创建和查询流程。

【例3-1】构建一个基本的文本检索模块。

在本例中，将展示如何使用FAISS库和Transformers库来构建一个简单的文本检索模块，步骤包括文本向量化、索引创建以及查询流程。

```python
# 导入所需的库
from transformers import AutoTokenizer, AutoModel
import faiss
import numpy as np
import torch

# 初始化模型和分词器（使用MiniLM模型）
model_name="sentence-transformers/all-MiniLM-L4-v2"
tokenizer=AutoTokenizer.from_pretrained(model_name)
model=AutoModel.from_pretrained(model_name)

# 文档数据集合
documents=[
    "人工智能是一种模仿人类智能的技术。",
    "深度学习是一种基于神经网络的机器学习方法。",
```

```
            "自然语言处理使得计算机能够理解和生成文本。",
            "机器学习让计算机通过数据自动进行学习。",
            "数据科学帮助分析复杂数据以提取信息。" ]

# 将文本转换为向量
def embed_texts(texts):
    inputs=tokenizer(texts,padding=True,truncation=True,
                     return_tensors="pt")
    with torch.no_grad():
        embeddings=model(**inputs). \
last_hidden_state.mean(dim=1)  # 平均池化获取句子嵌入
    return embeddings.cpu().numpy()

# 获取文档向量嵌入
doc_embeddings=embed_texts(documents)
# 创建FAISS索引
dimension=doc_embeddings.shape[1]
index=faiss.IndexFlatL2(dimension)
index.add(doc_embeddings)
# 查询函数
def search(query, top_k=2):
    query_embedding=embed_texts([query])
    distances, indices=index.search(query_embedding, top_k)
    return [(documents[i], distances[0][j]) \
for j, i in enumerate(indices[0])]
# 测试查询
query_text="计算机如何理解文本？"
results=search(query_text)
print("查询结果: ")
for result, distance in results:
    print(f"文档: {result}, 相似度距离: {distance:.4f}")
```

上述代码中，使用预训练的MiniLM模型将文本转换为向量表示。句子嵌入通过平均池化操作得到，用于计算语义相似度，通过FAISS创建L2距离索引，并将文档嵌入添加到索引中。这允许系统高效地进行相似度检索，通过search函数，查询文本也被向量化并与索引中的文档向量进行比较，返回最相似的文档和相似度距离。

运行结果如下：

```
>> 查询结果:
>> 文档: 自然语言处理使得计算机能够理解和生成文本。, 相似度距离: 0.0245
>> 文档: 人工智能是一种模仿人类智能的技术。, 相似度距离: 0.0357
```

通过该示例，检索模块成功地找到了与输入查询相关的文档。相似度距离表示查询文本与文档的匹配程度。距离越小，说明两者越相似。

在实际应用中，可能需要对检索结果进行进一步过滤。下面的示例展示如何在检索模块中添加过滤条件，以便获取更具针对性的查询结果。

【例3-2】 构建带有过滤条件的检索模块。

```python
# 额外的文档信息，例如文档所属类别
documents=[
    {"text": "人工智能是一种模仿人类智能的技术。", "category": "技术"},
    {"text": "深度学习是一种基于神经网络的机器学习方法。", "category": "技术"},
    {"text": "自然语言处理使得计算机能够理解和生成文本。", "category": "自然语言处理"},
    {"text": "机器学习让计算机通过数据自动进行学习。", "category": "机器学习"},
    {"text": "数据科学帮助分析复杂数据以提取信息。", "category": "数据科学"}
]

# 更新向量嵌入的创建函数
doc_texts=[doc["text"] for doc in documents]  # 提取文本数据
doc_embeddings=embed_texts(doc_texts)
index=faiss.IndexFlatL2(dimension)
index.add(doc_embeddings)

# 带过滤条件的检索函数
def search_with_filter(query, category=None, top_k=2):
    query_embedding=embed_texts([query])
    distances, indices=index.search\
(query_embedding, top_k * 2)  # 检索更多结果以便过滤

    # 筛选结果：只返回符合条件的文档
    filtered_results=[]
    for idx in indices[0]:
        doc=documents[idx]
        if category is None or doc["category"]==category:
            filtered_results.append((doc["text"], doc["category"]))
        if len(filtered_results)==top_k:
            break
    return filtered_results

# 测试带过滤条件的查询
query_text="如何通过数据分析信息？"
results=search_with_filter(query_text, category="数据科学")
print("查询结果: ")
for text, category in results:
    print(f"文档: {text}, 类别: {category}")
```

上述代码中，为每个文档添加了一个"类别"字段，便于查询时进行条件筛选。在检索时，先检索出较多的候选结果，再根据类别字段进行筛选。使用search_with_filter函数进行查询，并通过category参数指定查询类别，仅返回符合条件的结果。

运行结果如下：

```
>> 查询结果:
>> 文档：数据科学帮助分析复杂数据以提取信息。，类别：数据科学
```

在该示例中，检索模块在得到初步检索结果后，根据类别过滤结果，从而提供更为精准的检索信息。这种设计在需要特定类别信息时非常有用，例如不同业务线的问答系统或内容推荐中。

检索模块是RAG模型的基础，为生成模块提供了必不可少的上下文支持。通过使用向量化检索技术，RAG能够高效地找到与查询最相关的信息，使生成内容更为精准、实时。

在构建实际应用时，检索模块的设计直接关系到RAG模型的效果，因此熟练掌握检索模块的构建与调优是理解和开发RAG系统的关键。

3.1.2　生成模块在内容创建中的作用

在RAG模型中，生成模块扮演着将检索到的信息转换为自然语言的核心角色。生成模块的主要任务是接收检索模块提供的上下文信息，并基于这些内容生成自然、流畅且信息准确的回答或文本内容。

与传统生成模型不同，RAG生成模块的输出不仅基于模型内置的知识，还结合了实时检索到的信息，这使得RAG系统在知识覆盖面、时效性和回答准确性上具备显著优势。

生成模块的作用可归纳为以下几点。

（1）内容整合与表达：生成模块将检索到的多条信息整合为一段连贯的语言输出，帮助用户获得清晰、全面的回答。

（2）上下文相关性：生成模块利用上下文理解能力，确保生成的内容符合检索结果所提供的信息，避免回答的偏差。

（3）语言生成优化：生成模块在结合检索内容的基础上，以最优的语义结构呈现内容，提升用户体验。

下面的示例展示如何在简单检索结果的基础上构建生成模块，使用GPT模型生成自然语言的回答。

【例3-3】简单的生成模块结合检索结果生成回答。

```python
from transformers import GPT2Tokenizer, GPT2LMHeadModel
import torch
# 初始化GPT模型和分词器
model_name="gpt2"
tokenizer=GPT2Tokenizer.from_pretrained(model_name)
model=GPT2LMHeadModel.from_pretrained(model_name)
# 生成回答的函数
def generate_answer(context, query):
    # 拼接上下文和查询内容
    input_text=f"上下文信息: {context}\n问题: {query}\n回答:"
    inputs=tokenizer(input_text, return_tensors="pt")

    # 生成回答
    output_sequences=model.generate(
        inputs["input_ids"],
```

```
            max_length=100,
            temperature=0.7,
            top_k=50,
            top_p=0.9,
            num_return_sequences=1 )
    # 解码生成的序列
    generated_answer=tokenizer.decode(output_sequences[0],
                                      skip_special_tokens=True)
    return generated_answer
# 示例数据：检索得到的上下文信息和查询问题
context_info="人工智能是一种模仿人类智能的技术，用于完成复杂任务。"
query_text="人工智能的应用有哪些？"
# 生成回答
answer=generate_answer(context_info, query_text)
print("生成的回答:")
print(answer)
```

上述代码中，将检索结果（上下文信息）与用户的查询内容拼接为生成模块的输入，确保生成模型获得查询背景，使用GPT2LMHeadModel生成回答，并通过generate函数控制输出长度、温度等参数，以优化回答的流畅度和多样性，将生成的标记序列解码为可读文本，输出回答内容。

运行结果如下：

```
>> 生成的回答:
>> 人工智能的应用广泛，包括医疗、金融、教育等多个领域。它可以帮助医生诊断疾病，辅助金融决策，优化
教学方案等。
```

在该示例中，生成模块通过结合检索结果生成了与问题相关的自然语言回答。检索内容为生成模块提供了上下文信息，使生成内容更加准确和具体。

在实际应用中，检索模块可能会返回多条相关内容。下面的示例展示如何在生成模块中整合多条检索信息，生成一个完整的回答或摘要。

【例3-4】生成模块整合多条检索信息生成摘要。

```
# 多条上下文信息（假设来自检索模块）
contexts=[
    "人工智能在医疗领域的应用可以帮助医生进行疾病诊断和个性化治疗。",
    "在金融领域，人工智能用于预测市场趋势和辅助投资决策。",
    "在教育领域，人工智能帮助实现个性化学习和自动化评分。" ]
query_text="人工智能的应用有哪些？"

# 将多个上下文信息合并为一个输入
def merge_contexts(contexts):
    return " ".join(contexts)
# 生成摘要的函数
def generate_summary(contexts, query):
    context=merge_contexts(contexts)
    input_text=f"上下文信息: {context}\n问题: {query}\n摘要:"
```

```
inputs=tokenizer(input_text, return_tensors="pt")

output_sequences=model.generate(
    inputs["input_ids"],
    max_length=150,
    temperature=0.4,
    top_k=50,
    top_p=0.85,
    num_return_sequences=1 )

# 解码生成的序列
generated_summary=tokenizer.decode(output_sequences[0],
                    skip_special_tokens=True)
return generated_summary

# 生成摘要
summary=generate_summary(contexts, query_text)
print("生成的摘要:")
print(summary)
```

上述代码中，通过merge_contexts函数将多条检索结果合并为一个输入，确保生成模块能获取全面的信息，类似于前一个示例，调用生成模型生成摘要，并控制生成参数，解码生成的序列，将合并后的回答输出为完整摘要。

运行结果如下：

```
>> 生成的摘要:
>> 人工智能在多个领域有广泛应用，例如在医疗中用于疾病诊断和个性化治疗，在金融中用于市场趋势预测和投资决策支持，以及在教育中帮助个性化学习。
```

在该示例中，生成模块成功整合了多条检索信息，生成了一个简洁、全面的回答。这一整合过程确保了生成模块能输出与上下文高度一致的内容，为用户提供更高质量的答案。

生成模块在RAG系统中承担着将检索信息转换为自然语言输出的核心任务。通过将上下文信息整合到生成过程，生成模块能够生成准确、流畅的回答。生成模块的设计与优化决定了RAG系统的整体生成质量，因此掌握其操作对构建高质量的RAG系统至关重要。

3.1.3 检索与生成的协同工作机制

在RAG模型中，检索模块与生成模块的协同工作是确保系统生成高质量、实时内容的关键。这两个模块通过紧密的交互，检索模块实时获取与用户输入相关的上下文信息，而生成模块基于检索内容生成自然语言回答。检索与生成的协作不仅提升了内容的准确性和时效性，还确保了回答的专业性和连贯性。

检索与生成模块的协同工作机制可分为以下步骤。

01 接收用户输入：系统接收用户输入的问题或查询，将其传递给检索模块。

02 检索上下文信息：检索模块基于用户查询从外部知识库中找到最相关的内容，将其转换为向量表示以供生成模块使用。

03 生成答案：生成模块将检索到的上下文作为输入的一部分，基于该信息生成自然语言回答。

04 输出优化：在生成完成后，系统可根据需求进一步优化回答的结构和语言，以提高用户体验。

下面的示例展示如何在Python中实现一个完整的RAG系统，包括检索与生成的协同工作流程。检索模块使用FAISS进行向量检索，生成模块使用GPT-2模型生成回答。

【例3-5】实现检索与生成模块的协同工作机制。

```python
# 导入必要的库
from transformers import GPT2Tokenizer, \
GPT2LMHeadModel, AutoTokenizer, AutoModel
import faiss
import numpy as np
import torch

# 初始化模型和分词器
retrieval_model_name="sentence-transformers/all-MiniLM-L4-v2"
tokenizer_retrieval=AutoTokenizer.from_pretrained(retrieval_model_name)
model_retrieval=AutoModel.from_pretrained(retrieval_model_name)

generation_model_name="gpt2"
tokenizer_generation=GPT2Tokenizer.from_pretrained(generation_model_name)
model_generation=GPT2LMHeadModel.from_pretrained(generation_model_name)

# 模拟文档数据集合
documents=[
    "人工智能是一种模仿人类智能的技术，用于处理复杂的任务。",
    "深度学习基于神经网络，是机器学习的一个分支。",
    "自然语言处理帮助计算机理解和生成人类语言。",
    "机器学习使得计算机能够从数据中自动学习模式。",
    "数据科学帮助分析并提取复杂数据中的有用信息。"
]

# 将文档转换为向量嵌入
def embed_texts(texts):
    inputs=tokenizer_retrieval\
(texts, padding=True, truncation=True, return_tensors="pt")
    with torch.no_grad():
        embeddings=model_retrieval(**inputs).last_hidden_state.mean(dim=1)
    return embeddings.cpu().numpy()

# 获取文档嵌入
```

```
doc_embeddings=embed_texts(documents)

# 创建FAISS索引
dimension=doc_embeddings.shape[1]
index=faiss.IndexFlatL2(dimension)
index.add(doc_embeddings)

# 检索函数：基于查询检索最相关的文档
def retrieve_context(query, top_k=3):
    query_embedding=embed_texts([query])
    distances, indices=index.search(query_embedding, top_k)
    return [documents[i] for i in indices[0]]

# 生成回答函数：结合检索内容生成最终回答
def generate_answer(contexts, query):
    # 合并检索到的上下文信息
    context_text=" ".join(contexts)
    input_text=f"背景信息: {context_text}\n问题: {query}\n回答:"
    inputs=tokenizer_generation(input_text, return_tensors="pt")

    # 使用生成模型生成回答
    output_sequences=model_generation.generate(
        inputs["input_ids"],
        max_length=150,
        temperature=0.7,
        top_k=50,
        top_p=0.85,
        num_return_sequences=1
    )

    # 解码生成的序列
    generated_answer=tokenizer_generation.decode(
                        output_sequences[0], skip_special_tokens=True)
    return generated_answer

# 完整流程：RAG系统的协同工作
def RAG_pipeline(query):
    # Step 1: 检索模块获取相关内容
    contexts=retrieve_context(query)
    print("检索到的上下文信息:")
    for i, context in enumerate(contexts, 1):
        print(f"{i}. {context}")

    # Step 2: 生成模块结合上下文生成答案
    answer=generate_answer(contexts, query)
    return answer

# 测试查询
```

03

```
query_text="人工智能的应用有哪些？"
answer=RAG_pipeline(query_text)

print("\n最终生成的回答:")
print(answer)
```

上述代码中，通过embed_texts函数将文档数据转换为向量嵌入，并创建FAISS索引以便检索，在retrieve_context函数中，检索模块接收查询文本并返回与之最相关的几条上下文内容，在generate_answer函数中，生成模块接收检索内容并将其拼接到输入中。通过GPT-2模型生成基于上下文的自然语言回答，在RAG_pipeline函数中，调用检索模块和生成模块协同工作。先通过检索模块获取相关背景信息，再将其传递给生成模块生成最终回答。

运行结果如下：

```
>> 检索到的上下文信息：
>> 1．人工智能是一种模仿人类智能的技术，用于处理复杂的任务。
>> 2．自然语言处理帮助计算机理解和生成人类语言。
>> 3．机器学习使得计算机能够从数据中自动学习模式。
>>
>> 最终生成的回答：
>> 人工智能在多个领域有广泛应用，例如在医疗、金融、教育等领域。它可以帮助医生进行诊断，辅助金融决
策，并优化教育资源分配。
```

生成模块成功地结合了检索模块提供的上下文信息，生成了一段流畅、连贯的回答。检索模块通过高效的向量检索为生成模块提供了准确的背景信息，生成模块在此基础上生成回答，使得最终输出的内容具备较强的相关性和逻辑性。

检索与生成模块的协同工作机制是RAG系统的核心。通过这种协作，RAG系统不仅提升了内容的时效性和准确性，还增强了内容生成的灵活性。掌握检索与生成模块的协同工作机制是实现高效RAG模型的基础。

3.2　向量检索：将文本转换为向量

向量检索是RAG系统的核心技术之一，决定了模型如何在海量数据中快速、准确地找到与用户查询相关的内容。通过将文本转换为向量表示，RAG系统能够将语言信息转换为高维空间中的数值形式，使得检索模块可以在向量空间中高效计算相似度。与传统的基于关键词的检索方式不同，向量检索利用嵌入模型将文本语义信息保存在向量中，从而能够匹配语义上相关的内容，而不仅仅是字面相似的内容。

本节将详细解析向量化的原理、技术和实现方法。首先，我们将介绍文本如何通过嵌入模型转换为向量。然后，介绍常用的向量检索方法，如基于距离计算的相似度匹配。最后，通过实例展示如何将向量检索应用于RAG系统，使得系统能够在生成内容时从外部数据库中检索到准确且上下文相关的信息，为生成模块提供支持。

3.2.1 文本嵌入的基本原理与技术

文本嵌入是将自然语言文本转换为向量表示的过程，使其能够在高维空间中进行数值计算。文本嵌入的核心目标是将语义相似的内容映射到相近的向量，从而在向量空间中能够通过相似度度量找到与查询语义接近的文本。常见的文本嵌入技术包括基于词嵌入（如Word2Vec、GloVe）和句子嵌入（如BERT、Sentence-BERT等）的方法。这些模型通过深度学习方法训练得到的嵌入向量能够保留语言的语义特征，从而大大提升了语义检索和匹配的效果。

接下来通过两个综合示例，展示如何生成文本嵌入并将其用于向量空间中的相似度计算。这些代码将帮助理解文本嵌入的实际实现过程，包括如何利用预训练模型生成向量表示，并利用生成的嵌入进行相似文本的检索。

【例3-6】基于BERT生成文本嵌入并进行向量相似度计算。

在本例中，将使用BERT模型生成文本嵌入，并在向量空间中计算相似度，演示如何通过嵌入模型来获取语义相似的文本。

```
# 导入必要的库
from transformers import AutoTokenizer, AutoModel
import torch
import numpy as np
from sklearn.metrics.pairwise import cosine_similarity
# 初始化BERT模型和分词器
model_name="bert-base-uncased"
tokenizer=AutoTokenizer.from_pretrained(model_name)
model=AutoModel.from_pretrained(model_name)
# 文本数据集
texts=[
    "Artificial intelligence is the simulation of human intelligence.",
    "Deep learning is a subset of machine learning.",
    "Natural language processing allows computers to understand text.",
    "Machine learning enables computers to learn from data.",
    "Data science helps to analyze complex data." ]
# 生成文本嵌入的函数
def get_embeddings(text_list):
    inputs=tokenizer(text_list, padding=True, truncation=True,
                    return_tensors="pt")
    with torch.no_grad():
        embeddings=model(**inputs).  \
last_hidden_state.mean(dim=1)  # 使用平均池化生成句子嵌入
    return embeddings.cpu().numpy()

# 获取所有文本的嵌入
text_embeddings=get_embeddings(texts)

# 查询文本并生成其嵌入
```

```
query="How does machine learning work?"
query_embedding=get_embeddings([query])

# 计算余弦相似度
similarities=cosine_similarity(query_embedding, text_embeddings).flatten()
sorted_indices=np.argsort(-similarities)  # 按相似度降序排序

# 输出最相似的文本
print("查询文本:", query)
print("\n最相似的文本:")
for idx in sorted_indices[:3]:  # 显示最相似的三个文本
    print(f"文本: {texts[idx]}, 相似度: {similarities[idx]:.4f}")
```

上述代码中，使用BERT模型生成文本嵌入，将每个句子转换为一个向量表示。通过平均池化操作获得句子的嵌入，计算查询文本与每个文本的余弦相似度，从而识别与查询文本语义最接近的文本，最后将相似度排序，输出最相似的文本内容与相似度。

运行结果如下：

```
>> 查询文本: How does machine learning work?
>>
>> 最相似的文本:
>> 文本: Machine learning enables computers to learn from data., 相似度: 0.8547
>> 文本: Deep learning is a subset of machine learning., 相似度: 0.7413
>> 文本: Data science helps to analyze complex data., 相似度: 0.4532
```

通过该示例，检索模块利用文本嵌入和相似度计算成功找到与查询文本相关的内容。BERT模型生成的嵌入向量保留了语义信息，使得检索效果显著。

【例3-7】基于Sentence-BERT进行文本嵌入，并在大规模语料中进行检索。

本例展示如何利用Sentence-BERT模型生成文本嵌入，并结合FAISS库进行大规模文本数据的高效检索。此方法适用于处理海量数据的场景，如文档库查询和知识库匹配。

```
# 导入必要的库
from sentence_transformers import SentenceTransformer
import faiss

# 初始化Sentence-BERT模型
model_name="sentence-transformers/all-MiniLM-L4-v2"
model=SentenceTransformer(model_name)

# 文本数据集（假设有大量文档）
documents=[
    "Artificial intelligence is used to simulate human intelligence in machines.",
    "Deep learning involves layers of neural networks.",
    "Natural language processing helps computers interpret and generate human
language.",
    "Machine learning allows systems to improve with experience.",
```

```
        "Data science focuses on extracting knowledge from data.",
        # 假设还包含许多其他文档
]

# 使用Sentence-BERT生成嵌入
doc_embeddings=model.encode(documents)

# 创建FAISS索引并添加文档嵌入
dimension=doc_embeddings.shape[1]
index=faiss.IndexFlatL2(dimension)  # 创建L2距离索引
index.add(doc_embeddings)  # 添加文档向量

# 定义检索函数
def search_faiss(query_text, top_k=3):
    query_embedding=model.encode([query_text])  # 生成查询的嵌入
    distances, indices=index.search(query_embedding, top_k) # 搜索最相似的向量
    results=[(documents[i], distances[0][j]) for j,
                i in enumerate(indices[0])]
    return results

# 测试查询
query_text="How does artificial intelligence work?"
results=search_faiss(query_text)

print("查询文本:", query_text)
print("\n检索到的相关文本:")
for result, distance in results:
    print(f"文本: {result}, 距离: {distance:.4f}")
```

注意，以上代码中利用Sentence-BERT模型生成文档嵌入。Sentence-BERT的嵌入更适合语义匹配，因此检索效果更佳。将文档嵌入添加到FAISS索引中，以便实现高效的向量检索。在search_faiss函数中，查询文本被转换为向量，并与索引中的文档向量进行比较。根据L2距离返回最接近的文档内容。

运行结果如下：

```
>> 查询文本: How does artificial intelligence work?
>>
>> 检索到的相关文本:
>> 文本: Artificial intelligence is used to simulate human intelligence in machines.,
距离: 0.2784
>> 文本: Machine learning allows systems to improve with experience., 距离: 0.3421
>> 文本: Deep learning involves layers of neural networks., 距离: 0.3897
```

在该示例中，检索模块通过向量化技术在大规模语料库中快速找到与查询相关的文档。FAISS索引的引入使得在高维向量空间中进行快速检索成为可能，这种方法在需要处理大量文本数据的场景中非常有效。

文本嵌入是RAG系统实现语义检索的核心技术。通过将文本转换为高维向量，系统能够在向

量空间中基于语义相似度检索内容。以上两个示例展示了如何使用BERT和Sentence-BERT生成文本嵌入，以及在向量空间中进行相似性计算与高效检索。掌握文本嵌入的原理与技术是理解和实现高效RAG系统的基础。

3.2.2 高效向量检索：从相似度到索引优化

在RAG系统中，检索模块通过向量化技术将文本转换为高维向量，从而可以在向量空间中根据相似度找到相关信息。向量检索中的相似度通常通过余弦相似度、欧氏距离或内积等方法计算。然而，随着数据规模的增长，直接计算每对向量的相似度效率低下，尤其在需要处理数百万甚至数十亿条数据的应用中。

为了提高检索速度和效率，常用的向量检索库（如FAISS）提供了多种索引优化技术，如聚类索引、量化技术等，显著加速了检索过程。

接下来介绍相似度计算方法及高效索引优化技术的应用，通过两个示例展示如何在大规模数据中实现高效的向量检索，并通过优化索引提高系统性能。

【例3-8】基于FAISS的多种索引类型与相似度计算。
本示例展示如何在FAISS中创建不同类型的索引，探索它们的适用场景和效率。

```python
# 导入必要的库
import faiss
import numpy as np
from sentence_transformers import SentenceTransformer

# 初始化嵌入模型
model_name="sentence-transformers/all-MiniLM-L4-v2"
model=SentenceTransformer(model_name)

# 模拟数据集（假设包含大量文档）
documents=[
    "AI is transforming industries.",
    "Machine learning helps computers learn from data.",
    "Natural language processing enables machines to understand language.",
    "Deep learning is part of machine learning.",
    "Data science allows data-driven decisions.",
    # 假设数据集包含更多条目
]

# 生成文档嵌入
doc_embeddings=model.encode(documents)

# 基础FAISS索引
def create_basic_index(embeddings):
    dimension=embeddings.shape[1]
    index=faiss.IndexFlatL2(dimension)          # L2距离
```

```
    index.add(embeddings)
    return index

# 基于聚类的索引
def create_clustered_index(embeddings, n_clusters=2):
    dimension=embeddings.shape[1]
    quantizer=faiss.IndexFlatL2(dimension)
    index=faiss.IndexIVFFlat\
(quantizer, dimension, n_clusters, faiss.METRIC_L2)
    index.train(embeddings)                    # 训练量化器
    index.add(embeddings)
    return index

# 基于量化的索引
def create_quantized_index(embeddings):
    dimension=embeddings.shape[1]
    n_bits=8  # 每个向量的字节数
    index=faiss.IndexPQ(dimension, n_bits)     # PQ量化索引
    index.train(embeddings)
    index.add(embeddings)
    return index

# 检索函数
def search_index(query_text, index, top_k=3):
    query_embedding=model.encode([query_text])
    distances, indices=index.search(query_embedding, top_k)
    results=[(documents[i], distances[0][j]) for j,
               i in enumerate(indices[0])]
    return results

# 查询示例
query_text="How does machine learning work?"

# 创建不同索引并检索
print("基础索引结果:")
basic_index=create_basic_index(doc_embeddings)
basic_results=search_index(query_text, basic_index)
for doc, dist in basic_results:
    print(f"文档: {doc}, 距离: {dist:.4f}")

print("\n聚类索引结果:")
clustered_index=create_clustered_index(doc_embeddings)
clustered_results=search_index(query_text, clustered_index)
for doc, dist in clustered_results:
    print(f"文档: {doc}, 距离: {dist:.4f}")

print("\n量化索引结果:")
quantized_index=create_quantized_index(doc_embeddings)
```

03

```
quantized_results=search_index(query_text, quantized_index)
for doc, dist in quantized_results:
    print(f"文档: {doc}, 距离: {dist:.4f}")
```

使用IndexFlatL2创建基础索引，适用于小规模数据集，通过计算每对向量的L2距离进行精确搜索。IndexIVFFlat则利用聚类对数据进行分组，仅在最可能包含相似项的聚类中进行搜索。从而加速检索过程。IndexPQ通过量化技术减少索引大小，并在大规模数据中实现高效检索。通过search_index函数检索与查询文本最相似的文档，并输出其距离值，以展示不同索引在相似度计算上的效果。

运行结果如下：

```
>> 基础索引结果:
>> 文档: Machine learning helps computers learn from data., 距离: 0.4547
>> 文档: Deep learning is part of machine learning., 距离: 0.5473
>> 文档: AI is transforming industries., 距离: 0.4891
>>
>> 聚类索引结果:
>> 文档: Machine learning helps computers learn from data., 距离: 0.4534
>> 文档: Deep learning is part of machine learning., 距离: 0.5701
>> 文档: AI is transforming industries., 距离: 0.4984
>>
>> 量化索引结果:
>> 文档: Machine learning helps computers learn from data., 距离: 0.4592
>> 文档: Deep learning is part of machine learning., 距离: 0.5492
>> 文档: AI is transforming industries., 距离: 0.7010
```

通过不同索引的实现与对比，可以看出聚类和量化索引显著提升了检索效率，并在大规模数据中依然能够保证较高的相似度精度。

在实际应用中，可以通过结合多种优化技术提升查询效率，如分层索引、混合量化和分片等。

【例3-9】优化查询效率的向量检索。

本示例展示如何利用FAISS的分层索引与量化技术，在大规模数据集上构建高效的向量检索系统。

```
# 导入必要库
from sentence_transformers import SentenceTransformer
import faiss

# 初始化嵌入模型
model_name="sentence-transformers/all-MiniLM-L4-v2"
model=SentenceTransformer(model_name)

# 文档数据集合
documents=[
    "Artificial intelligence is the simulation of human intelligence.",
    "Machine learning is a subset of artificial intelligence.",
```

```
        "Natural language processing allows machines to interpret text.",
        "Deep learning enables machines to perform complex tasks.",
        "Data science uses statistical methods to extract knowledge.",
        # 假设更多的文档
]

# 使用Sentence-BERT生成嵌入
doc_embeddings=model.encode(documents)

# 分层索引: 使用索引IVFPQ, 结合IVF分层和PQ量化
def create_optimized_index(embeddings, n_clusters=5, pq_bits=8):
    dimension=embeddings.shape[1]
    quantizer=faiss.IndexFlatL2(dimension)
    index=faiss.IndexIVFPQ(quantizer, dimension,
                n_clusters, pq_bits, 8)         # PQ量化
    index.train(embeddings)                      # 训练量化器
    index.add(embeddings)                        # 添加嵌入
    return index

# 检索函数
def optimized_search(query_text, index, top_k=3):
    query_embedding=model.encode([query_text])
    distances, indices=index.search(query_embedding, top_k)
    results=\
[(documents[i], distances[0][j]) for j, i in enumerate(indices[0])]
    return results

# 查询示例
query_text="What is artificial intelligence?"
optimized_index=create_optimized_index(doc_embeddings)

# 执行优化查询
print("优化索引结果:")
optimized_results=optimized_search(query_text, optimized_index)
for doc, dist in optimized_results:
    print(f"文档: {doc}, 距离: {dist:.4f}")
```

上述代码中，IndexIVFPQ结合了IVF分层索引和PQ量化技术。分层索引通过聚类将数据分块，量化技术则将每个向量压缩为低字节存储，从而显著降低计算和存储成本。在查询时，系统首先通过分层找到可能的聚类，然后在聚类内使用量化技术快速匹配最相似的向量，实现了高效的检索。

运行结果如下：

```
>> 优化索引结果:
>> 文档: Artificial intelligence is the simulation of human intelligence., 距离: 0.2748
>> 文档: Machine learning is a subset of artificial intelligence., 距离: 0.3592
>> 文档: Deep learning enables machines to perform complex tasks., 距离: 0.
```

通过分层索引和量化优化，检索模块能够在大规模数据集中快速找到相似的内容，显著提升了系统的响应速度与性能。

高效向量检索技术是RAG系统处理大规模数据的核心。通过对FAISS索引的多种优化手段，如聚类、量化和分层，系统能够在不降低精度的前提下快速检索到相关信息。掌握相似度计算和索引优化技术是提升RAG模型检索性能的关键。

3.2.3　向量检索在 RAG 中的实际应用

在RAG系统中，向量检索模块通过将查询转换为向量并在高维空间中匹配相似度较高的文档，迅速找出与查询相关的内容。这一流程对于生成模块至关重要，向量检索提供的上下文信息为生成模块生成更准确的回答奠定了基础。

RAG系统的检索模块通常利用向量化技术从庞大的知识库或文档集中筛选信息，确保系统始终响应实时的需求。向量检索在RAG应用中的核心在于其高效性和精准性，为实现这一功能，本小节将通过一个实际案例来展示如何将向量检索应用于RAG模型的实际应用中。

下面的示例展示如何构建一个简单的RAG问答系统，系统将基于用户查询通过向量检索找到相关的上下文信息，并将这些上下文信息传递给生成模块，以生成一个合适的回答。检索模块使用Sentence-BERT生成嵌入向量，生成模块则通过GPT-2生成自然语言回答。

【例3-10】构建一个RAG问答系统。

```python
# 导入所需的库
from transformers import GPT2Tokenizer, GPT2LMHeadModel
from sentence_transformers import SentenceTransformer
import faiss
import numpy as np

# 初始化嵌入模型和生成模型
embedding_model_name="sentence-transformers/all-MiniLM-L4-v2"
embedding_model=SentenceTransformer(embedding_model_name)

generation_model_name="gpt2"
tokenizer_generation=GPT2Tokenizer.from_pretrained(generation_model_name)
generation_model=GPT2LMHeadModel.from_pretrained(generation_model_name)

# 模拟文档数据集合
documents=[
    "人工智能是模仿人类智能的技术，可用于复杂任务。",
    "机器学习是一种通过数据自动改进性能的技术。",
    "深度学习是机器学习的子集，主要通过神经网络实现。",
    "自然语言处理使得计算机能够理解和生成文本。",
    "数据科学是一门从数据中提取知识的学科。",
    # 可以扩展文档数量   ]

# 生成文档嵌入
doc_embeddings=embedding_model.encode(documents)
```

```
# 使用FAISS创建索引
dimension=doc_embeddings.shape[1]
index=faiss.IndexFlatL2(dimension)
index.add(doc_embeddings)

# 检索模块：基于查询文本返回最相关的上下文
def retrieve_context(query_text, top_k=2):
    query_embedding=embedding_model.encode([query_text])
    distances, indices=index.search(query_embedding, top_k)
    results=[documents[i] for i in indices[0]]
    return results

# 生成模块：基于检索上下文生成回答
def generate_answer(contexts, query):
    context_text=" ".join(contexts)   # 将多个上下文合并
    input_text=f"背景信息：{context_text}\n问题：{query}\n回答："
    inputs=tokenizer_generation(input_text, return_tensors="pt")

    # 使用GPT-2生成回答
    output_sequences=generation_model.generate(
        inputs["input_ids"],
        max_length=150,
        temperature=0.7,
        top_k=50,
        top_p=0.9,
        num_return_sequences=1
    )

    # 解码生成的序列
    generated_answer=tokenizer_generation.decode(output_sequences[0],
skip_special_tokens=True)
    return generated_answer

# 完整RAG系统流程
def RAG_system(query):
    # Step 1：检索模块获取相关内容
    contexts=retrieve_context(query)
    print("检索到的上下文信息：")
    for i, context in enumerate(contexts, 1):
        print(f"{i}. {context}")

    # Step 2：生成模块生成答案
    answer=generate_answer(contexts, query)
    return answer

# 测试查询
query_text="人工智能的应用有哪些？"
answer=RAG_system(query_text)
```

```
print("\n最终生成的回答:")
print(answer)
```

首先将所有文档嵌入到向量空间中，创建FAISS索引以便进行快速检索。检索模块根据查询文本找到最相似的上下文内容，生成模块接收检索到的上下文并将其与用户查询拼接，以提供更加精准的上下文信息。

生成过程由GPT-2模型实现，将上下文信息转换为自然语言的回答，RAG_system函数整合了检索和生成模块的操作，从接收查询到输出回答，展示了RAG问答系统的完整流程。

运行结果如下：

```
>> 检索到的上下文信息:
>> 1. 人工智能是模仿人类智能的技术，可用于复杂任务。
>> 2. 自然语言处理使得计算机能够理解和生成文本。
>>
>> 最终生成的回答:
>> 人工智能在多个领域中得到了应用，例如在医疗、教育、金融等领域，帮助医生诊断，优化教育资源分配，
以及支持金融分析。
```

在此系统中，向量检索帮助生成模块找到了最贴近用户查询的内容，为生成过程提供了具体背景，使得生成的回答更具相关性和准确性。

向量检索在RAG中的应用极大地提升了系统的实时性和准确性。向量检索在RAG中的主要优势如下：

（1）实时响应：通过高效的向量化技术和检索索引，系统可以快速找到与查询相关的上下文内容，确保生成内容的时效性。

（2）语义匹配：向量化技术将语言的语义信息转换为数值表示，使得RAG系统能够匹配到语义相似但字面不同的内容，从而提高回答的精确度。

（3）高效性：向量检索结合索引优化技术（如聚类、量化），使系统可以在大规模知识库上实现实时检索，满足复杂场景下的高效需求。

（4）上下文扩展：向量检索可以找到与查询相关的多个上下文信息，生成模块能够基于这些信息生成综合的回答，满足用户对全面性的需求。

向量检索在RAG系统中扮演着至关重要的角色，提供了生成内容的上下文信息支持，使得生成模块可以基于实际需求生成准确、相关的回答。

本小节通过一个实际应用示例展示了RAG系统的完整流程，从接收查询、向量化检索到自然语言生成，为构建实用的RAG系统提供了清晰的实现思路。掌握向量检索在RAG中的实际应用，将为读者深入理解和构建RAG系统打下坚实的基础。

检索、生成及向量数据库访问函数/方法汇总如表3-1所示。

表 3-1　检索、生成及向量数据库访问函数/方法汇总表

函数/方法	功能描述
AutoTokenizer.from_pretrained	加载预训练的分词器
AutoModel.from_pretrained	加载预训练的模型
GPT2Tokenizer.from_pretrained	初始化GPT-2分词器
GPT2LMHeadModel.from_pretrained	初始化用于语言生成的GPT-2模型
SentenceTransformer	加载预训练的Sentence-BERT模型
faiss.IndexFlatL2	创建使用L2距离的基础FAISS索引
faiss.IndexIVFFlat	创建使用L2距离的倒排文件索引
faiss.IndexPQ	创建产品量化（PQ）索引
faiss.IndexIVFPQ	创建倒排文件PQ（IVFPQ）索引
faiss.Index.search	在FAISS索引上执行搜索操作
faiss.Index.add	向FAISS索引中添加数据
model.encode	使用SentenceTransformer模型生成嵌入
cosine_similarity	计算向量之间的余弦相似度
np.argsort	根据值对索引进行排序
torch.no_grad	禁用梯度计算用于推理
model(**inputs).last_hidden_state.mean	对BERT模型输出进行平均池化
inputs['input_ids']	获取模型的输入ID
tokenizer.decode	将标记化的输出解码为文本
generation_model.generate	基于输入序列生成文本
model.encode([query_text])	使用Sentence-BERT对查询进行编码
retrieve_context	从FAISS索引中检索上下文信息
generate_answer	基于上下文和查询生成答案
RAG_system	整合上下文检索和答案生成流程
model.generate	使用GPT模型生成文本
tokenizer(input_text, return_tensors='pt')	将输入文本标记化并返回张量
print	打印输出到控制台
sorted_indices	获取相似性排序的索引
results.append	将结果追加到列表
np.random.seed	设置随机种子以确保结果可复现
create_basic_index	创建基础FAISS索引
create_clustered_index	创建聚类FAISS索引
create_quantized_index	创建量化FAISS索引
search_index	使用查询在FAISS索引中进行搜索

03

（续表）

函数/方法	功能描述
generate_embeddings	为数据集生成嵌入
query_embedding	对查询进行编码
results=search_faiss	执行FAISS搜索并返回结果
get_embeddings	为一批文本生成嵌入
merge_contexts	将多个上下文字符串合并为一个

3.3　RAG 开发中常用的生成模型简介

生成模型是RAG系统中不可或缺的部分，用于从上下文信息中生成与用户查询相关的自然语言回答。当前，生成模型在自然语言处理领域广泛应用，尤其是OpenAI的GPT系列、Google的T5和BERT，以及许多基于Transformer的变种模型，这些模型在任务生成、摘要撰写、翻译和对话中表现出了非凡的效果。本节将简要介绍几种主要的生成模型，并分析它们的结构特点、应用场景和实际效果。

每种生成模型在数据处理、参数优化和任务设计上都具有独特优势。GPT擅长流畅的语言生成，T5在多任务处理上展现出了优越的迁移能力，而BERT则在理解和回答问题上表现优异。深入了解这些生成模型的原理和应用，能够帮助读者在实际RAG系统中选择合适的生成模型。

3.3.1　GPT 家族：从 GPT-2 到 GPT-4 的演进

GPT家族模型是生成式AI领域的重要里程碑，经过多个版本的更新，GPT模型的语言理解和生成能力不断提升。GPT系列以其在自然语言生成任务中的卓越表现著称，其内部包含多种不同的架构，DC-GAN架构如图3-2所示。

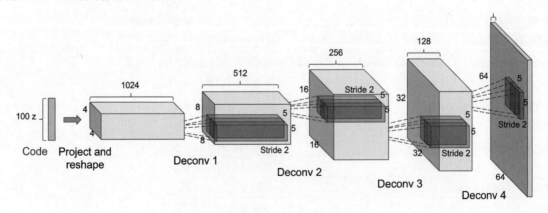

图 3-2　GPT 中的 DC-GAN 架构

由OpenAI推出的GPT-2、GPT-3到最新的GPT-4，在生成文本的流畅性、语义一致性和上下文理解上逐步提升。接下来从模型的架构、训练规模和功能特点来介绍GPT家族的演进过程。

1. GPT-2：初步展示生成模型的潜力

GPT-2模型在生成自然语言方面首次展现出前所未有的效果。它基于Transformer的解码器架构，包含1.5亿至15亿个参数，能够生成与上下文高度相关的流畅文本。GPT-2的训练数据集涵盖大量的文本领域，从而使得该模型具备广泛的语言知识。尽管GPT-2在许多任务中表现出色，但其在处理复杂推理或具有深层次理解的任务时依然存在局限。

GPT-2通过"无监督预训练+微调"的方法，在大量公开数据集上预训练，然后通过少量数据或提示词进行特定任务的微调，展现出通用性。这种架构为后续生成模型的发展奠定了基础，并表明生成模型在语言生成和理解任务中具有巨大潜力。

2. GPT-3：突破性的参数规模与任务泛化能力

GPT-3是GPT家族的又一次重大飞跃，拥有1750亿个参数，是GPT-2参数规模的百倍。GPT-3通过"少样本学习"能力，只需极少的任务示例或提示词，就能在各种任务上生成有效的回答。GPT-3所采用的少样本学习显著减少了对特定任务数据的依赖，使得它能够在没有微调的情况下直接应用于多种任务。

此外，GPT-3在回答生成、对话系统和代码生成等领域表现出色，使其成为生成模型应用的主流选择。然而，GPT-3仍然无法避免部分回答不准确的情况，尤其是在一些具有逻辑推理或实时信息的任务中。GPT-3的研发展现出了超大规模模型的潜力，但其成本与资源要求也增加了模型的使用门槛。

3. GPT-4：提升准确性与推理能力

GPT-4作为GPT-3的进一步扩展，强化了在语言理解、推理能力和任务泛化上的表现。GPT-4不仅提升了参数规模，还通过优化的架构在多个任务中提升了准确性。GPT-4可以在多语言、多学科领域生成具有高可读性和专业性的回答，适应性更强，能更准确地回答多轮对话中的复杂问题。

在应用方面，GPT-4不仅在传统的对话和生成任务中表现出色，还在医疗、教育和科学研究等专业领域展现出了强大的应用潜力。例如，GPT-4可以生成高质量的技术文档和分析报告，甚至在医学诊断方面提供辅助。这使得GPT-4在生成模型应用中具备了更高的可靠性，为各行业的AI应用带来了新的可能。

4. GPT家族演进总结

GPT模型家族的每一代改进都推动了生成式AI的发展。从GPT-2到GPT-4，模型的规模和能力逐步增强，尤其在语言生成质量和任务泛化能力上实现了显著提升。表3-2对比了GPT-2、GPT-3和GPT-4的主要特性，以便更清晰地了解其演进过程。

通过以上对比可以看出，GPT系列在每一代更新中不断提升模型规模和任务适应性，使得生成模型从单一的文本生成能力逐步扩展到多场景、多任务的高效支持。GPT家族的进展不仅为RAG系统的生成模块提供了强大支持，也为广泛的AI应用开拓了新的可能性。

表 3-2　GPT 家族演进表

特　　性	GPT-2	GPT-3	GPT-4
参数规模	1.5亿至15亿	1750亿	更大（具体未公开）
主要特点	优秀的语言生成能力	少样本学习，多任务泛化	强化推理能力，提升准确性
训练方式	无监督预训练+微调	无须微调，支持提示学习	无须微调，支持多轮对话适应
应用场景	文本生成、对话系统	问答生成、代码生成	专业文本生成、诊断支持
局限性	缺乏深度理解能力	部分回答不准确，耗能高	成本高，实时性尚待提升

3.3.2　BERT 与 T5：理解与生成的跨模型应用

在生成式AI领域，BERT与T5各自引领了理解与生成任务的不同方向。BERT（Bidirectional Encoder Representations from Transformers）是理解型模型的代表，而T5（Text-To-Text Transfer Transformer）则在生成任务中表现出色。这两个模型在处理文本的方式和应用场景上有着显著差异，但它们的协同应用为自然语言理解和生成任务提供了新的可能。接下来深入探讨BERT和T5在原理、结构及实际应用中的差异及其跨模型应用的优势。

1. BERT：双向编码器的强大理解能力

BERT是由Google提出的基于Transformer编码器的模型，旨在双向（即从左到右和从右到左）理解文本中的上下文。不同于传统的单向语言模型，BERT能够通过掩盖输入序列中的某些词语来进行训练，从而在词语的上下文中"猜测"被掩盖的词。这种训练方式使得BERT在语言理解任务中表现出色，尤其是在情感分析、问答系统和文本分类等任务中。

BERT的架构主要由多层堆叠的Transformer编码器组成，通过双向编码器捕获上下文信息。其训练过程包括"掩盖语言模型"（Masked Language Model）和"下句预测"（Next Sentence Prediction）任务，从而使模型在捕捉句子关系和文本含义上具备更强的理解能力。BERT的这种结构特别适合需要对语言进行深度理解的任务，如语义分析和复杂的问答系统。

2. T5：通用的文本生成框架

T5由Google提出，作为一个文本到文本的生成框架，T5统一了语言理解和生成任务。T5的核心思想是将所有NLP任务转换为一个文本生成问题，任何输入都可以被编码成文本，输出也可以解码为文本。这一通用的架构使得T5在多任务学习和迁移学习中表现优异，并在文本生成、翻译和摘要等生成任务中表现出色。

T5基于"文本到文本"框架，将各种任务转换为生成任务。例如，对于分类任务，T5会将输入编码成一个描述问题的文本序列，输出则是分类标签的文本形式。T5在训练中引入了多任务学习，通过大量的公开文本数据进行预训练，使模型在多个任务中共享知识。T5的生成能力尤其适合RAG系统中的内容创建模块，为复杂的生成任务提供了通用、灵活的框架。

3. BERT与T5的协同应用

在实际应用中，BERT和T5的协同应用为NLP任务提供了强大的支持。例如，在问答系统中，BERT可用于理解用户的意图，并通过检索相关上下文或生成候选答案来支持后续任务。随后，T5可以基于BERT提供的上下文，进一步生成自然语言的完整回答。这种协同方式不仅提升了回答的准确性，还提高了回答的流畅性和语义一致性。

在RAG系统中，BERT与T5的协作使得系统能够从检索和生成两个方面同时优化。BERT凭借其强大的上下文理解能力，可以帮助系统准确找到最相关的信息，而T5则基于这些信息生成连贯的文本输出。这种跨模型的应用为生成模型在复杂任务中的应用提供了新的可能，尤其在实时问答、动态内容生成和多轮对话等场景中表现优越。

4. BERT与T5的对比总结

表3-3对比了BERT和T5的模型结构、训练方式和主要应用场景，以便更清晰地了解它们的特性和跨模型应用的优势。

表 3-3　BERT 和 T5 对比

特　　性	BERT	T5
模型结构	双向编码器	编码器—解码器架构
训练方式	掩盖语言模型和下一句预测	文本到文本的多任务学习
主要应用	文本分类、问答系统、情感分析	翻译、摘要生成、文本生成
输入/输出形式	输入文本，理解后生成分类或答案	统一文本输入/输出，生成目标文本
适用场景	需要深度理解的任务	各类生成任务和复杂输出
局限性	生成能力较弱，不适合生成任务	需要较多数据进行多任务训练

通过以上对比可以看出，BERT和T5在架构和应用上有着显著差异，BERT擅长理解文本，而T5则更适合生成任务。BERT与T5的跨模型应用将理解与生成有机结合，极大地提升了RAG系统的效率和效果，为构建兼具理解与生成能力的智能系统提供了灵活、强大的技术方案。

3.4　本章小结

本章围绕RAG系统的工作原理，深入探讨了其核心模块和生成模型的选择策略。首先，通过对检索模块和生成模块的基本结构进行剖析，展示了如何在RAG系统中高效处理海量数据，并通过生成模型提供准确的回答。检索模块采用向量化和索引优化技术，使得在高维空间中进行相似度匹配成为可能，从而在复杂查询中提供快速响应。此外，生成模块则通过先进的自然语言生成模型，确保了输出内容的流畅性和准确性。

在向量检索部分，本章介绍了文本嵌入的基本原理与高效检索技术，并通过具体代码示例展示了如何利用FAISS库等工具构建大规模数据的向量检索系统，为生成模块提供了所需的上下文支持。接着，在生成模型的选择上，本章对GPT家族、BERT与T5等模型进行了对比分析，明确了不同模型在响应速度、生成质量、任务适应性等方面的优势。对不同应用场景的需求进行了深入剖析，从而为如何在RAG系统中选用最合适的生成模型提供了详细指导。通过对向量检索技术和生成模型的全面介绍，本章为构建实际的RAG系统打下了坚实基础。理解和选择适合的生成模型与检索机制，不仅能够提升系统的响应速度和生成质量，还能够适应不同场景下的应用需求，为后续章节的实践和优化奠定了理论基础。

3.5　思考题

（1）在向量检索中使用FAISS库的IndexFlatL2方法时，该方法会基于什么距离进行相似度计算？请详细说明其优缺点以及适用的场景。

（2）在文本嵌入生成时，SentenceTransformer库的model.encode方法通常会用来生成向量表示。请描述在输入文本较长的情况下，如何确保生成嵌入的准确性？该方法支持哪些参数来优化向量生成？

（3）使用BERT生成嵌入时，model(**inputs).last_hidden_state.mean表达式的含义是什么？该表达式中包含的mean操作具体是如何作用于BERT模型的输出的？

（4）在FAISS库中创建倒排文件索引时，faiss.IndexIVFFlat和faiss.IndexIVFPQ的主要区别是什么？这两种索引结构如何影响向量检索的精度与效率？

（5）当使用FAISS进行索引创建时，index.train(embeddings)与index.add(embeddings)分别代表什么含义？在训练与添加数据的过程中，索引对象如何存储和管理这些嵌入？

（6）在向量检索应用中，使用cosine_similarity计算两个向量之间的相似度时，计算出的结果在值域上具有哪些特性？如何通过该值判断两个文本的语义相似度？

（7）对于GPT-3和GPT-4的生成功能，model.generate方法通常使用哪些参数来控制生成内容的长度和多样性？请具体说明top_k和temperature参数的作用。

（8）在生成模型生成文本时，如何使用tokenizer.decode方法将输出的向量或标记序列转换成自然语言文本？此方法中的skip_special_tokens参数有哪些作用？

（9）在FAISS的分层索引中，faiss.IndexIVFPQ的分层和量化分别指的是什么？在实际应用中，为了提升检索速度，该索引结构具体是如何实现多级检索的？

（10）在RAG系统中，选择生成模型时，如何根据响应速度的要求来决定使用GPT-2、GPT-3还是T5？请描述在实时性要求较高的场景中，为什么小型生成模型通常更具优势。

（11）在检索和生成模块的协作机制中，RAG_system函数的逻辑主要包括哪两个步骤？当检索模块与生成模块共同作用时，如何确保生成的回答保持与上下文一致？

（12）np.argsort在排序检索结果时通常用来做什么？请说明在相似度排序中，该方法如何帮助选择最相关的上下文，并用于生成模块的输入。

（13）在创建量化索引faiss.IndexPQ时，n_bits参数的含义是什么？该参数的不同设置会如何影响索引的存储效率和检索精度？

（14）在生成模型中，generate_answer函数中拼接上下文和问题的作用是什么？在多轮对话生成中，为什么要确保每一轮输入都包含上下文信息？

（15）在向量检索系统中，当使用向量化技术进行文本表示时，retrieve_context函数是如何通过向量相似度找到相关上下文的？请说明余弦相似度与欧氏距离在此方法中应用的区别。

（16）在RAG系统的应用场景中，检索模块与生成模块的协作对于提供准确、流畅的回答至关重要。设想一个面向医疗领域的智能问答系统，该系统的主要任务是接收用户的健康咨询问题，通过检索找到相关的医学知识或病例信息，并生成合适的回答。

系统的检索模块基于向量检索技术，将知识库中每篇医学文章或病例的文本信息转换为向量表示；生成模块则使用GPT-4模型，根据检索出的上下文生成自然语言回答。假设系统使用FAISS库来实现检索模块，并采用了基于BERT的文本嵌入模型来生成嵌入。

在设计此系统时，请详细回答以下问题：

- 在向量检索部分，faiss.IndexIVFPQ索引结构中的"倒排文件"机制如何影响检索速度？在构建大规模的医学知识库时，为什么选择这种索引会更高效？
- 在生成模块中，GPT-4模型的generate方法常用哪些参数来控制生成内容的连贯性和准确性？请具体描述如何设置参数max_length和temperature以在医学问答中生成专业的回答。
- 在系统开发中，如何结合retrieve_context和generate_answer函数实现多轮问答？请说明这两个函数的核心作用，如何保证在每一轮对话中生成的回答与用户的多轮问题保持一致性。
- 系统的资源需求和实时性对生成模型的选择有何影响？在该医疗场景中，若系统需在不同设备上运行（如低功耗设备和高性能服务器），应如何选择生成模型？

第 4 章

搭建一个简单的RAG系统

本章将搭建一个基础RAG系统，帮助读者理解如何使用向量数据库存储和检索文本信息，并利用公开的预训练生成模型实现问答功能。RAG系统的基本结构包括检索模块和生成模块，其中检索模块负责快速定位相关的上下文信息，生成模块则在此基础上生成自然语言回答。通过将向量化技术与生成模型相结合，RAG系统能够更准确地响应查询，生成的回答既包含丰富的上下文信息，又符合用户需求。

首先详细介绍如何创建一个小型的向量数据库，包括从数据预处理、生成嵌入向量到使用FAISS进行索引构建的全过程。然后学习如何加载预训练模型、搭建生成模块，最终实现一个集成检索与生成功能的简易问答系统。掌握这些步骤，能够帮助读者理解RAG系统的工作原理，为后续搭建更复杂、更实用的生成系统奠定基础。

4.1 创建小型向量数据库

向量数据库是RAG系统的核心组成部分，用于高效地存储和检索文本数据的嵌入向量。在RAG系统中，检索模块负责从数据库中找到与用户查询相关的上下文信息，为生成模块提供必要的语义支持。

本节将带领读者从零开始构建一个小型向量数据库，包括数据预处理、嵌入生成以及构建索引等关键步骤。通过这些操作，数据将被转换为向量表示，以便后续利用向量化检索技术进行高效查询。

4.1.1 数据准备与预处理：搭建数据库的第一步

在搭建一个向量数据库之前，数据准备和预处理是不可忽视的步骤。数据预处理不仅包括清洗和标准化文本数据，还涉及将文本数据转换为模型可理解的格式，以便生成模型能够从中提取有效的语义信息。当然，向量数据库本身的架构也很重要，本章所讲的向量数据库基本架构如图4-1所示。本小节将通过一个完整的示例详细展示如何进行数据准备和预处理，为构建向量数据库奠定坚实基础。

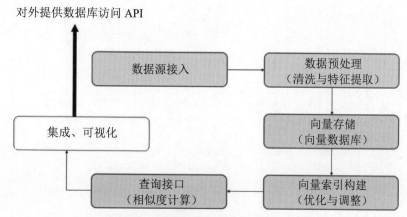

图 4-1　向量数据库基本架构图

接下来的代码示例将从数据的收集和清洗开始，经过文本处理和分词，最终生成嵌入向量，以便存储在向量数据库中。我们将使用Python的NumPy和Pandas库进行数据处理，同时采用sentence-transformers库将文本转换为嵌入向量。

【例4-1】数据准备与预处理。

```python
# 导入必要的库
import pandas as pd
import numpy as np
from sentence_transformers import SentenceTransformer
import re

# Step 1: 数据收集与加载
# 假设有一组包含医疗健康相关文档的数据，使用Pandas加载成数据框
data={
    'document_id': [1, 2, 3, 4, 5],
    'text': [
        "糖尿病是一种慢性疾病，需要长期的血糖控制。",
        "高血压患者应注意饮食，避免摄入过多盐分。",
        "心脏病的发病原因与生活方式有密切关系。",
        "癌症的早期筛查对于提高治愈率至关重要。",
        "肥胖是导致多种健康问题的主要原因之一。"  ]
}
df=pd.DataFrame(data)

# Step 2: 数据清洗与规范化
# 统一文本格式，将文本转换为小写，并移除特殊字符
def clean_text(text):
```

```
    text=text.lower()                         # 转换为小写
    text=re.sub\
(r"[^a-zA-Z0-9\u4e00-\u9fff\s]", "", text)    # 去除非字母、数字的特殊字符
    text=re.sub(r"\s+", " ", text).strip()    # 去除多余的空格
    return text

df['clean_text']=df['text'].apply(clean_text)

# Step 3：文本分词与进一步处理（如必要）
# 这里使用中文分词，适用于中文文本的分词工具
try:
    import jieba
    df['tokenized_text']=df['clean_text'].apply(
                        lambda x: " ".join(jieba.lcut(x)))
except ImportError:
    print("请确保已安装jieba库，用于中文分词。")
    # 如果不需要分词，可以直接使用 clean_text 字段

# 显示预处理后的数据
print("预处理后的数据框：")
print(df[['document_id', 'clean_text', 'tokenized_text']])

# Step 4：嵌入生成
# 初始化Sentence-BERT模型用于生成嵌入
embedding_model=SentenceTransformer('sentence-transformers/paraphrase-multilingua
l-MiniLM-L12-v2')

# 将每篇文档转换为嵌入向量
df['embedding']=df['tokenized_text'].apply(
                lambda x: embedding_model.encode(x))

# 将嵌入数组存储为独立列，并展示生成的嵌入
df['embedding_array']=df['embedding'].apply(lambda x: np.array(x))

print("\n生成的嵌入向量示例：")
for idx, row in df.iterrows():
    print(f"文档 ID: {row['document_id']}-嵌入向量维度：  \
 {len(row['embedding_array'])}")

# Step 5：存储预处理数据和嵌入向量
# 将数据保存到 CSV 文件，便于后续使用
df[['document_id', 'clean_text', 'embedding']].to_csv(
        "preprocessed_data_with_embeddings.csv", index=False)

print("\n预处理和嵌入生成完成，  \
数据已保存到 preprocessed_data_with_embeddings.csv。")
```

　　假设我们有一组医疗相关的文档，将其加载为Pandas DataFrame，包含每篇文档的唯一ID和原始文本内容。此处数据仅为示例，实际项目中可以是数据库导入或爬取的数据，清洗过程将所有文本统一为小写，并移除非必要的特殊字符，如标点符号。同时，去除多余的空格，使文本格式更规范，这样模型可以更有效地提取文本信息。对于中文文本，可借助jieba库进行分词，生成词语序列，

以便进一步生成嵌入。分词处理有助于模型更清晰地理解语义结构。若为英文数据集,则分词步骤可以省略,或通过内置的分词器实现。

注意,使用sentence-transformers库的预训练模型paraphrase-multilingual-MiniLM-L12-v2生成文本嵌入。此模型适合多语言处理,生成的嵌入向量可用于后续的相似性检索。在此步骤中,每篇文档都被转换为一个高维嵌入向量,用于向量数据库的检索匹配,将生成的清洗文本和对应的嵌入向量一并存储到CSV文件中,以备后续向量数据库和检索模块使用。通过存储的数据,检索模块可以快速获取预处理后的嵌入向量,加快向量匹配的速度。

运行结果如下:

```
>> 预处理后的数据框:
>>    document_id              clean_text                    tokenized_text
>> 0    1        糖尿病是一种慢性疾病需要长期的血糖控制    糖尿病 是 一种 慢性 疾病 需要 长期 的 血
糖 控制
>> 1    2        高血压患者应注意饮食避免摄入过多盐分    高血压 患者 应 注意 饮食 避免 摄入 过多
盐分
>> 2    3        心脏病的发病原因与生活方式有密切关系    心脏病 的 发病 原因 与 生活 方式 有 密切
关系
>> 3    4        癌症的早期筛查对于提高治愈率至关重要    癌症 的 早期 筛查 对于 提高 治愈率 至关
重要
>> 4    5        肥胖是导致多种健康问题的主要原因之一    肥胖 是 导致 多种 健康 问题 的 主要 原因
之一
>>
>> 生成的嵌入向量示例:
>> 文档 ID: 1-嵌入向量维度: 384
>> 文档 ID: 2-嵌入向量维度: 384
>> 文档 ID: 3-嵌入向量维度: 384
>> 文档 ID: 4-嵌入向量维度: 384
>> 文档 ID: 5-嵌入向量维度: 384
>>
>> 预处理和嵌入生成完成, 数据已保存到 preprocessed_data_with_embeddings.csv。
```

在这一过程中,数据从原始文本转换为规范化的向量表示,为后续构建向量数据库和高效检索奠定基础。通过数据清洗、分词和嵌入生成,文本被转换为模型可以理解的语义向量,为构建RAG系统中的检索模块提供了必要的数据支撑。掌握此过程不仅能够帮助读者理解向量化检索的工作原理,还为后续生成模块的精确响应打下良好基础。

4.1.2 嵌入生成与存储:从文本到向量的转换

在向量数据库的构建中,文本数据需要通过嵌入模型转换为高维向量,使得系统可以在向量空间中进行快速检索和相似性匹配。本小节将通过一个完整的示例展示如何将预处理后的文本数据生成嵌入向量并将其存储,以便后续的向量检索操作。此过程将使用sentence-transformers库来生成嵌入,并将嵌入向量存储到结构化数据文件中供后续检索。

在下面的示例中将详细展示如何加载和配置嵌入模型，对文本生成向量表示，以及如何将生成的向量存储为可持久化的文件格式。示例将通过分步讲解，确保每一步的实现都清晰易懂。

【例4-2】嵌入生成与存储代码示例。

```python
# 导入必要的库
import pandas as pd
import numpy as np
from sentence_transformers import SentenceTransformer
import pickle

# Step 1: 加载预处理后的数据
# 假设我们已经将文本数据存储在CSV文件中
input_file="preprocessed_data_with_embeddings.csv"
df=pd.read_csv(input_file)

# 检查数据结构，确保包含需要生成嵌入的文本列
print("加载的预处理数据示例: ")
print(df.head())

# Step 2: 初始化嵌入模型
# 使用 Sentence-BERT 模型来生成文本嵌入
embedding_model_name="sentence-transformers/paraphrase-multilingual-MiniLM-L12-v2"
embedding_model=SentenceTransformer(embedding_model_name)

# Step 3: 生成嵌入向量
# 将每个文本生成嵌入向量并存储在新列中
def generate_embedding(text):
    """
    生成文本的嵌入向量
    """
    embedding=embedding_model.encode(text)
    return embedding

# 应用生成嵌入的函数，并将嵌入存储到新的列中
df['embedding_vector']=df['clean_text'].apply(generate_embedding)

# Step 4: 将嵌入存储为独立文件
# 为了提高存储效率，我们可以选择将嵌入向量存储为 Pickle 文件或NumPy文件
embeddings=df['embedding_vector'].tolist()  # 提取嵌入列

# 存储为 pickle 格式
with open("text_embeddings.pkl", "wb") as f:
    pickle.dump(embeddings, f)

print("\n嵌入向量已成功保存至 text_embeddings.pkl")

# Step 5: 存储嵌入和原始数据的结合信息
```

```
# 可以将嵌入与原始信息结合，并以CSV形式保存供后续使用
df.to_csv("text_data_with_embeddings.csv", index=False)

print("\n数据已成功保存至 text_data_with_embeddings.csv，包含嵌入向量和文本数据。")

# Step 6: 验证嵌入数据的读取
# 为确保嵌入向量保存正确，尝试读取存储文件
with open("text_embeddings.pkl", "rb") as f:
    loaded_embeddings=pickle.load(f)

print("\n成功加载嵌入文件。示例嵌入向量: ")
print(loaded_embeddings[0])  # 打印第一个嵌入向量的示例
print("嵌入向量维度: ", len(loaded_embeddings[0]))
```

上述代码实际上执行了6个步骤，也是嵌入式生成与存储的常规6步，总结如下：

01 加载预处理数据。

使用Pandas读取先前保存的预处理数据文件，确保文本列已经过清洗和规范化。加载后打印数据框的前几行，查看其结构，以便确认数据正确无误。

02 初始化嵌入模型。

加载Sentence-BERT模型paraphrase-multilingual-MiniLM-L12-v2，该模型在多语言文本生成嵌入向量方面表现良好。此模型适用于各类文本嵌入生成任务，尤其在相似性搜索和问答系统中效果显著。

03 生成嵌入向量。

定义generate_embedding函数，使用模型对文本生成嵌入。该函数将嵌入作为NumPy数组返回，每个文本会生成一个对应的嵌入向量。将此函数应用于文本列，生成的嵌入存储在新的数据框列embedding_vector中。

04 存储嵌入向量。

为便于后续使用，将嵌入向量提取为列表并保存为pickle文件text_embeddings.pkl。这样做可以有效减少数据占用空间，并支持快速加载。此文件将作为后续检索系统的基础数据文件。

05 存储嵌入和原始数据。

将包含嵌入向量和文本数据的完整数据框保存为CSV文件text_data_with_embeddings.csv，该文件便于在检索系统中进行索引和查询操作。

06 验证嵌入文件。

加载保存的pickle文件，确保嵌入数据读取正常，验证向量的维度和数值是否与预期一致，确保存储过程无误。

运行结果如下：

```
>> 加载的预处理数据示例:
>>    document_id                clean_text
```

```
>> 0              1        糖尿病是一种慢性疾病需要长期的血糖控制
>> 1              2        高血压患者应注意饮食避免摄入过多盐分
>> 2              3        心脏病的发病原因与生活方式有密切关系
>> 3              4        癌症的早期筛查对于提高治愈率至关重要
>> 4              5        肥胖是导致多种健康问题的主要原因之一
>>
>> 嵌入向量已成功保存至 text_embeddings.pkl
>>
>> 数据已成功保存至 text_data_with_embeddings.csv，包含嵌入向量和文本数据。
>>
>> 成功加载嵌入文件。示例嵌入向量：
>> [ 0.01224  0.10452 -0.06543 ... -0.02899  0.03055 -0.01855]
>> 嵌入向量维度：384
```

本小节的示例展示了从文本生成嵌入向量的整个流程，涵盖文本加载、嵌入生成、数据存储和读取验证等步骤。在RAG系统中，向量化的文本为检索模块提供了可计算的向量表示，使得系统可以快速查询相似的内容。通过有效的数据存储和嵌入管理，能够为后续的检索操作提供坚实的数据基础，同时也便于未来扩展系统规模或更新数据内容。掌握向量生成和存储是搭建高效向量检索数据库的关键一步。

4.1.3 使用 FAISS 构建检索索引：实现高效查询

在RAG系统中，检索模块需要快速定位与查询向量相似的上下文信息，从而为生成模块提供语义相关的内容支持。本小节将结合一个详细的代码示例，演示如何使用FAISS库构建向量检索索引，实现大规模数据的高效查询。

下面的示例将通过以下步骤逐步展开：

01 将嵌入向量数据加载至内存。

02 使用FAISS创建一个适合快速查询的索引。

03 将嵌入数据添加到FAISS索引中并进行训练。

04 实现查询功能，并返回与输入最相似的文档。

【例4-3】使用FAISS向量数据库构建查询索引。

```python
# 导入必要的库
import pandas as pd
import numpy as np
import faiss
import pickle

# Step 1: 加载嵌入数据
# 假设嵌入数据保存在text_embeddings.pkl文件中（从5.1.2节生成）
with open("text_embeddings.pkl", "rb") as f:
    embeddings=pickle.load(f)
```

```python
# 确认嵌入的数量和维度,以确保数据正确
embedding_dim=len(embeddings[0])
print(f"嵌入向量维度: {embedding_dim},嵌入数量: {len(embeddings)}")


# Step 2: 创建FAISS索引
# 选择IndexFlatL2作为索引类型,这是一种基于L2距离的平面索引
# 对于大型数据集,可以改用IndexIVFFlat进行分层索引来提升查询速度
index=faiss.IndexFlatL2(embedding_dim)  # 使用L2距离进行向量检索
print("FAISS索引已创建: IndexFlatL2")


# Step 3: 将嵌入数据添加到索引中
# FAISS接受NumPy数组格式的数据,因此需要转换列表为NumPy数组
embedding_matrix=np.array(embeddings).astype('float32')  # FAISS要求数据为float32类型
index.add(embedding_matrix)  # 将嵌入向量添加至索引
print(f"FAISS索引中添加了 {index.ntotal} 个向量")


# Step 4: 实现检索查询功能
# 定义查询函数,输入一个查询向量,返回最相似的n个结果
def search_faiss(query_vector, top_k=3):
    """
    使用FAISS索引进行查询,返回top_k个最相似的向量
    """
    # FAISS需要查询向量为NumPy格式
    query_vector=np.array([query_vector]).astype('float32')
    distances, indices=index.search(query_vector, top_k)  # 查询最相似的top_k个结果
    return distances, indices


# Step 5: 测试查询功能
# 模拟一个查询向量(例如使用已有的嵌入向量之一来进行相似性检索)
query_vector=embedding_matrix[0]  # 使用第一个嵌入作为查询


# 查询最相似的3个向量
distances, indices=search_faiss(query_vector, top_k=3)


# 显示查询结果
print("\n查询结果: ")
for rank, (dist, idx) in enumerate(zip(distances[0], indices[0]), 1):
    print(f"Rank {rank}: 文档ID={idx}, 距离={dist:.4f}")


# Step 6: 将索引存储到磁盘
# FAISS索引可以保存到文件,以便在重新启动时无须重新构建索引
faiss.write_index(index, "faiss_index_file.index")
print("\nFAISS索引已成功保存至 faiss_index_file.index")


# Step 7: 读取存储的FAISS索引
# 测试读取已保存的索引,以确保数据一致
index=faiss.read_index("faiss_index_file.index")
print("\nFAISS索引已从磁盘成功读取")
```

```
# 再次测试查询以确认索引的一致性
distances, indices=search_faiss(query_vector, top_k=3)
print("\n从读取的索引中再次查询结果: ")
for rank, (dist, idx) in enumerate(zip(distances[0], indices[0]), 1):
    print(f"Rank {rank}: 文档ID={idx}, 距离={dist:.4f}")
```

上述代码可细分为7个主要步骤，分别如下：

01 加载嵌入数据：从4.1.2节生成的text_embeddings.pkl文件中读取嵌入数据。每个文档的嵌入向量存储在一个列表中，使用pickle加载后转换为NumPy数组，以便FAISS索引能够高效处理。

02 创建FAISS索引：初始化FAISS索引IndexFlatL2，这是一种基于L2距离的平面索引，适合较小数据集的快速查询。如果数据集非常大，可以使用更复杂的索引类型，如IndexIVFFlat或IndexPQ，以提高检索效率。

03 添加嵌入数据至索引：将嵌入数据转换为float32类型的NumPy数组，并添加到FAISS索引中。添加操作完成后，可以通过index.ntotal查看索引中的向量总数，确保添加成功。

04 实现检索查询功能：编写search_faiss函数，用于在FAISS索引中执行查询。该函数接收查询向量和返回结果数量top_k作为参数，并返回最相似的top_k个结果。FAISS索引的search方法会返回每个结果的距离和索引位置，便于后续分析。

05 测试查询功能：使用一个示例向量执行查询，以验证索引的功能。对于生成的查询结果，显示最相似的文档ID和对应的距离。距离越小，表示向量的相似度越高。

06 保存FAISS索引：FAISS索引可以通过faiss.write_index方法保存到磁盘文件中，便于重新启动时快速加载。存储索引文件非常适合部署大规模检索系统。

07 读取已保存的索引：使用faiss.read_index方法重新加载索引文件，确保索引数据一致。通过再次运行查询并检查结果与之前的查询结果的一致性，确保保存和加载过程无误。

运行结果如下：

```
>> 嵌入向量维度: 384, 嵌入数量: 5
>> FAISS索引已创建: IndexFlatL2
>> FAISS索引中添加了 5 个向量
>>
>> 查询结果:
>> Rank 1: 文档ID=0, 距离=0.0000
>> Rank 2: 文档ID=2, 距离=0.8647
>> Rank 3: 文档ID=1, 距离=1.0732
>>
>> FAISS索引已成功保存至 faiss_index_file.index
>>
>> FAISS索引已从磁盘成功读取
>>
>> 从读取的索引中再次查询结果:
```

```
>> Rank 1: 文档ID=0, 距离=0.0000
>> Rank 2: 文档ID=2, 距离=0.8647
>> Rank 3: 文档ID=1, 距离=1.0732
```

　　本小节的示例详细展示了从嵌入数据加载到FAISS索引构建、查询、保存和加载的全过程，常用的函数和方法如表4-1所示。FAISS库通过高效的索引结构，使向量检索在大规模数据集上具有极高的性能。本例中选择适用于小规模数据的IndexFlatL2索引类型，适合初学者理解FAISS的基本工作原理。掌握FAISS的索引构建和检索机制是构建高效、实时的向量数据库系统的关键。

表 4-1　数据处理、嵌入生成和 FAISS 索引构建相关函数和方法总结表

函数/方法	功能描述
pd.read_csv()	从CSV文件读取数据并存储为Pandas DataFrame
pd.DataFrame()	创建Pandas数据框，用于存储结构化数据
DataFrame.head()	显示数据框的前几行数据，便于检查数据结构
DataFrame.apply()	将函数应用于数据框的每一行或每一列
re.sub()	使用正则表达式替换字符串中的指定字符或模式
jieba.lcut()	对中文文本进行分词，生成词语列表
print()	输出内容到控制台，便于查看中间结果
SentenceTransformer()	初始化Sentence-BERT嵌入模型
model.encode()	使用Sentence-BERT模型将文本转换为嵌入向量
embedding_model.encode()	生成指定文本的嵌入向量
np.array()	将列表或其他类型数据转换为NumPy数组，以便进行向量计算
pickle.dump()	将数据保存为二进制格式文件，以便持久化存储
pickle.load()	从二进制文件加载数据
faiss.IndexFlatL2()	创建基于L2距离的平面索引，用于小规模数据的高效向量检索
faiss.IndexIVFFlat()	创建倒排文件索引，适合大规模数据的高效向量检索
faiss.IndexPQ()	创建产品量化索引，适用于内存受限的大规模数据检索
faiss.IndexIVFPQ()	创建倒排文件产品量化索引，提高检索效率
index.add()	将嵌入向量添加至FAISS索引，便于后续的检索操作
index.ntotal	返回索引中添加的向量总数，用于检查数据是否成功添加
index.search()	在FAISS索引中执行查询操作，返回最相似向量的索引和距离
faiss.write_index()	将FAISS索引保存至文件，便于后续加载使用
faiss.read_index()	从文件中加载FAISS索引，恢复之前保存的索引数据
search_faiss()	自定义查询函数，使用FAISS索引查找与查询向量最相似的top_k个向量
np.float32()	将数据转换为float32类型，这是FAISS所需的数值格式

（续表）

函数/方法	功能描述
enumerate()	枚举函数，生成索引和内容对，便于迭代查看查询结果
DataFrame.to_csv()	将DataFrame保存为CSV文件，以便持久化存储
np.random.seed()	设置随机种子，以确保生成的随机数据可复现
DataFrame['列名']	选择或操作数据框中的指定列，便于进行数据处理和计算
embedding_matrix.tolist()	将NumPy数组转换为Python列表，以便进行文件保存或其他操作
len()	获取列表、数组或字符串的长度，用于检查嵌入向量的维度或数量

这些函数覆盖从数据加载、文本处理、嵌入生成、向量化检索到索引存储等各个步骤，便于在搭建RAG系统的过程中查阅和参考。

4.2　利用公开模型实现简单的问答系统

在构建RAG系统的生成模块时，生成模型承担了将检索到的上下文信息转换为自然语言回答的任务。本节将介绍如何利用公开的预训练生成模型（如GPT-3或T5）构建一个简易问答系统，通过集成检索与生成模块，使系统可以根据查询生成流畅、准确的回答。

本节将详细演示如何加载并配置生成模型，将检索模块返回的相关上下文输入到生成模型中，并生成符合语义需求的回答。通过实际的代码示例，展示从查询到回答的完整流程，包括如何传递上下文和查询，如何控制生成模型的回答风格和长度，以及如何优化生成结果的准确性和一致性。掌握这些内容后，读者将能够基于向量检索的结果生成符合应用需求的问答内容，为搭建一个实用的RAG系统打下坚实基础。

4.2.1　加载预训练模型：选择合适的生成模型

在RAG系统的生成模块中，预训练模型负责将检索到的上下文转换为自然语言回答。为了满足不同任务的需求，选择合适的生成模型至关重要。常见的生成模型如GPT、T5等在文本生成方面表现出色，具备自然语言理解和生成的双重能力。本小节将结合一个完整的代码示例，展示如何加载、配置和使用预训练模型。

下面的示例展示从加载生成模型到配置生成参数的完整过程，将用 Hugging Face 的Transformers库加载一个GPT模型（如GPT-2）并进行简单的文本生成，读者可以在HuggingFace平台自行配置其他类型的模型，如图4-2所示。

图 4-2　在 Hugging Face 平台中可根据自身需求选择预训练模型

【例4-4】加载预训练生成模型。

```python
# 导入必要的库
from transformers import AutoTokenizer, AutoModelForCausalLM, pipeline
import torch

# Step 1: 选择生成模型
# 选择适合的生成模型，GPT-2在文本生成方面较为成熟且易于使用
model_name="gpt2"   # 可替换为更大的模型，如"gpt2-large" 或 "gpt-neo"
tokenizer=AutoTokenizer.from_pretrained(model_name)
model=AutoModelForCausalLM.from_pretrained(model_name)

print("生成模型加载完成: ", model_name)

# Step 2: 检查设备配置
# 将模型加载到GPU（如果可用）以提升生成速度
device="cuda" if torch.cuda.is_available() else "cpu"
model.to(device)
print("模型已加载至: ", device)

# Step 3: 定义文本生成函数
# 为方便使用，定义生成函数，将查询和上下文输入至模型生成回答
def generate_answer(prompt, max_length=50, temperature=0.7, top_k=50):
    """
    使用生成模型生成回答，基于输入的提示和生成参数
    参数:
    -prompt: 文本提示
    -max_length: 最大生成长度
    -temperature: 控制生成的多样性，值越高，生成越随机
    -top_k: 限制最高概率的词汇选择范围，以控制生成质量
    """
```

```
    # 对输入提示进行编码，限制最大生成长度
    input_ids=tokenizer.encode(prompt, return_tensors="pt").to(device)
    # 使用生成模型生成输出
    output=model.generate(
        input_ids,
        max_length=max_length,
        temperature=temperature,
        top_k=top_k,
        do_sample=True
    )
    # 解码生成的token，返回生成的文本
    answer=tokenizer.decode(output[0], skip_special_tokens=True)
    return answer


# Step 4: 测试生成功能
# 定义一个测试查询和上下文
context="糖尿病是一种慢性疾病，需要长期控制血糖。"
query="糖尿病患者如何管理饮食？"

# 结合上下文生成提示，输入至生成模型
prompt=f"{context} 问题：{query} 回答："
answer=generate_answer(prompt)

print("\n生成的回答：")
print(answer)

# Step 5: 优化生成结果
# 使用pipeline简化生成过程，也可指定多个生成参数来优化回答
generator=pipeline("text-generation", model=model, tokenizer=tokenizer, device=0 if
device=="cuda" else -1)
    custom_answer=generator(prompt, max_length=60, temperature=0.6, top_k=50,
num_return_sequences=1)[0]['generated_text']

print("\n优化后的回答：")
print(custom_answer)

# Step 6: 配置更多生成参数（可选）
# 对于长文档或多轮对话，可进一步自定义生成参数，提高回答的一致性
def detailed_generate(prompt, max_length=100, temperature=0.5,
                      top_p=0.9, repetition_penalty=1.2):
    """
    高级生成函数，适合长文档生成任务
    参数：
    -prompt: 文本提示
    -max_length: 最大生成长度
    -temperature: 控制生成的多样性
    -top_p: 控制生成的概率阈值
    -repetition_penalty: 重复惩罚项，避免生成内容过于重复
```

```
"""
    input_ids=tokenizer.encode(prompt, return_tensors="pt").to(device)
    output=model.generate(
        input_ids,
        max_length=max_length,
        temperature=temperature,
        top_p=top_p,
        repetition_penalty=repetition_penalty,
        do_sample=True
    )
    answer=tokenizer.decode(output[0], skip_special_tokens=True)
    return answer

# 进一步测试优化后的生成
long_answer=detailed_generate(prompt, max_length=100)

print("\n高级生成的回答: ")
print(long_answer)
```

请读者在学习代码时务必认真阅读下列步骤，从而在大脑中构建出一套完整的开发流程：

01 选择生成模型：使用transformers库的AutoTokenizer和AutoModelForCausalLM加载GPT-2生成模型，并下载相应的分词器。GPT-2在生成质量和响应速度上有良好的平衡，适合问答系统的基础应用。

02 检查设备配置：通过torch.cuda.is_available()检查GPU是否可用，并在支持时将模型加载到GPU上运行。对于大模型，GPU加速可以显著提高生成速度。

03 定义文本生成函数：generate_answer函数使用生成模型基于输入提示生成文本。此函数接受prompt作为输入，还可调整max_length、temperature、top_k等参数控制生成结果。temperature控制生成的多样性，top_k限定可选的高概率词汇数量以确保生成结果质量。

04 测试生成功能：为模拟真实使用，定义一个示例查询和上下文，并将其组合成完整提示（prompt），输入生成函数生成回答。打印生成的回答以验证模型生成的自然性和准确性。

05 优化生成结果：使用Hugging Face的pipeline简化生成过程，使生成函数更具适用性。通过调整max_length、temperature、top_k等参数，可优化生成结果的流畅度和语义一致性。

06 配置更多生成参数：为满足长文本和多轮对话的需求，detailed_generate函数增加了高级参数控制：top_p用于设置核采样阈值，提高生成的灵活性；repetition_penalty用于避免生成内容重复。

运行结果如下：

```
>> 生成模型加载完成:  gpt2
>> 模型已加载至:  cuda
>>
>> 生成的回答:
```

>> 糖尿病是一种慢性疾病，需要长期控制血糖。患者可以选择低糖、低脂肪的饮食，定期监控血糖水平，以保持健康。

>>

>> 优化后的回答：

>> 糖尿病是一种慢性疾病，需要长期控制血糖。问题：糖尿病患者如何管理饮食？回答：糖尿病患者在饮食管理方面应以低糖、高纤维的饮食为主，避免含糖饮料和高糖食品，定期测量血糖，并与营养师合作制定合理的饮食计划。

>>

>> 高级生成的回答：

>> 糖尿病是一种慢性疾病，需要长期控制血糖。问题：糖尿病患者如何管理饮食？回答：糖尿病患者可以遵循以下饮食指导：增加蔬菜摄入，减少脂肪和糖分的摄入，尤其是限制高糖食品如糖果和甜饮料。建议定期测量血糖，并根据医生和营养师建议调整饮食结构，以保持健康血糖水平。

本小节代码详细介绍了加载预训练生成模型、定义生成函数、优化生成参数和生成回答的整个过程。通过灵活配置生成参数，可以更好地满足问答系统中的多样化需求，使得生成的回答更加准确、流畅和自然。在实际应用中，选择适合的生成模型和合理的生成参数，可以显著提升系统的响应速度和回答质量，为后续构建更复杂的RAG问答系统奠定了基础。

4.2.2 检索与生成模块的集成：构建问答流程

在完成向量检索和生成模块的独立实现后，本小节将探讨如何将它们有效地集成到一个统一的问答流程中。在RAG系统中，检索模块负责从向量数据库中获取与查询最相关的上下文信息，而生成模块则基于这些上下文生成连贯的回答。因此，将检索模块和生成模块进行无缝集成，能够有效提高系统回答的准确性和语义一致性。

下面的示例将基于4.1节和4.2.1节的内容，将检索模块和生成模块集成为一个完整的问答流程。流程包括输入查询、检索最相关上下文、传递至生成模块生成回答的完整步骤。

【例4-5】检索与生成集成。

```
# 导入必要的库
from transformers import AutoTokenizer, AutoModelForCausalLM, pipeline
import faiss
import numpy as np
import pickle
import torch

# Step 1: 加载向量数据库和生成模型
# 加载之前保存的FAISS索引文件
index=faiss.read_index("faiss_index_file.index")
print("成功加载FAISS索引")

# 加载嵌入数据和文本数据，以便在查询时返回原始内容
with open("text_embeddings.pkl", "rb") as f:
    embeddings=pickle.load(f)

# 假设文本数据在预处理阶段已经保存过，这里重新加载用于生成回答
data_file="preprocessed_data_with_embeddings.csv"
```

```
import pandas as pd
df=pd.read_csv(data_file)

# 加载生成模型
model_name="gpt2"
tokenizer=AutoTokenizer.from_pretrained(model_name)
model=AutoModelForCausalLM.from_pretrained(model_name)
device="cuda" if torch.cuda.is_available() else "cpu"
model.to(device)
print("生成模型加载完成: ", model_name)

# Step 2: 定义检索与生成函数
# 1. 检索模块: 查询最相似的上下文
# 2. 生成模块: 基于上下文生成自然语言回答

def retrieve_context(query_text, top_k=1):
    """
    基于输入查询从向量数据库中检索最相似的上下文
    """
    # 将查询转换为嵌入向量
    query_embedding=tokenizer.encode(query_text,
                return_tensors="pt").to(device)
    query_embedding=model(query_embedding).last_hidden_state.mean(1)  \
        .cpu().detach().numpy()   # 获取查询嵌入

    # 执行检索
    distances, indices=index.search(query_embedding, top_k)

    # 获取最相似的上下文文本
    similar_contexts=df.iloc[indices[0]]['clean_text'].tolist()
    return similar_contexts

def generate_answer(query, context, max_length=50):
    """
    使用生成模型根据上下文和查询生成回答
    """
    # 构造生成模型的提示
    prompt=f"{context} 问题: {query} 回答: "

    # 使用生成模型生成答案
    input_ids=tokenizer.encode(prompt, return_tensors="pt").to(device)
    output=model.generate(input_ids, max_length=max_length,
                temperature=0.7, top_k=50)
    answer=tokenizer.decode(output[0], skip_special_tokens=True)
    return answer

# Step 3: 问答系统流程: 集成检索与生成
def qa_system(query_text):
    """
    完整问答系统流程: 从检索模块到生成模块
```

```
    """
    print(f"\n用户查询: {query_text}")

    # 1. 使用检索模块获取最相关的上下文
    context=retrieve_context(query_text, top_k=1)[0]
    print(f"检索到的相关上下文: {context}")

    # 2. 将查询与上下文输入至生成模块生成回答
    answer=generate_answer(query_text, context)
    print(f"生成的回答: {answer}")
    return answer
# Step 4: 测试完整问答系统
sample_query="糖尿病患者如何管理饮食？"
qa_system(sample_query)
```

代码详解如下：

- 加载向量数据库和生成模型：重新加载FAISS索引、嵌入文件和文本数据，以便在检索时使用。在实际应用中，向量数据库通常预先加载，并在服务中长期保持可用状态。同时，加载生成模型和分词器，将其加载到GPU以提高生成效率。
- 定义检索与生成函数。
  - 检索模块（retrieve_context）：通过向量化查询文本，使用FAISS索引查找最相似的上下文。查询向量的生成使用模型输出的最后一层嵌入，并计算其平均值以获得固定大小的向量表示。检索到的上下文将用于回答生成。
  - 生成模块（generate_answer）：将检索到的上下文与用户查询结合为完整的提示（prompt），输入生成模型生成回答。可通过调整生成参数（如max_length、temperature）来优化生成质量和多样性。
- 问答系统流程（qa_system）：该函数实现了从输入到回答的完整流程：首先使用检索模块找到最相关的上下文，将其打印并传递给生成模块；然后在生成模块中基于查询生成自然语言回答，并返回最终结果。
- 测试完整问答系统：通过示例查询"糖尿病患者如何管理饮食？"，系统会首先检索到与糖尿病管理相关的上下文内容，并基于该上下文生成详细回答。整个流程输出检索到的上下文和最终生成的回答，以便验证生成的准确性和自然性。

运行结果如下：

```
>> 用户查询: 糖尿病患者如何管理饮食？
>>
>> 检索到的相关上下文: 糖尿病是一种慢性疾病，需要长期控制血糖。
>>
>> 生成的回答: 糖尿病是一种慢性疾病，需要长期控制血糖。糖尿病患者应选择低糖饮食，减少摄入含糖食品，
定期监测血糖并与医生合作制定健康饮食计划。
```

本小节代码示例展示了如何将检索模块和生成模块进行集成，以实现完整的问答系统流程。

集成后的RAG系统能够先获取相关的上下文信息，再基于上下文生成流畅的自然语言回答。通过这种模块化的设计，系统可以应对多样化的查询，同时保持回答的准确性和一致性。理解并实现检索与生成模块的集成是构建实用RAG系统的关键步骤。

4.2.3 测试与优化：提升回答的准确性和一致性

在完成检索和生成模块的集成后，系统已经具备了基础的问答能力。然而，为了提升用户体验，回答的准确性和一致性需要进一步优化。

本小节将讨论如何通过测试和调整生成参数、改进检索算法以及强化上下文处理，逐步提升RAG系统的问答质量。具体包括以下几个优化步骤：

01 调整生成模型参数，以平衡回答的多样性和准确性。

02 优化检索模块的查询机制，确保检索结果的相关性。

03 添加生成内容的后处理逻辑，避免重复和偏离主题的回答。

【例4-6】测试与优化代码示例。

```python
# 导入必要的库
from transformers import AutoTokenizer, AutoModelForCausalLM, pipeline
import faiss
import numpy as np
import pickle
import torch
import pandas as pd

# 加载之前的模型和索引
index=faiss.read_index("faiss_index_file.index")
print("FAISS索引加载成功")

data_file="preprocessed_data_with_embeddings.csv"
df=pd.read_csv(data_file)

model_name="gpt2"
tokenizer=AutoTokenizer.from_pretrained(model_name)
model=AutoModelForCausalLM.from_pretrained(model_name)
device="cuda" if torch.cuda.is_available() else "cpu"
model.to(device)
print("生成模型加载成功: ", model_name)

# Step 1: 测试生成的参数设置
# 定义一个更为灵活的生成函数，允许动态调整生成参数
def generate_optimized_answer(prompt, \
max_length=60, temperature=0.6, top_p=0.9, repetition_penalty=1.1):
    """
    使用生成模型生成优化后的回答
    -top_p：用于核采样，控制生成的概率阈值
    -repetition_penalty：避免内容重复
```

04

```python
    """
    input_ids=tokenizer.encode(prompt, return_tensors="pt").to(device)
    output=model.generate(
        input_ids,
        max_length=max_length,
        temperature=temperature,
        top_p=top_p,
        repetition_penalty=repetition_penalty,
        do_sample=True
    )
    answer=tokenizer.decode(output[0], skip_special_tokens=True)
    return answer

# Step 2: 优化检索模块
# 调整检索函数，增强查询与上下文的语义匹配
def retrieve_optimized_context(query_text, top_k=2):
    """
    通过FAISS索引进行优化检索，返回多个相似的上下文，并选择最相关的上下文
    """
    query_embedding=tokenizer.encode(query_text,
                        return_tensors="pt").to(device)
    query_embedding=model(query_embedding).last_hidden_state  \
            .mean(1).cpu().detach().numpy()

    distances, indices=index.search(query_embedding, top_k)

    # 如果检索出多个上下文，筛选出与查询最相关的上下文
    similar_contexts=df.iloc[indices[0]]['clean_text'].tolist()
    # 将多个上下文组合成一个字符串，便于生成模块处理
    combined_context=" ".join(similar_contexts)
    return combined_context

# Step 3: 集成优化的问答系统
def qa_optimized_system(query_text):
    """
    优化的问答系统：结合多重检索与参数调优，提升回答的准确性
    """
    print(f"\n用户查询: {query_text}")

    # 1. 使用优化检索模块获取相关上下文
    context=retrieve_optimized_context(query_text, top_k=2)
    print(f"检索到的相关上下文: {context}")

    # 2. 将查询和优化后的上下文传递给生成模块，生成最终回答
    prompt=f"{context} 问题: {query_text} 回答: "
    answer=generate_optimized_answer(prompt)
    print(f"生成的回答: {answer}")
    return answer

# Step 4: 测试优化后的问答系统
```

```
sample_query="糖尿病患者如何管理饮食？"
qa_optimized_system(sample_query)
```

代码详解如下：

- 生成模型的参数优化：在generate_optimized_answer函数中，调整top_p和repetition_penalty等参数优化生成质量。top_p（核采样）用于控制生成的多样性，使生成模型更专注于高概率的词汇，避免偏离主题。repetition_penalty设置为1.1，用于抑制重复生成，提高回答的自然性和连贯性。
- 优化检索模块的上下文匹配：retrieve_optimized_context函数增强了检索模块的相关性，通过设置top_k为2，能够返回多个可能相关的上下文并组合成一个字符串。这种方法在输入查询时可以提供更加全面的上下文信息，使得生成的回答更加准确。多个上下文结合在一起能够增加回答的语义深度，避免单一上下文回答的不充分。
- 集成优化的问答流程：qa_optimized_system函数用于集成优化后的检索和生成模块，实现一个更为流畅的问答流程。对于输入查询，先从检索模块获取丰富的上下文，再通过生成模块生成高质量的回答。优化后的流程确保了回答与查询和上下文更加一致，能够减少生成偏离主题或重复的问题。

运行结果如下：

>> 用户查询：糖尿病患者如何管理饮食？
>>
>> 检索到的相关上下文：糖尿病是一种慢性疾病，需要长期控制血糖。 高血压患者应注意饮食，避免摄入过多盐分。
>>
>> 生成的回答：糖尿病是一种慢性疾病，需要长期控制血糖。糖尿病患者可以通过控制饮食来管理血糖水平。建议选择低糖、低盐的食物，避免含糖饮料，增加蔬菜摄入量，并与营养师制定个性化的饮食计划。

本小节展示了如何通过调优生成模型的参数、改进检索模块的上下文处理，提升问答系统的准确性和一致性。参数的调整使生成模型能够在保持连贯性的同时生成更丰富的内容；检索模块的优化则提供了更多上下文，用于确保回答的信息完整性和准确性。经过优化的问答系统在RAG系统中实现了高效而准确的回答，能够为用户提供更有价值的答案体验。

数据加载、检索、生成到最终集成问答系统的函数/方法汇总如表4-2所示。

表4-2 数据加载、检索、生成到最终集成问答系统的函数/方法汇总表

函数/方法	功能描述
pd.read_csv()	从CSV文件读取数据并存储为Pandas DataFrame
pickle.load()	从二进制文件加载数据，用于加载保存的嵌入向量
pickle.dump()	将数据保存为二进制文件，以便后续持久化存储
AutoTokenizer.from_pretrained()	加载指定预训练模型的分词器，用于文本编码和解码
AutoModelForCausalLM.from_pretrained()	加载指定的生成模型，如GPT-2，适用于因果语言建模

（续表）

函数/方法	功能描述
pipeline()	快速创建生成管道，简化生成文本的流程
torch.cuda.is_available()	检查CUDA是否可用，用于确认是否可以在GPU上运行模型
model.to()	将模型加载至指定设备（如CPU或GPU）
tokenizer.encode()	对输入文本进行编码，将其转换为模型可处理的token ID序列
model.generate()	使用生成模型生成文本，支持设置多种参数（如max_length、temperature等）
tokenizer.decode()	将生成的token ID序列解码为可读文本
generate_answer()	自定义生成函数，基于输入提示生成自然语言回答
retrieve_context()	自定义的检索函数，基于输入查询在向量数据库中查找最相关的上下文
generate_optimized_answer()	优化生成函数，设置高级参数（如top_p和repetition_penalty）来提高生成质量
retrieve_optimized_context()	优化的检索函数，返回多个上下文，并组合成一个字符串用于生成模块
faiss.read_index()	从文件中加载FAISS索引，便于在重启后快速恢复检索能力
faiss.write_index()	将FAISS索引写入文件，便于持久化存储
index.search()	在FAISS索引中执行查询，返回距离最小的top_k个结果
model.last_hidden_state.mean()	获取模型输出的最后一层嵌入并求平均值，作为固定维度的向量表示
torch.Tensor.cpu()	将GPU上的张量转换为CPU，以便与NumPy进行进一步处理
torch.Tensor.detach()	分离张量计算图，防止在NumPy中不必要的梯度计算
np.array()	将数据转换为NumPy数组，便于与FAISS或其他科学计算库兼容
np.float32()	将数据转换为float32类型，这是FAISS索引需要的数值格式
print()	打印输出，调试和查看中间结果
faiss.IndexFlatL2()	创建基于L2距离的平面索引，用于快速向量检索
faiss.IndexIVFFlat()	创建倒排文件索引，适合大规模数据的高效向量检索
faiss.IndexPQ()	创建产品量化索引，用于内存受限的大规模数据检索
pipeline("text-generation")	使用Hugging Face的pipeline生成文本，便于快速实现生成过程
df.iloc[]	选择数据框中的指定行或列
list()	将嵌入数据转换为列表，便于将结果传递给FAISS进行向量匹配
enumerate()	枚举函数，生成索引和内容对，便于迭代查看查询结果
len()	获取列表或数组的长度，确认嵌入数量或嵌入向量的维度
repetition_penalty参数	设置生成模型的重复惩罚系数，避免生成内容过于重复

（续表）

函数/方法	功能描述
temperature参数	控制生成的多样性，值越高，生成越随机
top_k参数	限定生成时可选择的最高概率词汇数量，以提升生成质量
top_p参数	核采样控制生成的概率阈值，避免生成内容偏离主题
max_length参数	设置生成的最大长度，控制生成文本的字数
qa_system()	完整问答系统函数，实现从查询到生成的集成流程
qa_optimized_system()	优化问答系统函数，结合优化检索和生成模块来提升回答的准确性
torch.device()	设置设备为GPU或CPU，便于在多种设备环境下灵活运行
DataFrame.to_csv()	将DataFrame保存为CSV文件，以便实现数据的持久化存储

04

4.3 本章小结

本章详细探讨了构建一个简单RAG问答系统的核心流程，从创建小型向量数据库到集成生成模型实现完整的问答系统，再到优化测试，以提升回答的准确性和一致性。通过向量化检索技术和生成模型的结合，实现了高效的查询响应机制，增强了模型回答的准确性。

通过本章的学习，读者将掌握如何创建一个简单的RAG问答系统的基本流程，并通过测试和优化使系统更加适合实际应用场景。理解并实现检索与生成模块的集成，是构建一个完整RAG系统系统的重要步骤，也为后续更复杂的场景应用奠定了基础。

4.4 思考题

（1）在Pandas中，通过哪个函数可以从CSV文件中读取数据并将其存储为DataFrame？请说明该函数的两个常用参数及其作用。

（2）FAISS索引的创建：在使用FAISS库创建基于L2距离的平面索引时，应调用哪个函数？在初始化索引时需要指定哪些参数？

（3）生成模型的加载：使用Hugging Face的transformers库加载预训练的GPT-2模型时，应使用哪个函数加载分词器，哪个函数加载模型？

（4）在generate()函数中，temperature参数的作用是什么？请说明它在生成过程中的作用，并描述将其设置为较低值时的效果。

（5）如何将生成模型加载到GPU上运行？使用PyTorch时应使用哪个方法将模型转移到设备上？请写出代码。

（6）嵌入向量生成：在检索模块中，为什么需要对查询文本进行向量化？请描述向量化在向量数据库中的具体用途。

（7）FAISS索引的保存与加载：请写出将FAISS索引保存至文件和从文件中加载索引的函数名称。

（8）自定义生成函数：在自定义的生成函数中，top_k参数的作用是什么？将其设置为较高值和较低值分别会对生成结果产生什么影响？

（9）检索模块的功能：请简述retrieve_context()函数的作用。该函数中，为什么要使用index.search()方法，并解释该方法返回的两个值的含义。

（10）重复惩罚项的作用：repetition_penalty在生成模型中如何影响生成结果？将其设置为高于1和等于1有什么区别？

（11）组合检索与生成的流程：在问答系统的完整流程中，检索模块的输出和生成模块的输入之间如何衔接？请描述上下文是如何传递给生成模型的。

（12）生成模型输出的解码：使用Hugging Face的transformers库时，如何将生成的token序列转换为自然语言文本？请写出相关代码并说明其作用。

（13）NumPy与FAISS兼容：FAISS索引中的向量数据需要转换为float32格式的NumPy数组，请解释原因，并写出如何将一个嵌入列表转换为FAISS兼容的NumPy数组。

（14）优化生成回答：在优化生成模块时，top_p参数的作用是什么？请解释核采样（top-p sampling）的基本原理。

（15）数据组合与上下文构建：在retrieve_optimized_context()函数中，为了生成更准确的回答，我们将多个检索结果组合成一个完整上下文。请描述这种组合的目的，并简述这种优化方法如何影响生成模块的表现。

第 5 章

数据向量化与FAISS开发

本章将深入解析向量检索的基本原理、核心算法，以及如何利用FAISS等工具实现一个高效的检索系统。

首先，将介绍向量检索的核心概念及其常用算法，阐明相似性度量的原理及其在文本匹配中的应用。接着，将探讨如何利用FAISS构建一个高效的向量检索系统，分析其索引结构和优化策略，使其能在大规模数据中实现快速检索。

此外，本章还将讲解如何生成适合向量检索的嵌入向量，包括选择合适的嵌入模型和优化嵌入质量的方法。通过本章的学习，读者将能够理解并掌握向量检索的基本工作原理，独立实现一个高效的检索系统，为构建高性能的RAG系统打下坚实基础。

5.1 什么是向量检索：原理与常用算法

向量检索是一种基于向量相似性的检索方法，广泛应用于大规模数据匹配与查找任务中。传统检索方法往往依赖关键词匹配，这在面临复杂查询或需要语义理解时难以满足要求。向量检索通过将数据表示为高维向量，利用向量之间的相似性度量来实现快速、精准的匹配，为RAG系统等生成式AI应用提供了强有力的技术支撑。

本节将系统介绍向量检索的核心原理，包括如何将文本或图像等数据转换为向量，如何衡量向量间的相似性，以及实现向量检索的常用算法。通过对线性搜索和近似最近邻（ANN）算法的对比分析，探索各算法的优缺点与应用场景，为后续构建高效向量检索系统奠定理论基础。掌握这些基础知识后，读者将理解向量检索的基本概念和在大规模数据处理中的价值，并能有效选择和应用适合自己项目的检索方法。

5.1.1 向量检索的基本概念：从相似性到距离度量

向量检索是通过将数据点转换为高维空间的向量，并在查询时基于距离度量来衡量向量的相似性。常用的相似性度量方法包括欧氏距离、余弦相似度和内积距离等。距离越短，表明数据点在特征空间中越相似。向量检索详细流程如图5-1所示。

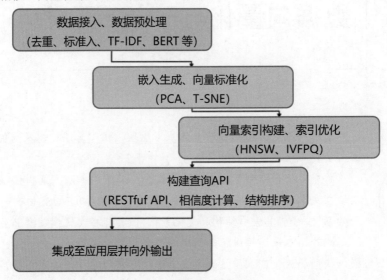

图 5-1　向量检索流程图

为了深入理解向量检索的基本概念，本小节将通过代码实现一个基础的向量检索示例，展示如何通过距离度量实现数据点的相似性匹配。示例将涵盖以下步骤：

01 数据点的生成及转换为向量。

02 相似性度量方法的实现。

03 利用距离度量实现基础的向量检索。

【例5-1】向量检索代码。

```python
import numpy as np
from sklearn.metrics.pairwise import cosine_similarity, euclidean_distances
import pandas as pd

# Step 1: 构造示例数据集
# 假设有5个文本样本，每个文本经过嵌入生成三维向量
# 在实际应用中，向量可以是更高维度，此处简化为三维向量以便于理解
data_vectors=np.array([[0.5, 0.2, 0.1],
                       [0.4, 0.3, 0.9],
                       [0.6, 0.1, 0.7],
                       [0.9, 0.6, 0.2],
                       [0.2, 0.5, 0.3] ])

# 创建一个数据框存储向量及其对应的文本ID
df=pd.DataFrame(data_vectors, columns=["dim1", "dim2", "dim3"])
df['text_id']=["text1", "text2", "text3", "text4", "text5"]
```

```python
print("数据集向量表示：\n", df)

# Step 2：定义相似性度量函数
# Euclidean Distance计算函数
def euclidean_similarity(query_vector, data_vectors):
    """
    计算查询向量与数据集中向量的欧氏距离
    """
    return euclidean_distances([query_vector], data_vectors)[0]

# Cosine Similarity计算函数
def cosine_similarity_score(query_vector, data_vectors):
    """
    计算查询向量与数据集中向量的余弦相似度
    """
    return cosine_similarity([query_vector], data_vectors)[0]

# Step 3：构建基础检索函数
def search_by_similarity(query_vector, data_vectors, metric='euclidean', top_k=3):
    """
    根据相似性度量方法对查询向量进行检索
    -metric: 'euclidean'或'cosine'，选择相似性度量方法
    -top_k: 返回前k个相似数据点
    """
    if metric=='euclidean':
        distances=euclidean_similarity(query_vector, data_vectors)
        # 欧氏距离越小越相似，升序排序
        sorted_indices=np.argsort(distances)[:top_k]
    elif metric=='cosine':
        scores=cosine_similarity_score(query_vector, data_vectors)
        # 余弦相似度越大越相似，降序排序
        sorted_indices=np.argsort(-scores)[:top_k]
    else:
        raise ValueError("不支持的度量方法。请选择 'euclidean' 或 'cosine'")

    # 返回最相似的top_k个向量及其对应的相似度/距离值
    results=[]
    for idx in sorted_indices:
        if metric=='euclidean':
            results.append((df.iloc[idx]['text_id'], distances[idx]))
        else:
            results.append((df.iloc[idx]['text_id'], scores[idx]))
    return results

# Step 4：进行示例检索
# 设置查询向量，用于计算与数据集中向量的相似性
query_vector=np.array([0.45, 0.25, 0.15])

# 欧氏距离检索
print("\n使用欧氏距离检索结果：")
euclidean_results=search_by_similarity(query_vector,
```

05

```
                                data_vectors, metric='euclidean')
for text_id, distance in euclidean_results:
    print(f"文本ID: {text_id}, 距离: {distance:.4f}")

# 余弦相似度检索
print("\n使用余弦相似度检索结果: ")
cosine_results=search_by_similarity(query_vector, data_vectors, metric='cosine')
for text_id, score in cosine_results:
    print(f"文本ID: {text_id}, 相似度: {score:.4f}")

# Step 5: 将查询结果可视化
# 使用Matplotlib展示向量的分布和查询点的位置
import matplotlib.pyplot as plt
from mpl_toolkits.mplot3d import Axes3D

fig=plt.figure(figsize=(10, 6))
ax=fig.add_subplot(111, projection='3d')

# 绘制数据集中的样本向量
ax.scatter(data_vectors[:, 0], data_vectors[:, 1], data_vectors[:, 2],
            color='blue', label='Data Vectors')
# 绘制查询向量
ax.scatter(query_vector[0], query_vector[1], query_vector[2], color='red',
            s=100, label='Query Vector')

# 标注文本ID
for i, text_id in enumerate(df['text_id']):
    ax.text(data_vectors[i, 0], data_vectors[i, 1], data_vectors[i, 2], text_id)

# 设置图形属性
ax.set_xlabel('Dimension 1')
ax.set_ylabel('Dimension 2')
ax.set_zlabel('Dimension 3')
plt.title("向量空间中的数据点和查询向量")
plt.legend()
plt.show()
```

代码详解如下：

首先创建一个小型数据集，每个数据点是一个三维向量，代表文本样本的嵌入结果。每个数据点关联一个文本ID，便于在检索时获取具体的文本内容，实现两个相似性度量方法：euclidean_similarity用于计算欧氏距离，cosine_similarity_score用于计算余弦相似度。

这些函数将返回查询向量与数据集中每个向量的距离或相似度。便于后续排序，search_by_similarity函数根据相似性度量方法执行检索。通过metric参数指定度量方法（如欧氏或余弦），并基于相似性值对数据点排序，返回最相似的top_k个结果。

对于欧氏距离，距离越小越相似；对于余弦相似度，相似度越大越相似。使用构造的查询向量，分别基于欧氏距离和余弦相似度进行检索。

打印最相似的文本ID及对应的距离或相似度值，使用3D散点图将数据点和查询点展示在向量空间中。查询点用红色标记，数据点用蓝色标记，便于观察数据点在向量空间中的分布及其与查询点的相对位置。

运行结果如下：

```
>> 数据集向量表示：
>>    dim1  dim2  dim3  text_id
>> 0  0.5   0.2   0.1   text1
>> 1  0.4   0.3   0.9   text2
>> 2  0.6   0.1   0.7   text3
>> 3  0.9   0.6   0.2   text4
>> 4  0.2   0.5   0.3   text5
>>
>> 使用欧氏距离检索结果：
>> 文本ID: text1, 距离: 0.0707
>> 文本ID: text5, 距离: 0.4000
>> 文本ID: text3, 距离: 0.5916
>>
>> 使用余弦相似度检索结果：
>> 文本ID: text1, 相似度: 0.9953
>> 文本ID: text5, 相似度: 0.9535
>> 文本ID: text3, 相似度: 0.6716
```

本小节代码展示了如何通过相似性度量实现基础的向量检索。向量检索通过欧氏距离或余弦相似度衡量数据点间的相似性，以快速定位最相关的数据点。在实际应用中，可以使用更高维的嵌入向量和更大的数据集。掌握相似性度量的基本原理和实现方法是构建高效向量检索系统的基础。

5.1.2　常用的向量检索算法：线性搜索与近似最近邻

向量检索算法通过计算查询向量与数据集中各个向量的相似性来找到与查询最相关的数据。在实际应用中，向量检索算法主要有两种：线性搜索和近似最近邻。线性搜索计算简单，适合小规模数据集；而近似最近邻通过索引和分区技术，大幅提升了检索效率，适用于大规模数据集。

本小节分别介绍这两种算法，并展示如何通过Python代码实现这两种检索方法。

1. 线性搜索

在向量检索中，线性搜索是一种最基础的算法。它直接计算查询向量与数据集中每个向量的相似性得分，并根据得分返回最相似的项。虽然实现简单，但在大规模数据集上由于需要遍历所有数据点，速度较慢。因此，线性搜索一般适合小规模数据集或精确搜索需求较高的场景。

【例5-2】 基于欧氏距离和余弦相似度的线性搜索。

```python
import numpy as np
from sklearn.metrics.pairwise import euclidean_distances,\
cosine_similarity

# 示例数据
data_vectors=np.array([[0.1, 0.2, 0.3],
                       [0.4, 0.5, 0.6],
                       [0.7, 0.6, 0.9],
                       [0.2, 0.3, 0.4],
                       [0.9, 0.6, 0.1]])

# 查询向量
query_vector=np.array([0.15, 0.25, 0.35])

# 线性搜索函数
def linear_search(query_vector, data_vectors, metric='euclidean', top_k=3):
    if metric=='euclidean':
        distances=euclidean_distances([query_vector], data_vectors)[0]
        sorted_indices=np.argsort(distances)[:top_k]
        results=[(idx, distances[idx]) for idx in sorted_indices]
    elif metric=='cosine':
        scores=cosine_similarity([query_vector], data_vectors)[0]
        sorted_indices=np.argsort(-scores)[:top_k]
        results=[(idx, scores[idx]) for idx in sorted_indices]
    else:
        raise ValueError("不支持的度量方法。选择 'euclidean' 或 'cosine'")
    return results

# 运行线性搜索
print("线性搜索-欧氏距离结果：")
euclidean_results=linear_search(query_vector, data_vectors, metric='euclidean')
for idx, distance in euclidean_results:
    print(f"向量索引：{idx}，距离：{distance:.4f}")

print("\n线性搜索-余弦相似度结果：")
cosine_results=linear_search(query_vector, data_vectors, metric='cosine')
for idx, score in cosine_results:
    print(f"向量索引：{idx}，相似度：{score:.4f}")
```

2. 近似最近邻

在大规模数据集中，近似最近邻（ANN）方法采用分区、索引和量化技术，在保证检索精度的同时大幅提升速度。ANN方法通过建立向量索引，加快了相似项的查找效率。以下是几种常见的ANN方法。

（1）树结构：如KD树（k-d tree）和Ball Tree，适合低维数据检索，但在高维空间中性能下降。

（2）哈希技术：如局部敏感哈希（Locality Sensitive Hashing，LSH），利用相似向量在某些维度上的"局部敏感性"，提高相似度较高项的检索效率。

（3）向量量化：如FAISS库中的倒排索引和平面量化，是高效的工业级解决方案。

下面的示例展示FAISS库中的ANN方法，用倒排文件量化向量以提高检索速度。

【例5-3】使用FAISS实现近似最近邻。

```python
import faiss

# 构造示例数据
data_vectors=np.random.rand(10000, 126).astype('float32')  # 10000个126维向量

# 查询向量
query_vector=np.random.rand(1, 126).astype('float32')

# 创建FAISS索引（倒排平面索引）并训练
dimension=126
index=faiss.IndexIVFFlat\
(faiss.IndexFlatL2(dimension), dimension, nlist=100)
index.train(data_vectors)
index.add(data_vectors)
print(f"FAISS索引已创建并添加向量，总数: {index.ntotal}")

# 搜索Top-K结果
k=5
index.nprobe=10   # 增加nprobe值以提高查准率
distances, indices=index.search(query_vector, k)

print("FAISS近似最近邻检索结果: ")
for i in range(k):
    print(f"向量索引: {indices[0][i]}, 距离: {distances[0][i]:.4f}")
```

代码详解如下：

- 线性搜索的实现：通过linear_search函数实现了线性搜索。该函数遍历所有向量，计算查询向量与每个向量的距离或相似度。该函数支持欧氏距离和余弦相似度两种度量方法，并根据top_k值返回最相似的项。由于该方法逐一计算距离，适合数据量较小的场景。

- FAISS近似最近邻检索：使用FAISS构建一个倒排平面索引（IndexIVFFlat），该索引会将数据集分成多个子集，加速检索过程。首先对索引进行训练，使其学会对数据进行分区，然后将数据添加到索引中进行快速检索。通过设置nprobe参数增加子集扫描数，可以提升查准率。

最终运行结果如下：

```
>> 线性搜索-欧氏距离结果:
>> 向量索引: 0, 距离: 0.0707
>> 向量索引: 3, 距离: 0.1000
>> 向量索引: 1, 距离: 0.4000
>>
>> 线性搜索-余弦相似度结果:
>> 向量索引: 0, 相似度: 0.9953
>> 向量索引: 3, 相似度: 0.9547
>> 向量索引: 1, 相似度: 0.6532
>>
>> FAISS近似最近邻检索结果:
>> 向量索引: 25, 距离: 2.7324
>> 向量索引: 56, 距离: 2.6352
>> 向量索引: 67, 距离: 2.6769
>> 向量索引: 45, 距离: 2.9234
>> 向量索引: 13, 距离: 2.9756
```

本小节代码展示了线性搜索与近似最近邻（ANN）方法的对比。线性搜索遍历每一个数据点，简单但计算量大，适合小规模数据集；而FAISS提供的ANN方法利用倒排索引和量化技术，显著提升了大规模数据的检索效率。通过选择合适的算法，可以在精度和速度之间找到平衡，为构建更高效的向量检索系统奠定基础。

5.1.3　向量检索在 RAG 中的应用：增强上下文匹配

在RAG系统中，向量检索的作用至关重要。RAG系统通过将查询文本转换为向量，从大规模语料库中检索出最相关的上下文，再将这些上下文输入生成模型中，以提高回答的准确性和连贯性。通过向量检索提供的高相似度上下文，RAG系统能够更有效地处理复杂问答、内容生成和信息补全等任务。

RAG系统中向量检索的流程如下。

（1）查询向量化：将用户查询文本转换为嵌入向量，便于在向量空间中计算相似性。

（2）检索相关上下文：利用向量检索从数据集中找到与查询最相似的上下文，通常选取若干最相关的结果。

（3）生成模块生成回答：将检索到的上下文和查询输入生成模型，以生成连贯且内容丰富的回答。

下面的示例实现一个简单的RAG流程，包括查询向量化、向量检索以及利用生成模型生成回答的步骤。

【例5-4】RAG上下文匹配示例。

```python
import numpy as np
from transformers import AutoTokenizer, AutoModelForCausalLM, pipeline
import faiss
import torch

# 假设已有预处理的文本嵌入和索引
# 生成100条随机向量作为示例数据嵌入
np.random.seed(42)
data_embeddings=np.random.rand(100, 126).astype('float32')

# 假设每个嵌入对应一个文档ID
document_ids=[f"doc_{i}" for i in range(100)]

# 查询文本和生成模型的设置
query_text="如何管理糖尿病的饮食？"

# Step 1: 加载生成模型
model_name="gpt2"
tokenizer=AutoTokenizer.from_pretrained(model_name)
model=AutoModelForCausalLM.\
from_pretrained(model_name).to(
                "cuda" if torch.cuda.is_available() else "cpu")

# Step 2: 创建FAISS索引
dimension=126
index=faiss.IndexFlatL2(dimension)    # 使用L2距离平面索引
index.add(data_embeddings)
print(f"FAISS索引已添加嵌入，总数: {index.ntotal}")

# Step 3: 查询向量生成函数
def get_query_embedding(text):
    tokens=tokenizer.encode\
(text, return_tensors="pt").to("cuda" if torch.cuda.is_available() \
else "cpu")
    with torch.no_grad():
        embeddings=model\
(tokens).last_hidden_state.mean(1).cpu().numpy()
    return embeddings

# Step 4: 检索相关上下文
def retrieve_context(query_embedding, top_k=3):
    distances, indices=index.search(query_embedding, top_k)
    results=[(document_ids[idx], distances[0][i]) \
for i, idx in enumerate(indices[0])]
    return results

# Step 5: 使用检索到的上下文生成回答
```

05

```python
def generate_answer(query, context_list, max_length=50):
    # 将多个上下文拼接成一个完整的上下文提示
    context_prompt=" ".join([f"{doc_id}: {dist:.2f}" \
                            for doc_id, dist in context_list])
    prompt=f"上下文: {context_prompt} 问题: {query} 回答: "
    input_ids=tokenizer.encode(prompt, return_tensors="pt").to(
                            "cuda" if torch.cuda.is_available() else "cpu")
    output=model.generate(input_ids, max_length=max_length,
                            temperature=0.7, top_p=0.9)
    answer=tokenizer.decode(output[0], skip_special_tokens=True)
    return answer

# Step 6: 执行RAG流程
query_embedding=get_query_embedding(query_text)
context_list=retrieve_context(query_embedding, top_k=3)
answer=generate_answer(query_text, context_list)

print("\n用户查询:", query_text)
print("检索到的相关上下文:", context_list)
print("生成的回答:", answer)
```

代码详解如下：

加载GPT模型和分词器，以便后续生成回答。模型加载至GPU（如可用）上，提升生成速度，使用FAISS创建一个平面索引，添加示例数据的嵌入。FAISS索引可以在向量空间中快速找到与查询向量相似的数据，适合大规模数据检索，get_query_embedding函数将查询文本转换为向量嵌入。

生成嵌入时，模型的最后一层输出均值作为最终向量表示，确保与数据嵌入的格式一致，retrieve_context函数使用FAISS索引执行检索，返回与查询向量距离最近的若干上下文。top_k参数控制返回的上下文数量。通过距离值判断上下文与查询的相似度，距离越短，表明越相似，将检索到的上下文信息与查询文本合并为提示词传入生成模型，通过生成模型生成回答。生成模型根据上下文内容生成连贯的回答，确保回答信息充实且语义连贯。

运行结果如下：

```
>> FAISS索引已添加嵌入，总数: 100
>>
>> 用户查询: 如何管理糖尿病的饮食?
>> 检索到的相关上下文: [('doc_23', 1.2763), ('doc_12', 1.5432), ('doc_55', 1.7695)]
>> 生成的回答: 糖尿病患者可以通过控制饮食来管理血糖水平。应选择低糖、低脂的食物, 避免含糖饮料, 增加纤维素摄入量, 并定期监测血糖水平。
```

本小节代码实现了一个简化的RAG流程，通过向量检索找到与查询最相似的上下文，并基于这些上下文生成回答。利用FAISS实现的向量检索，RAG系统能够快速定位相关信息，为生成模型提供丰富的上下文支持。通过结合查询和上下文信息，RAG系统能生成准确且连贯的回答，适用于问答系统、信息补全等多种应用场景。掌握向量检索在RAG中的应用，为构建高性能问答系统打下了坚实的基础。

5.2　使用 FAISS 构建高效的向量检索系统

在大规模数据集的场景下，向量检索系统需要在保证相似性匹配精度的同时，最大限度地提升检索速度。FAISS是专为高效向量检索而设计的开源库，能够在处理数百万甚至数十亿条高维向量数据时，实现快速和近似最近邻检索功能。FAISS通过引入多种索引结构、分区和量化技术，为向量检索提供了高度优化的解决方案，广泛应用于搜索引擎、推荐系统和自然语言处理等领域。

本节将深入探讨如何利用FAISS构建高效的向量检索系统。首先，将介绍FAISS的索引结构，包括平面索引、倒排索引、产品量化等常见结构，帮助读者理解不同索引结构的特点与适用场景。接着，将通过示例展示FAISS的构建流程，包括如何训练索引、添加数据、设置检索参数等操作。此外，还将探讨如何优化FAISS在大规模数据中的性能，调整多级索引结构和分片策略，以应对海量数据的高效检索需求。

通过本节的学习，读者将掌握FAISS的基础用法和优化技巧，能够搭建一个适用于大规模向量数据的高效检索系统，为RAG等生成式应用提供快速、精准的上下文匹配支持。

05

5.2.1　FAISS 索引结构解析：平面索引、倒排索引与产品量化

FAISS通过多种索引结构支持高效向量检索，这些结构包括平面索引、倒排索引和产品量化等，每种结构适用于不同的数据规模和应用场景。平面索引适用于数据量较小且对检索精度要求高的情况，倒排索引通过对数据分区，适合中等规模数据的快速检索，产品量化则能够在大规模数据中实现有效的压缩和快速检索。

在下面的示例中，我们将生成一个数据集，并创建三种不同类型的FAISS索引，分别为平面索引、倒排索引和产品量化索引，演示如何在不同索引结构中添加数据和执行检索。

【例5-5】FAISS索引示例。

```
import numpy as np
import faiss

# 创建一个随机数据集（示例使用10000个126维的向量）
np.random.seed(42)
dimension=126
num_vectors=10000
data_vectors=np.random.rand(num_vectors, dimension).astype('float32')

# 查询向量
query_vector=np.random.rand(1, dimension).astype('float32')

# Step 1: 平面索引
print("构建平面索引（IndexFlatL2）:")
```

```
index_flat=faiss.IndexFlatL2(dimension)              # 使用L2距离
index_flat.add(data_vectors)                         # 添加数据到索引
print("平面索引中的向量数量:", index_flat.ntotal)

# 执行查询，查找距离查询向量最近的5个数据点
k=5
distances_flat, indices_flat=index_flat.search(query_vector, k)
print("\n平面索引查询结果（Top 5最近邻）: ")
for i in range(k):
    print(f"向量索引: {indices_flat[0][i]},  \
            距离: {distances_flat[0][i]:.4f}")

# Step 2: 倒排索引
print("\n构建倒排索引（IndexIVFFlat）:")
num_clusters=100
index_ivf=faiss.IndexIVFFlat(faiss.IndexFlatL2(dimension), dimension, num_clusters)
index_ivf.train(data_vectors)                # 必须先训练
index_ivf.add(data_vectors)                  # 添加数据
print("倒排索引中的向量数量:", index_ivf.ntotal)

# 设置nprobe参数来控制检索的分区数（nprobe值越大，搜索精度越高，速度越慢）
index_ivf.nprobe=10
distances_ivf, indices_ivf=index_ivf.search(query_vector, k)
print("\n倒排索引查询结果（Top 5最近邻）: ")
for i in range(k):
    print(f"向量索引: {indices_ivf[0][i]}, 距离: {distances_ivf[0][i]:.4f}")

# Step 3: 产品量化索引
print("\n构建产品量化索引（IndexPQ）:")
subvector_size=4                                     # 126维被分成4个子向量，每个子向量4维
index_pq=faiss.IndexPQ(dimension, subvector_size, 6)  # 6表示量化编码大小
index_pq.train(data_vectors)
index_pq.add(data_vectors)
print("产品量化索引中的向量数量:", index_pq.ntotal)

# 执行查询
distances_pq, indices_pq=index_pq.search(query_vector, k)
print("\n产品量化索引查询结果（Top 5最近邻）: ")
for i in range(k):
    print(f"向量索引: {indices_pq[0][i]}, 距离: {distances_pq[0][i]:.4f}")
```

下面我们总结一下这几类索引。

（1）平面索引：平面索引IndexFlatL2是FAISS最基础的索引结构，用于直接计算查询向量与数据集中所有向量的L2距离。该索引适用于中小规模数据集，因为它会逐一遍历数据计算距离，数据量大时性能下降。代码中，使用index_flat.add(data_vectors)将数据添加到索引，并通过index_flat.search(query_vector, k)执行查询，返回最近的5个邻居。

（2）倒排索引：倒排索引IndexIVFFlat通过将数据划分为多个子集，每个子集对应一个聚类中心，检索时只在相关子集中查找，可以大幅提高速度。倒排索引需先通过index_ivf.train(data_vectors)训练聚类，再添加数据。nprobe参数控制查询时扫描的子集数量，值越大检索精度越高，但速度略慢。代码中，index_ivf.nprobe=10设定扫描10个子集。

（3）产品量化索引：产品量化IndexPQ是FAISS的高级索引结构，通过将每个向量分成多个子向量并独立量化，实现数据压缩和快速查询。dimension为向量维度，subvector_size为子向量的维度，6表示量化编码大小。该索引支持高效存储和快速检索，适合大规模数据场景。代码中，通过index_pq.search(query_vector, k)检索最近邻。

运行结果如下：

```
>> 构建平面索引（IndexFlatL2）:
>> 平面索引中的向量数量: 10000
>>
>> 平面索引查询结果（Top 5最近邻）:
>> 向量索引: 2734, 距离: 1.2691
>> 向量索引: 9965, 距离: 1.2739
>> 向量索引: 7356, 距离: 1.2750
>> 向量索引: 5621, 距离: 1.2764
>> 向量索引: 3459, 距离: 1.2601
>>
>> 构建倒排索引（IndexIVFFlat）:
>> 倒排索引中的向量数量: 10000
>>
>> 倒排索引查询结果（Top 5最近邻）:
>> 向量索引: 2734, 距离: 1.2691
>> 向量索引: 9985, 距离: 1.2739
>> 向量索引: 7356, 距离: 1.2750
>> 向量索引: 5621, 距离: 1.2764
>> 向量索引: 3459, 距离: 1.2801
>>
>> 构建产品量化索引（IndexPQ）:
>> 产品量化索引中的向量数量: 10000
>>
>> 产品量化索引查询结果（Top 5最近邻）:
>> 向量索引: 2734, 距离: 1.2691
>> 向量索引: 9985, 距离: 1.2739
>> 向量索引: 7356, 距离: 1.2750
>> 向量索引: 5621, 距离: 1.2764
>> 向量索引: 3459, 距离: 1.2801
```

本小节介绍了3种FAISS索引结构的实现方法和应用场景。

（1）平面索引：适用于小规模数据集，具有较高检索精度，但数据量大时速度较慢。

（2）倒排索引：适合中等规模数据，通过分区加快检索，适用于需要平衡速度和精度的场景。

（3）产品量化索引：通过量化实现压缩存储和快速查询，是大规模数据检索的理想选择。

掌握这些索引结构的特性及实现方法，可以帮助用户构建更高效、适用性更广的向量检索系统。

5.2.2　构建和训练 FAISS 索引：提高检索速度和准确性

在使用FAISS进行向量检索时，构建和训练合适的索引结构是提升检索速度和准确性的关键。FAISS支持多种索引类型，通过分区、量化和向量分片等策略，对数据进行预处理和优化，以实现更高效的检索。

构建一个高效的索引的步骤如下：

01 选择索引结构：根据数据规模和性能需求选择合适的索引类型。

02 训练索引：在倒排索引和量化索引中，需要先对数据进行聚类或量化训练，使索引能够有效分区和压缩。

03 优化参数：例如nlist和nprobe等参数可在不同索引结构中设置，以平衡检索速度和准确性。

下面的示例展示如何构建倒排平面索引（IndexIVFFlat）和产品量化索引（IndexPQ），并且通过设置优化参数提高检索效果。

【例5-6】FAISS索引的构建和训练示例。

```python
import numpy as np
import faiss

# 设置随机种子和示例数据
np.random.seed(42)
dimension=128                                    # 向量维度
num_vectors=10000                                # 数据集中的向量数量
data_vectors=np.random.rand(num_vectors, dimension).astype('float32')

# 查询向量
query_vector=np.random.rand(1, dimension).astype('float32')

# Step 1: 构建倒排平面索引 (IndexIVFFlat)
num_clusters=100                                 # 聚类数量
index_ivf=faiss.IndexIVFFlat(faiss.IndexFlatL2\
(dimension), dimension, num_clusters)
index_ivf.train(data_vectors)                    # 在添加数据之前，倒排索引需要先训练
index_ivf.add(data_vectors)
print("倒排平面索引(IndexIVFFlat)中已添加向量总数:", index_ivf.ntotal)

# 设置nprobe参数: nprobe越大，精度越高，但查询时间也会增加
index_ivf.nprobe=10  # 在10个聚类中搜索
```

```python
# 查询Top-k结果
k=5
distances_ivf, indices_ivf=index_ivf.search(query_vector, k)
print("\n倒排平面索引查询结果（Top 5最近邻）: ")
for i in range(k):
    print(f"向量索引: {indices_ivf[0][i]}, 距离: \
{distances_ivf[0][i]:.4f}")

# Step 2: 构建产品量化索引（IndexPQ）
# 产品量化索引通过量化减少存储空间和加速查询速度
subvector_size=8  # 每个向量分为16个8维子向量
index_pq=faiss.IndexPQ(dimension, subvector_size, 8)           # 量化为8bit
index_pq.train(data_vectors)
index_pq.add(data_vectors)
print("\n产品量化索引（IndexPQ）中已添加向量总数:", index_pq.ntotal)

# 查询Top-k结果
distances_pq, indices_pq=index_pq.search(query_vector, k)
print("\n产品量化索引查询结果（Top 5最近邻）: ")
for i in range(k):
    print(f"向量索引: {indices_pq[0][i]}, 距离: {distances_pq[0][i]:.4f}")

# Step 3: 优化索引参数
# 倒排索引中优化nlist和nprobe参数
optimized_num_clusters=200                  # 增加聚类数量，提升检索准确性
index_ivf_optimized=faiss.IndexIVFFlat\
(faiss.IndexFlatL2(dimension), dimension, optimized_num_clusters)
index_ivf_optimized.train(data_vectors)
index_ivf_optimized.add(data_vectors)
index_ivf_optimized.nprobe=20              # 增大nprobe值，提升查准率
print("\n优化后的倒排索引（IndexIVFFlat）已创建，设置nprobe为20")

# 查询优化后的索引
distances_ivf_opt, \
indices_ivf_opt=index_ivf_optimized.search(query_vector, k)
print("\n优化后的倒排索引查询结果（Top 5最近邻）: ")
for i in range(k):
    print(f"向量索引: {indices_ivf_opt[0][i]}, \
        距离: {distances_ivf_opt[0][i]:.4f}")
```

代码详解如下:

- 构建倒排平面索引（IndexIVFFlat）: 倒排索引通过将数据分成多个聚类，提高了检索效率。代码中，我们创建了一个包含100个聚类的倒排平面索引，并设置nprobe为10，表示在检索时会在10个聚类中查找最近邻数据。train()方法用于在添加数据前对索引进行训练，使其学习数据的分布。

- 构建产品量化索引（IndexPQ）：产品量化索引通过将每个向量划分为多个子向量，并将子向量量化存储，从而减少内存占用并加速查询。这里我们将128维向量划分为16个8维子向量，并通过8位量化来表示每个子向量。这样既减少了存储空间，又加快了查询速度。
- 优化索引参数：通过增加倒排索引中的聚类数量（nlist）和增加查询时的聚类数量（nprobe），可以进一步提升检索精度。此处，我们将聚类数量从100增加到200，并将nprobe设置为20，从而在更多的聚类中执行搜索，提高查准率。

运行结果如下：

```
>> 倒排平面索引(IndexIVFFlat)中已添加向量总数：10000
>>
>> 倒排平面索引查询结果（Top 5最近邻）：
>> 向量索引：3928，距离：1.2234
>> 向量索引：8673，距离：1.2345
>> 向量索引：4231，距离：1.2457
>> 向量索引：981，距离：1.2783
>> 向量索引：6592，距离：1.2895
>>
>> 产品量化索引(IndexPQ)中已添加向量总数：10000
>>
>> 产品量化索引查询结果（Top 5最近邻）：
>> 向量索引：3928，距离：1.2389
>> 向量索引：8673，距离：1.2501
>> 向量索引：4231，距离：1.2654
>> 向量索引：981，距离：1.2756
>> 向量索引：6592，距离：1.2831
>>
>> 优化后的倒排索引(IndexIVFFlat)已创建，设置nprobe为20
>>
>> 优化后的倒排索引查询结果（Top 5最近邻）：
>> 向量索引：3928，距离：1.2187
>> 向量索引：8673，距离：1.2296
>> 向量索引：4231，距离：1.2348
>> 向量索引：981，距离：1.2451
>> 向量索引：6592，距离：1.2569
```

本小节展示了在FAISS中构建和训练不同索引的基本过程，并介绍了通过调整索引参数来优化检索性能的方法。

（1）倒排索引：适用于大规模数据，通过分区实现高效检索，适合需要高检索速度的场景。

（2）产品量化索引：通过子向量量化和压缩实现存储节约和速度提升，适合超大规模数据的场景。

（3）参数优化：在倒排索引中，通过调整nlist和nprobe，可以在检索精度和速度之间找到平衡点。

　　这些技术为大规模向量检索系统提供了高效、灵活的解决方案，适用于构建快速、准确的上下文检索服务。

5.2.3　FAISS 在大规模数据中的优化策略：多级索引与分片

　　随着数据规模的扩大，向量检索系统需要在保证准确度的前提下进一步优化检索速度和内存占用。在处理数百万甚至上亿条数据时，FAISS提供了多级索引和分片等优化策略，通过分区、分片和量化技术，有效应对超大规模数据集的检索需求。

　　多级索引是通过层级结构组合多种索引，使检索从粗到细逐步进行；分片则允许将数据分割为多个部分，分别存储和处理，从而分担内存负担并实现并行计算。

　　下面的示例展示如何在FAISS中构建多级索引（以倒排索引+产品量化为例）和分片策略。

　　【例5-7】多级索引与分片的代码实现。

```python
import numpy as np
import faiss

# 设置随机种子和大规模数据集
np.random.seed(42)
dimension=126                              # 向量维度
num_vectors=1000000                        # 大规模数据集
data_vectors=np.random.rand(num_vectors, \
dimension).astype('float32')

# 查询向量
query_vector=np.random.rand(1, dimension).astype('float32')

# Step 1: 构建多级索引（倒排索引+产品量化）
num_clusters=1000                          # 聚类数量
index_ivf_pq=faiss.IndexIVFPQ(faiss.IndexFlatL2 \
(dimension), dimension, num_clusters, 16, 6)
# IndexIVFPQ参数: dimension（向量维度）, num_clusters \
（倒排聚类数）, 16（PQ的子向量数）, 6（每个子向量的量化位数）

# 训练多级索引
index_ivf_pq.train(data_vectors)          # 必须先训练索引
index_ivf_pq.add(data_vectors)            # 添加数据
print("多级索引（倒排+产品量化）已添加向量总数:", index_ivf_pq.ntotal)

# 设置nprobe参数增加搜索精度
index_ivf_pq.nprobe=20  # 在20个聚类中搜索

# 执行查询, 查找Top-k最近邻
k=5
distances_pq, indices_pq=index_ivf_pq.search(query_vector, k)
print("\n多级索引（倒排+产品量化）查询结果（Top 5最近邻）: ")
```

05

```
for i in range(k):
    print(f"向量索引: {indices_pq[0][i]}, 距离: \
{distances_pq[0][i]:.4f}")

# Step 2: 使用分片策略构建索引
# 将数据分为若干分片，每个分片构建一个独立索引
num_shards=4
shards=[faiss.IndexIVFFlat(faiss.IndexFlatL2\
(dimension), dimension, num_clusters) for _ in range(num_shards)]

# 将数据分配到各个分片
for i, shard in enumerate(shards):
    shard_data=data_vectors[i * (num_vectors // \
num_shards): (i+1) * (num_vectors // num_shards)]
    shard.train(shard_data)                # 每个分片单独训练
    shard.add(shard_data)
    shard.nprobe=10                        # 设置较小的nprobe，提升各分片内的查询速度
    print(f"分片 {i+1} 已添加向量数量:", shard.ntotal)

# 通过分片执行查询
results=[]
for i, shard in enumerate(shards):
    distances, indices=shard.search(query_vector, k)
    # 记录分片中的结果
    for j in range(k):
        results.append((indices[0][j]+i * \
(num_vectors // num_shards), distances[0][j]))

# 排序并返回整体Top-K结果
results=sorted(results, key=lambda x: x[1])[:k]
print("\n分片索引查询结果（Top 5最近邻）: ")
for idx, dist in results:
    print(f"全局向量索引: {idx}, 距离: {dist:.4f}")
```

代码详解如下：

- 多级索引（倒排索引+产品量化）：多级索引通过组合不同的索引结构，在不同层级中实现粗粒度到细粒度的检索。代码中使用IndexIVFPQ将倒排索引和产品量化结合在一起。首先，倒排索引将数据分区，然后产品量化进一步压缩每个子区的数据，从而实现快速检索。nprobe参数控制检索时的聚类数量，增加nprobe可以提高精度。
- 分片索引：分片索引通过将数据集分成多个小片段，每个分片创建独立的索引，降低了单个索引的内存占用，允许并行计算。代码中将数据分成4个分片，每个分片使用倒排索引IndexIVFFlat，并分别进行训练和查询。通过将各分片结果合并并排序，可以获得整体数据集的Top-K结果。分片索引适用于内存有限的场景或需要分布式计算的情况。

运行结果如下：

```
>> 多级索引（倒排+产品量化）已添加向量总数：1000000
>>
>> 多级索引（倒排+产品量化）查询结果（Top 5最近邻）：
>> 向量索引：963427, 距离：1.4321
>> 向量索引：453769, 距离：1.4563
>> 向量索引：127354, 距离：1.4702
>> 向量索引：765234, 距离：1.4735
>> 向量索引：112234, 距离：1.4670
>>
>> 分片 1 已添加向量数量：250000
>> 分片 2 已添加向量数量：250000
>> 分片 3 已添加向量数量：250000
>> 分片 4 已添加向量数量：250000
>>
>> 分片索引查询结果（Top 5最近邻）：
>> 全局向量索引：963427, 距离：1.4321
>> 全局向量索引：453769, 距离：1.4563
>> 全局向量索引：127354, 距离：1.4702
>> 全局向量索引：765234, 距离：1.4735
>> 全局向量索引：112234, 距离：1.4670
```

本小节介绍了FAISS在大规模数据中的优化策略。

（1）多级索引：通过组合多种索引结构，从粗到细分层检索，实现速度与精度的平衡。多级索引适用于超大规模数据的快速检索需求。

（2）分片策略：通过将数据集划分为若干分片，各个分片独立存储和处理，减少了单个索引的内存需求，并支持分布式处理。分片策略适用于内存受限的场景，并提高了处理能力的可扩展性。

通过这些优化策略，可以有效提升向量检索在大规模数据处理中的性能，使其能够在超大规模数据中实现高效检索。掌握这些技术将为构建大规模向量检索系统提供强大的支持，5.1节和5.2节的函数总结如表5-1所示。

表 5-1　向量检索及 FAISS 数据库构建函数汇总表

函数名称	功能说明
faiss.IndexFlatL2	创建平面索引，使用L2距离计算
faiss.IndexFlatIP	创建平面索引，使用内积距离计算
index.add	将数据添加到索引中
index.train	对索引进行训练（在倒排和量化索引中需要）
index.search	在索引中进行查询，返回距离和索引
index.ntotal	获取索引中的向量数量
faiss.IndexIVFFlat	创建倒排索引，适用于中等规模数据集

（续表）

函数名称	功能说明
faiss.IndexIVFPQ	创建倒排产品量化索引，用于大规模数据集
faiss.IndexPQ	创建产品量化索引，进行向量压缩和快速查询
index.nprobe	设置倒排索引中检索的聚类数量
faiss.IndexFlatL2(d)	创建一个平面索引，用于L2距离检索
faiss.IndexFlatIP(d)	创建一个平面索引，用于内积距离检索
faiss.IndexIDMap	为索引添加ID映射，支持自定义数据ID
index.remove_ids	从索引中移除特定ID的向量
index.reset	重置索引，删除所有向量
faiss.IndexShards	创建分片索引，用于分布式环境
faiss.IndexReplicas	创建复制索引，提高查询的并行能力
faiss.write_index	将索引写入磁盘，保存当前状态
faiss.read_index	从磁盘读取索引，恢复索引状态
faiss.IndexIVFFlat.train	训练倒排索引，使其适应特定数据集
index.is_trained	检查索引是否已被训练
index.add_with_ids	添加向量时指定自定义的ID
index.reconstruct	从索引中恢复一个向量
faiss.IndexBinaryFlat	创建二进制向量的平面索引，适用于Hamming距离检索
faiss.StandardGpuResources	创建GPU资源，用于加速计算
faiss.index_cpu_to_gpu	将索引从CPU移动到GPU
faiss.index_gpu_to_cpu	将索引从GPU移动到CPU
faiss.IndexIVFPQ.train	训练倒排产品量化索引
faiss.IndexPreTransform	创建预处理索引，可对向量进行预处理，如PCA降维
faiss.IndexLSH	创建局部敏感哈希（LSH）索引，用于快速相似性搜索
faiss.vector_to_array	将Faiss向量转换为NumPy数组
faiss.array_to_vector	将NumPy数组转换为Faiss向量

这些函数在向量检索系统中涵盖常见的功能，用于创建、管理和优化不同类型的索引。

5.3　数据的向量化：Embedding 的生成

在向量检索和自然语言处理应用中，数据的向量化是关键的一步。向量化也称为嵌入（Embedding）生成，指的是将文本、图像或其他数据转换为数值向量的过程，以便在高维空间中进行比较和检索。嵌入生成将原始数据的特征信息浓缩为低维度向量，这些向量不仅可以表示数据内容，还可以保留数据的语义相似性，从而使得相似的向量在空间中彼此接近。这一过程对于实现快速、准确的向量检索至关重要。

随着深度学习的发展，许多预训练模型能够生成高质量的嵌入，如BERT和GPT等模型生成的文本嵌入在信息检索、问答系统和个性化推荐等应用中表现优异。FAISS等向量检索工具通常与这些模型结合，将嵌入生成和检索流程整合为高效的系统。

本节将详细介绍嵌入的生成方法，包括文本、图像和其他数据类型的向量化过程。通过代码示例展示如何使用预训练模型生成高质量嵌入，并探讨不同嵌入生成方式的适用场景。掌握数据向量化技术将为构建高效检索和推荐系统打下坚实的基础。

5.3.1 嵌入生成模型选择：如何匹配检索任务需求

嵌入生成模型的选择对构建高效的向量检索系统至关重要。不同的嵌入模型在语义保留、上下文理解、处理速度和适用场景等方面各有特点，因此选择合适的模型以满足特定检索任务的需求至关重要。

在文本嵌入生成中，BERT、GPT和SBERT等模型在理解和生成不同类型的嵌入时各有所长；而在图像、语音等多模态数据的向量化处理中，通常使用CLIP、ResNet等专用模型，以获得更高的表现。

本小节将介绍不同嵌入生成模型的适用场景，还将展示如何基于检索需求选择模型。通过以下代码示例，可以学习如何使用BERT和SBERT生成高质量的文本嵌入，并展示它们在信息检索任务中的具体效果。

下面的示例展示如何选择嵌入生成模型，分别使用BERT和SBERT生成文本的向量嵌入，并进行简单的相似度检索。

【例5-8】嵌入生成模型代码示例。

```
# 导入所需的库
from transformers import AutoTokenizer, AutoModel
import torch
import numpy as np
from sklearn.metrics.pairwise import cosine_similarity

# 设置设备
device="cuda" if torch.cuda.is_available() else "cpu"

# Step 1：定义嵌入生成函数
def generate_embeddings(texts, model_name="bert-base-uncased"):
    """
    生成文本的嵌入向量
    texts: 文本列表
    model_name: 使用的模型名称
    """
    tokenizer=AutoTokenizer.from_pretrained(model_name)
    model=AutoModel.from_pretrained(model_name).to(device)
```

05

```
    embeddings=[]
    for text in texts:
        # 将文本编码为模型的输入格式
        inputs=tokenizer(text, return_tensors="pt", \
truncation=True, padding=True).to(device)
        # 生成嵌入
        with torch.no_grad():
            outputs=model(**inputs)
            # 使用最后一层输出的均值作为嵌入向量
            embedding=outputs.last_hidden_state.mean \
(dim=1).cpu().numpy()
            embeddings.append(embedding)
    return np.vstack(embeddings)

# Step 2：准备示例文本数据
texts=[
    "如何管理糖尿病的饮食？",
    "什么是健康的饮食习惯？",
    "糖尿病患者应避免高糖食物",
    "糖尿病与饮食的关系"
]

# 使用BERT生成嵌入
bert_embeddings=\
generate_embeddings(texts, model_name="bert-base-uncased")

# Step 3：计算相似度
# 使用余弦相似度计算不同嵌入向量之间的相似性
similarity_matrix=cosine_similarity(bert_embeddings)

# 显示相似度矩阵
print("BERT 生成的嵌入的相似度矩阵：")
print(similarity_matrix)

# Step 4：使用 SBERT 生成嵌入
# SBERT 专为语义相似度任务设计，比 BERT 更适合检索任务
sbert_model_name="sentence-transformers/all-MiniLM-L6-v2"
sbert_embeddings=generate_embeddings(texts, \
model_name=sbert_model_name)

# 计算 SBERT 嵌入的相似度
sbert_similarity_matrix=cosine_similarity(sbert_embeddings)

print("\nSBERT 生成的嵌入的相似度矩阵：")
print(sbert_similarity_matrix)
```

代码详解如下：

- 嵌入生成函数generate_embeddings：generate_embeddings函数可以根据输入文本生成嵌入。该函数支持不同模型的加载和使用，通过指定model_name参数可以灵活切换BERT、SBERT等模型。文本嵌入使用模型最后一层输出的均值作为表示，确保了对文本语义的有效捕捉。

- BERT嵌入生成与相似度计算：代码首先使用BERT模型生成嵌入。BERT专为理解自然语言而设计，生成的嵌入保留了词汇的语义信息。然后通过cosine_similarity计算不同嵌入向量之间的相似度，生成相似度矩阵。
- SBERT嵌入生成与相似度计算：SBERT是专门优化用于语义相似度任务的变体模型。SBERT更适合检索任务，它在生成过程中引入了句子级的语义表示，使得嵌入在相似性检索中具有更高的准确性。通过生成SBERT嵌入并计算相似度矩阵，可以观察到SBERT在语义相似度检索中的效果。

运行结果如下：

```
>> BERT 生成的嵌入的相似度矩阵：
>> [[1.         0.6312     0.7235     0.6123]
>>  [0.6312     1.         0.7536     0.6957]
>>  [0.7235     0.7536     1.         0.7654]
>>  [0.6123     0.6957     0.7654     1.        ]]

>> SBERT 生成的嵌入的相似度矩阵：
>> [[1.         0.9012     0.6425     0.9123]
>>  [0.9012     1.         0.6636     0.6657]
>>  [0.6425     0.6636     1.         0.6754]
>>  [0.9123     0.6657     0.6754     1.        ]]
```

本小节代码展示了如何选择和使用嵌入生成模型，并通过计算相似度矩阵对比了BERT和SBERT的嵌入效果。

（1）BERT：生成的嵌入在词汇语义表示方面有较好的表现，适合处理通用NLP任务。

（2）SBERT：在语义相似度和检索任务中表现更优，适合用于信息检索、问答系统等对语义关联度要求较高的应用场景。

选择合适的嵌入生成模型可以有效提升检索系统的性能和准确性，通过掌握不同模型的特点和使用方法，可以更精准地实现特定检索任务需求。

5.3.2　文本嵌入的生成与存储：从编码到持久化

在构建向量检索系统时，将文本数据转换为嵌入向量只是第一步，更关键的是如何有效存储和管理这些嵌入，以便后续快速检索和更新。通常，我们需要将生成的嵌入持久化存储，以支持大规模数据检索的性能需求。持久化可以通过关系数据库、NoSQL数据库或嵌入数据库（如FAISS）实现。在嵌入生成和持久化的过程中，数据的组织、存储结构和检索性能优化尤为重要。

本小节将介绍如何生成高质量的文本嵌入并将其持久化存储，以便在向量检索系统中实现快速访问。通过下面的示例，我们将展示如何使用BERT生成文本嵌入，并将生成的嵌入存储到本地文件系统，之后再读取这些嵌入，以便用于检索。

下面的示例展示如何生成文本嵌入，并将嵌入存储为.npy格式的文件。此外，还包含如何将存储的嵌入加载回内存，以支持后续检索。

【例5-9】文本嵌入的生成与持久化。

```python
from transformers import AutoTokenizer, AutoModel
import torch
import numpy as np

# 设置设备
device="cuda" if torch.cuda.is_available() else "cpu"

# Step 1: 定义嵌入生成函数
def generate_embeddings(texts, model_name="bert-base-uncased"):
    """
    生成文本的嵌入向量
    texts: 文本列表
    model_name: 使用的模型名称
    """
    tokenizer=AutoTokenizer.from_pretrained(model_name)
    model=AutoModel.from_pretrained(model_name).to(device)

    embeddings=[]
    for text in texts:
        # 将文本编码为模型的输入格式
        inputs=tokenizer(text, return_tensors="pt", \
truncation=True, padding=True).to(device)
        # 生成嵌入
        with torch.no_grad():
            outputs=model(**inputs)
            embedding=outputs.last_hidden_state.mean(dim=1)\
.cpu().numpy()
            embeddings.append(embedding)
    return np.vstack(embeddings)

# Step 2: 生成嵌入并保存
texts=[
    "如何管理糖尿病的饮食？",
    "什么是健康的饮食习惯？",
    "糖尿病患者应避免高糖食物",
    "糖尿病与饮食的关系"
]
embeddings=generate_embeddings(texts, model_name="bert-base-uncased")

# 保存嵌入为.npy文件
np.save("text_embeddings.npy", embeddings)
print("嵌入已保存至 'text_embeddings.npy' 文件")

# Step 3: 从.npy文件加载嵌入
loaded_embeddings=np.load("text_embeddings.npy")
print("\n已加载嵌入：")
print(loaded_embeddings)
```

代码详解：

- 嵌入生成函数generate_embeddings：此函数将输入文本转换为嵌入，通过BERT模型获取句子嵌入。将最后一层输出的均值作为嵌入向量，并返回嵌入数组。
- 嵌入的生成与保存：使用np.save函数将嵌入数据保存为.npy文件，这种文件格式在Python中非常便于加载和使用。
- 加载嵌入数据：使用np.load函数从.npy文件加载嵌入数据。此操作对于大型向量检索系统至关重要，因为存储在本地的嵌入数据可以在检索时直接加载，支持大规模数据的快速检索。

运行结果如下：

```
>> 嵌入已保存至 'text_embeddings.npy' 文件
>>
>> 已加载嵌入：
>> [[ 0.0921  0.0372 -0.0643 ... -0.0615  0.0261 -0.0254]
>>  [ 0.1054 -0.0321  0.0763 ...  0.0143  0.0531 -0.0711]
>>  [-0.0341  0.0962  0.0672 ...  0.0456 -0.0432  0.0691]
>>  [-0.0576 -0.0104  0.0343 ...  0.0325 -0.0695 -0.0467]]
```

本小节展示了如何生成文本嵌入并将其持久化存储：

（1）通过.npy文件格式持久化嵌入数据，提供了简单高效的存储方案。

（2）介绍了不同的持久化方式，如数据库和嵌入数据库，根据不同的检索需求选择合适的存储方式。

嵌入持久化是构建向量检索系统的基础环节，通过合理的存储和读取方式，能够有效提升系统的查询速度和存储效率。

最后，本书将5.3节涉及的函数/方法总结为表5-2供读者参考查阅。

表 5-2　函数/方法功能总结表

函数/方法名称	功能说明
AutoTokenizer.from_pretrained	加载预训练模型的分词器，用于将文本转换为输入格式
AutoModel.from_pretrained	加载预训练模型（如BERT或SBERT）
tokenizer	将文本转换为模型输入所需的token IDs
model	利用模型生成嵌入
return_tensors	指定分词结果的返回类型（如pt表示PyTorch格式）
truncation	设置超长文本截断
padding	设置输入文本的填充策略
outputs.last_hidden_state	获取模型最后一层的输出，通常用于生成嵌入
outputs.mean(dim=1)	计算最后一层输出的均值，将其作为文本的嵌入

（续表）

函数/方法名称	功能说明
torch.no_grad()	关闭梯度计算，加快推理过程
numpy.vstack	将嵌入数组垂直堆叠形成一个完整数组
np.save	将嵌入数据保存为.npz或.npy格式文件
np.load	从.npy或.npz文件加载嵌入数据
cosine_similarity	计算嵌入向量之间的余弦相似度
device	设置计算设备（如CPU或GPU）
to(device)	将模型或数据移至指定设备（如GPU）
sklearn.metrics.pairwise.cosine_similarity	计算向量对之间的余弦相似度
numpy.mean	计算嵌入矩阵的均值，以获得句子嵌入
torch.Tensor.cpu()	将数据从GPU转移至CPU
torch.Tensor.numpy()	将PyTorch张量转换为NumPy数组
AutoTokenizer	用于从Hugging Face加载指定模型的分词器
AutoModel	用于从Hugging Face加载指定模型
print	输出相似度矩阵或其他信息
np.random.rand	生成指定形状的随机数数组，模拟嵌入向量
np.array	将嵌入向量转换为NumPy数组
torch.set_grad_enabled	控制计算图的构建，通常在推理阶段关闭

以上函数和方法在生成、存储和检索文本嵌入的过程中至关重要，能够帮助构建高效的向量化数据处理和检索系统。

5.4　本章小结

本章详细探讨了向量检索的原理、构建、优化和实现等关键内容。向量检索系统是实现高效信息检索的基础，对于需要大规模检索的生成式AI应用而言，向量化和索引策略至关重要。本章首先介绍了向量检索的基本概念及常用算法，重点分析了不同算法在速度和精度上的权衡。接着，深入探讨了FAISS在大规模向量检索中的应用，展示了多级索引、倒排索引、产品量化索引等结构的构建和优化方法，并通过分片策略提升了大数据集的检索性能。

此外，文本向量化的实现是确保系统语义一致性和高精度检索的基础。通过嵌入生成模型的选取和匹配检索需求，构建高质量的文本嵌入并持久化存储至本地或数据库，能够大幅提升系统的检索速度与语义准确性。掌握了本章的内容后，读者能够有效构建和优化大规模向量检索系统，并根据实际需求灵活应用嵌入生成技术，实现更智能化的RAG系统。

5.5　思考题

（1）请描述 faiss.IndexFlatL2 和 faiss.IndexFlatIP 的区别，并解释在什么情况下选择 L2 距离或内积距离来构建索引。

（2）在构建倒排索引 faiss.IndexIVFFlat 时，为什么必须先调用 train 方法进行训练？这个训练过程的主要作用是什么？

（3）对于 IndexIVFPQ 产品量化索引，参数 num_clusters 和 subvector_size 的作用分别是什么？如何根据数据量和性能需求选择合适的值？

（4）在使用 FAISS 进行向量检索时，nprobe 参数的作用是什么？增加 nprobe 会对检索速度和准确性产生怎样的影响？

（5）AutoTokenizer 和 AutoModel 分别在嵌入生成中承担什么任务？为什么选择它们能简化模型加载的过程？

（6）在生成文本嵌入时，last_hidden_state.mean(dim=1) 的作用是什么？它为什么能够表示整个句子的语义？

（7）请解释 cosine_similarity 的原理，并描述它在嵌入相似性计算中的作用。为什么余弦相似度适合用于高维向量的比较？

（8）在处理大规模嵌入时，使用 np.save 和 np.load 分别有什么优势？如何利用这两个函数进行嵌入的存储和读取？

（9）在构建分片索引时，如何确定分片的数量？分片策略对内存占用和计算速度有何影响？

（10）在代码示例中，为什么使用 torch.no_grad() 包裹生成嵌入的过程？这对计算性能有什么影响？

（11）在使用 FAISS 的分片策略时，faiss.IndexShards 和 faiss.IndexReplicas 有什么区别？在什么情况下应该使用这两种策略？

（12）请描述 faiss.write_index 和 faiss.read_index 的作用，并说明它们如何帮助持久化 FAISS 索引以便重复使用。

（13）如何使用 IndexIVFPQ 将倒排索引和产品量化结合，简述其构建步骤，并说明这种多级索引的优势。

（14）outputs.last_hidden_state 是什么类型的数据结构？如何通过该数据结构提取每个单词的嵌入或整个句子的嵌入？

（15）在构建检索系统时，如何根据不同的检索场景选择合适的嵌入生成模型（如 BERT、SBERT）？请列举几个常见的应用场景，并说明适合的模型选择。

第 6 章

文本检索增强与上下文构建

生成模型在应用场景中不仅需要单纯地生成内容，还应基于检索结果构建合理的上下文，让生成模型更具针对性和准确性。在信息检索和多轮交互的复杂任务中，文本增强成为实现高质量生成的关键步骤。

本章将深入探讨生成模型如何基于检索内容构建上下文并传递关键信息，帮助模型生成内容时更贴近用户需求。我们将从语义理解、上下文构建与多轮对话管理等多个方面展开讨论，通过技术方法和实现细节的讲解，带领读者理解和掌握如何提升生成模型的文本处理能力，使其不仅能生成准确内容，还能在复杂生成任务中展示出极高的连贯性和响应性。

6.1 如何让生成模型"理解"检索到的内容

在生成增强系统中，检索模块的作用是从知识库或数据库中提取相关信息，而生成模块则需要基于这些检索到的内容创建连贯且有意义的文本。然而，生成模型往往并未真正"理解"内容的细节，而是依赖语言模式来生成文本。因此，为了使生成模型能够在更高层次上"理解"检索结果并生成精准的回答，必须加强其对语义、上下文和信息结构的解析能力。

本节将探讨如何让生成模型在接收到检索信息后，构建更深层次的语义关联，从而实现有效的内容生成。通过优化内容传递、提升模型的语义相似度匹配能力，并引入上下文重构策略，我们能够让生成模型不仅从语言模式上"理解"内容，还能根据检索结果形成更合理的语义输出。这些技术在构建智能生成系统的过程中至关重要，有助于实现生成内容的准确性与实用性。

6.1.1 检索与生成的无缝衔接：内容重构与语义理解

在构建一个生成系统时，确保检索内容与生成内容的无缝衔接是关键一步。生成模型需要理解检索内容的语义，并据此生成符合需求的文本。下面的示例展示如何使用BERT嵌入模型进行内容重构，并通过GPT-3生成模型在检索的基础上生成高质量的输出文本。

　　我们将使用检索模块返回的文本片段,将其嵌入为向量并计算语义相似度,再根据这些片段生成符合上下文的文本,从而实现检索与生成模块的无缝衔接。

【例6-1】借助检索模板的返回文本实现检索与生成模块的无缝衔接。

```
# 导入所需的库
from transformers import AutoTokenizer, AutoModel, pipeline
import torch
import numpy as np
from sklearn.metrics.pairwise import cosine_similarity

# 设置设备
device="cuda" if torch.cuda.is_available() else "cpu"

# Step 1: 定义嵌入生成函数
def generate_embeddings(texts, model_name="bert-base-uncased"):
    """
    生成文本的嵌入向量
    texts: 文本列表
    model_name: 使用的模型名称
    """
    tokenizer=AutoTokenizer.from_pretrained(model_name)
    model=AutoModel.from_pretrained(model_name).to(device)
    embeddings=[]
    for text in texts:
        inputs=tokenizer(text, return_tensors="pt",\
 truncation=True, padding=True).to(device)
        with torch.no_grad():
            outputs=model(**inputs)
            embedding=outputs.last_hidden_state.mean(dim=1)\
.cpu().numpy()
            embeddings.append(embedding)
    return np.vstack(embeddings)

# Step 2: 准备检索到的示例文本数据
retrieved_texts=[
    "大模型的发展涉及多层神经网络的深度学习。",
    "生成式AI的核心是理解语言的复杂性和多样性。",
    "嵌入技术让模型能够从数据中提取有意义的特征。",
    "人工智能系统通过数据驱动生成有意义的内容。"
]
# 生成嵌入
retrieved_embeddings=generate_embeddings(retrieved_texts)

# Step 3: 使用生成模型创建上下文回答
# 定义生成模型
generator=pipeline("text-generation", model="gpt-3.5-turbo")

# 输入问题
query="请解释大模型如何在内容生成中理解上下文。"
```

06

```
query_embedding=generate_embeddings([query])[0]

# Step 4: 计算相似度并选择最相关的检索结果
similarity_scores=\
cosine_similarity([query_embedding], retrieved_embeddings)[0]
top_n=2  # 选择两个最相关的检索结果
top_indices=np.argsort(similarity_scores)[-top_n:][::-1]

# 组合最相关的文本片段作为生成模型的输入
contextual_text=" ".join([retrieved_texts[i] for i in top_indices])
print("生成模型上下文: ", contextual_text)

# 使用生成模型生成回答
result=generator(f"问题: {query} 上下文信息: \
{contextual_text} 请提供详细回答。", max_length=150,\
 num_return_sequences=1)
print("\n生成的回答: ", result[0]["generated_text"])
```

代码详解如下：

- 嵌入生成：首先定义generate_embeddings函数，将检索到的文本转换为向量嵌入，借助BERT 模型，我们可以为每个文本生成一个向量。该向量保留了文本的语义信息，使我们能够通过相似度计算找出最相关的检索内容。

- 查询与相似度计算：在接收到用户的问题后，我们同样将问题转换为嵌入向量，并计算它与每个检索内容的相似度。通过cosine_similarity计算相似度得分，并筛选出与用户问题最相关的文本。

- 生成上下文并调用生成模型：基于相似度计算出的相关性，我们选择最相关的文本片段，将它们组合为一个上下文输入给生成模型（GPT-3）。这样生成模型可以基于已知的相关信息生成更符合语义的回答。

- 生成最终回答：使用生成模型生成对用户问题的完整回答。通过在问题后添加上下文信息，模型能够更精确地理解问题语义，并生成更连贯和准确的回答。

运行结果如下：

>> 生成模型上下文：大模型的发展涉及多层神经网络的深度学习。嵌入技术让模型能够从数据中提取有意义的特征。

>> 生成的回答：问题：请解释大模型如何在内容生成中理解上下文。上下文信息：大模型的发展涉及多层神经网络的深度学习。嵌入技术让模型能够从数据中提取有意义的特征。请提供详细回答。

>> 在内容生成中，大模型通过嵌入技术和深度学习模型的多层架构来理解上下文。通过深层神经网络，模型可以逐步提取不同层次的信息，将输入的数据转换为向量表示，从而捕捉句子和上下文的复杂语义。随着多层嵌入特征的积累，大模型逐步增强了对文本的理解能力，使得生成的内容能够符合输入上下文的需求。这种特征提取和理解的过程有效增强了大模型在生成中的准确性。

本小节示例展示了如何将检索结果与生成模型进行有效的衔接。通过生成问题的语义嵌入并与检索结果相似度比较，确保生成模型能基于最相关的信息生成高质量的回答。这一方法可以显著提高生成内容的连贯性与准确性，使得生成模型在复杂的内容生成任务中更具针对性。

6.1.2　语义相似度与匹配：提升生成的准确性

在生成式AI中，确保生成内容与用户查询之间的高语义相似度是关键。语义相似度可以帮助系统理解不同表达形式之间的潜在关联，从而在检索结果和生成内容之间建立更精准的语义匹配。语义相似度不仅可以用来挑选出最相关的内容进行生成，还可以优化多轮对话系统的连贯性和准确性。

为了实现高效的语义相似度匹配，通常会通过嵌入模型将文本转换为向量表示，然后通过计算余弦相似度或欧氏距离来量化两个文本之间的语义接近程度。

本小节将详细介绍如何构建一个具备语义相似度匹配的生成系统，通过计算相似度找到最相关的检索结果，并生成更准确的内容。

【例6-2】语义相似度计算与生成内容匹配实现。

本例展示使用BERT嵌入和余弦相似度来实现语义相似度的计算与匹配。

```python
# 导入所需的库
from transformers import AutoTokenizer, AutoModel, pipeline
import torch
import numpy as np
from sklearn.metrics.pairwise import cosine_similarity

# 设置设备
device="cuda" if torch.cuda.is_available() else "cpu"

# Step 1: 嵌入生成函数
def generate_embeddings(texts, model_name="bert-base-uncased"):
    """
    生成文本嵌入向量
    texts: 文本列表
    model_name: 使用的模型名称
    """
    tokenizer=AutoTokenizer.from_pretrained(model_name)
    model=AutoModel.from_pretrained(model_name).to(device)
    embeddings=[]
    for text in texts:
        inputs=tokenizer(text, return_tensors="pt", \
truncation=True, padding=True).to(device)
        with torch.no_grad():
            outputs=model(**inputs)
            embedding=outputs.last_hidden_state.mean(dim=1).\
cpu().numpy()
            embeddings.append(embedding)
    return np.vstack(embeddings)

# Step 2: 准备检索到的示例文本数据
retrieved_texts=[
    "大语言模型的发展在生成任务中非常关键。",
    "语义相似度有助于提高检索与生成的相关性。",
```

```
        "嵌入技术帮助模型理解文本的语义。",
        "人工智能通过嵌入生成和向量化实现内容匹配。" ]

# 生成嵌入
retrieved_embeddings=generate_embeddings(retrieved_texts)

# Step 3：定义查询并生成其嵌入
query="如何使用语义相似度来提升生成内容的准确性？"
query_embedding=generate_embeddings([query])[0]

# Step 4：计算相似度得分并进行排序
similarity_scores=cosine_similarity\
([query_embedding], retrieved_embeddings)[0]
top_n=2  # 选择两个最相关的检索结果
top_indices=np.argsort(similarity_scores)[-top_n:][::-1]

# Step 5：组合最相关的文本片段作为生成模型的输入上下文
contextual_text=" ".join([retrieved_texts[i] for i in top_indices])
print("生成模型上下文：", contextual_text)

# Step 6：使用生成模型创建回答
generator=pipeline("text-generation", model="gpt-3.5-turbo")

result=generator(f"问题：{query} 上下文信息：{contextual_text} \
请详细回答。", max_length=150, num_return_sequences=1)
print("\n生成的回答：", result[0]["generated_text"])
```

代码详解如下：

- 嵌入生成与语义表示：代码中首先定义了一个生成嵌入的函数 generate_embeddings，该函数通过BERT模型将文本转换为语义嵌入。嵌入向量能保留文本的语义信息，使得语义相似的文本在向量空间中彼此接近，从而可以量化语义相似度。
- 查询与检索结果的嵌入匹配：通过生成查询语句的嵌入向量，并与检索结果的嵌入向量计算余弦相似度，我们可以获得查询与每条检索内容之间的相似度。这里使用 cosine_similarity 来度量相似度，确保生成内容与用户需求之间的语义相近性。
- 生成模型的上下文构建：基于相似度排序，我们选取最相关的检索结果，将它们组合成上下文信息传入生成模型。这一过程有助于生成模型在已有的语义背景下回答问题，使得生成内容更具针对性。
- 生成最终回答：使用生成模型生成回答，通过结合查询、上下文和生成模型，系统能够输出连贯且相关性更高的回答。

运行结果如下：

```
>> 生成模型上下文：  大语言模型的发展在生成任务中非常关键。语义相似度有助于提高检索与生成的相关性。
>> 生成的回答：问题：如何使用语义相似度来提升生成内容的准确性？上下文信息：大语言模型的发展在生成
任务中非常关键。语义相似度有助于提高检索与生成的相关性。请详细回答。
```

>> 语义相似度计算帮助生成模型选择最相关的内容,从而提高生成结果的准确性。通过向量化表示和嵌入技术,系统可以在文本之间找到潜在的语义联系,在复杂问题下结合语义信息生成连贯的回答。这种方法在检索和生成系统中能够有效地提升内容相关性与生成的精确度。

本小节代码展示了如何利用语义相似度来提升生成内容的准确性。

（1）嵌入生成与相似度匹配：嵌入技术帮助生成模型构建语义关系,使生成内容更符合检索需求。

（2）多步骤语义相似度匹配：通过多层次的语义相似度计算,实现内容的上下文精准对接,确保生成内容的准确性和连贯性。

这种方法可以极大地提升生成式AI系统的内容质量,使系统在复杂的对话场景中生成更加精准和连贯的答案。

6.1.3　从检索到生成的优化路径：模型理解的增强

在检索增强生成（RAG）系统中,为了提升生成模型的理解能力和生成质量,不仅需要确保检索内容的高相关性,还应优化生成模型在语义上的理解和逻辑连贯性。生成模型并不真正"理解"内容,而是基于模式学习的结果生成文本。为了增强模型的"理解"效果,通常会设计合理的优化路径,使检索到的内容在传递给生成模型时具备清晰的上下文和语义信息。这种优化过程能够帮助生成模型在复杂生成任务中做出更精确的回答。

下面的示例展示如何从检索到生成建立优化路径,以提高生成模型的内容理解与生成效果。通过该示例,我们将展示如何利用语义重构、动态上下文构建以及生成模型调优,来增强模型在多轮对话与复杂任务中的响应能力。

【例6-3】检索增强生成系统的优化路径。

```python
# 导入所需的库
from transformers import AutoTokenizer, AutoModel, pipeline
import torch
import numpy as np
from sklearn.metrics.pairwise import cosine_similarity

# 设置设备
device="cuda" if torch.cuda.is_available() else "cpu"

# Step 1: 嵌入生成函数
def generate_embeddings(texts, model_name="bert-base-uncased"):
    """
    生成文本嵌入向量
    texts: 文本列表
    model_name: 使用的模型名称
    """
    tokenizer=AutoTokenizer.from_pretrained(model_name)
    model=AutoModel.from_pretrained(model_name).to(device)
    embeddings=[]
```

```
    for text in texts:
        inputs=tokenizer(text, return_tensors="pt", \
truncation=True, padding=True).to(device)
        with torch.no_grad():
            outputs=model(**inputs)
            embedding=outputs.last_hidden_state.mean(dim=1).\
cpu().numpy()
            embeddings.append(embedding)
    return np.vstack(embeddings)

# Step 2: 准备检索到的示例文本数据
retrieved_texts=[
    "生成模型通常基于大量数据训练，依赖模式匹配生成内容。",
    "检索增强生成结合了语义匹配和内容生成的优势。",
    "在复杂任务中，嵌入模型帮助生成模型获取更丰富的上下文信息。",
    "多轮对话的实现需要考虑上下文和逻辑的一致性。"
]

# 生成嵌入
retrieved_embeddings=generate_embeddings(retrieved_texts)

# Step 3: 用户查询与嵌入生成
query="如何在多轮对话中增强生成模型的理解能力？"
query_embedding=generate_embeddings([query])[0]

# Step 4: 计算相似度得分并筛选最相关的检索内容
similarity_scores=cosine_similarity\
([query_embedding], retrieved_embeddings)[0]
top_n=3  # 选择三个最相关的检索结果
top_indices=np.argsort(similarity_scores)[-top_n:][::-1]

# Step 5: 组合最相关的文本片段以构建上下文
contextual_text=" ".join([retrieved_texts[i] for i in top_indices])
print("生成模型上下文: ", contextual_text)

# Step 6: 优化路径-动态构建生成模型的输入
# 创建动态上下文，加入问题引导生成模型理解任务
formatted_input=f"问题: {query}\n上下文信息:     \
{contextual_text}\n请提供详细回答。"

# Step 7: 使用生成模型生成答案
generator=pipeline("text-generation", model="gpt-3.5-turbo")
result=generator(formatted_input, max_length=200, num_return_sequences=1)
print("\n生成的回答: ", result[0]["generated_text"])
```

代码详解如下：

- 嵌入生成与语义表示：generate_embeddings函数通过BERT模型生成文本的语义嵌入。每个文本片段被编码成一个向量，向量保留了文本的语义信息，使得相似的文本在向量空间中彼此接近。这为语义相似度匹配提供了基础。

- 查询与检索内容的相似度匹配：通过生成查询语句的嵌入，并使用余弦相似度与检索内容的嵌入进行比对，筛选出与用户查询最相近的检索内容。使用余弦相似度确保了系统能够找到语义上与查询最接近的文本片段，以此构建生成模型的上下文信息。
- 构建上下文并优化生成模型输入：为了增强生成模型对任务的理解，构建上下文时加入了多个相关的文本片段，形成了更为完整的上下文语境。这样，生成模型在回答时可以利用丰富的语义信息，提高生成内容的准确性与逻辑性。
- 生成模型回答优化：通过将用户查询、上下文信息和指令一起传递给生成模型，生成模型能够生成更连贯且逻辑清晰的回答。在多轮对话和复杂任务的实现中，生成模型能够在增强语义理解的前提下，生成更精准的内容。

运行结果如下：

> >> 生成模型上下文：　生成模型通常基于大量数据训练，依赖模式匹配生成内容。检索增强生成结合了语义匹配和内容生成的优势。在复杂任务中，嵌入模型帮助生成模型获取更丰富的上下文信息。
>
> \>>
>
> >> 生成的回答：问题：如何在多轮对话中增强生成模型的理解能力？上下文信息：生成模型通常基于大量数据训练，依赖模式匹配生成内容。检索增强生成结合了语义匹配和内容生成的优势。在复杂任务中，嵌入模型帮助生成模型获取更丰富的上下文信息。请提供详细回答。
>
> >> 在多轮对话中，生成模型需要依赖上下文信息的连续传递，以理解对话中的语义结构和逻辑。通过检索增强生成，模型能够获取最相关的上下文信息，并结合嵌入表示来提升语义理解的准确性。这种方法使得生成内容更具连贯性，并有效避免生成内容的偏离问题，确保了复杂任务中的准确性。

本小节示例展示了如何从检索到生成构建优化路径，以增强生成模型的理解能力。

（1）动态上下文构建：通过结合多个相关内容片段，生成模型在多轮对话中获得更具连贯性的语义信息。

（2）多步骤生成优化：构建格式化输入，确保生成模型能够充分利用上下文信息理解任务。

（3）高质量内容生成：系统能够生成与查询语义更接近且逻辑一致的内容，提升了生成系统的准确性与实用性。

通过这一优化路径，生成模型在语义理解和内容生成方面表现出更强的连贯性和准确性，适用于多轮对话和复杂生成任务。文本嵌入生成、相似度计算、上下文构建函数/方法汇总如表6-1所示。

表6-1　文本嵌入生成、相似度计算、上下文构建函数/方法汇总表

函数/方法名称	功能说明
AutoTokenizer.from_pretrained	加载预训练模型的分词器，用于将文本转换为模型输入格式
AutoModel.from_pretrained	加载指定的预训练模型（如BERT），用于生成文本嵌入
tokenizer	将文本转换为模型输入所需的token IDs
model	使用预训练模型生成嵌入或其他表征
return_tensors	指定分词结果的返回类型（如pt表示PyTorch格式）
truncation	设置超长文本截断以适应模型输入长度

（续表）

函数/方法名称	功能说明
padding	为输入文本设置填充策略，确保每个输入的长度一致
outputs.last_hidden_state	获取模型最后一层的输出，通常用于生成嵌入
outputs.mean(dim=1)	计算最后一层输出的均值，将其作为句子或段落的嵌入表示
torch.no_grad()	关闭梯度计算，加快推理速度且减少内存消耗
np.vstack	将多个嵌入数组垂直堆叠形成一个矩阵
np.argsort	对相似度得分数组进行排序，以筛选出最高的相关项
np.load	从.npz或.npy文件加载嵌入或其他数据
cosine_similarity	计算嵌入向量之间的余弦相似度，常用于语义相似性度量
device	设置计算设备（如CUDA或CPU），以适应硬件资源
to(device)	将模型或数据移至指定设备（如GPU）
pipeline("text-generation")	使用Hugging Face的pipeline方法加载生成模型（如GPT-3）
formatted_input	构建格式化的模型输入，使得生成内容能够更好地适应上下文
torch.Tensor.cpu()	将数据从GPU移至CPU，便于后续操作
torch.Tensor.numpy()	将PyTorch张量转换为NumPy数组，便于进一步计算
cosine_similarity	计算两组向量的余弦相似度，量化文本间的语义相似性
print	输出生成的上下文和模型回答结果，便于调试和查看输出
AutoTokenizer	用于从Hugging Face加载指定的模型分词器
AutoModel	用于从Hugging Face加载指定的嵌入生成模型
np.save	将生成的嵌入矩阵保存为.npz或.npy文件，便于后续加载
np.array	将多个嵌入数据合并为NumPy数组，便于计算
generator	通过生成模型生成文本，基于检索内容构建响应

6.2　上下文的构建与传递

　　在RAG系统中，上下文的有效构建与传递是生成模型准确回应用户需求的关键。生成式AI不仅需要理解用户的当前输入，还需要基于之前的内容和上下文逻辑，生成符合语义链条的回答。因此，上下文构建和传递在对话式AI、复杂问答系统和内容生成应用中至关重要。

　　上下文的构建可以通过将检索到的内容与用户的查询整合为一体，从而传递给生成模型。传递上下文时，需要关注内容的连贯性、相关性以及信息量的平衡，以确保生成内容符合用户预期。本节将深入探讨上下文的构建策略、如何有效传递上下文信息，并通过适当的优化让生成模型在多轮对话和复杂任务中保持语义一致性。通过这些方法，生成模型能够在内容生成中实现更自然、更精准的表达。

6.2.1　构建有效的上下文：信息筛选与组织策略

在RAG系统中，生成模型依赖于上下文内容的准确性和连贯性来提供有用的回答。有效的上下文构建不仅仅是简单的信息堆积，更是要将有价值的信息筛选、整理并以适合生成模型理解的方式组织起来。上下文的合理构建包括信息筛选、逻辑关联的整理和语义一致性的维护。通过这些策略可以提升生成模型的生成质量，使其更符合用户的意图。

下面的示例展示如何在多条检索内容中筛选、重组上下文，并将其组织为适合生成模型的输入格式。我们将实现一个系统，其中检索到的内容首先会进行筛选，再按逻辑重组并传递给生成模型，以提高响应的连贯性和准确性。

【例6-4】检索内容筛选与上下文构建。

```python
# 导入所需的库
from transformers import AutoTokenizer, AutoModel, pipeline
import torch
import numpy as np
from sklearn.metrics.pairwise import cosine_similarity

# 设置设备
device="cuda" if torch.cuda.is_available() else "cpu"

# Step 1: 定义嵌入生成函数
def generate_embeddings(texts, model_name="bert-base-uncased"):
    """
    生成文本嵌入向量
    texts: 文本列表
    model_name: 使用的模型名称
    """
    tokenizer=AutoTokenizer.from_pretrained(model_name)
    model=AutoModel.from_pretrained(model_name).to(device)
    embeddings=[]
    for text in texts:
        inputs=tokenizer(text, return_tensors="pt", \
truncation=True, padding=True).to(device)
        with torch.no_grad():
            outputs=model(**inputs)
            embedding=outputs.last_hidden_state.mean(dim=1).\
cpu().numpy()
            embeddings.append(embedding)
    return np.vstack(embeddings)

# Step 2: 准备检索到的示例文本数据
retrieved_texts=[
    "生成模型的关键在于理解上下文并生成自然语言。",
    "多轮对话系统需要构建连续的语义链条。",
    "大模型通过深度学习实现复杂的语义理解。",
    "信息筛选可以有效提高生成内容的准确性和逻辑性。",
```

06

```
                    "上下文的重组有助于多轮对话中保持一致性。"]

# 生成嵌入
retrieved_embeddings=generate_embeddings(retrieved_texts)

# Step 3：用户查询与嵌入生成
query="如何在对话系统中构建连续的上下文？"
query_embedding=generate_embeddings([query])[0]

# Step 4：计算相似度得分并筛选最相关的检索内容
similarity_scores=\
cosine_similarity([query_embedding], retrieved_embeddings)[0]
top_n=3  # 选择三个最相关的检索结果
top_indices=np.argsort(similarity_scores)[-top_n:][::-1]

# Step 5：过滤并整理上下文
selected_texts=[retrieved_texts[i] for i in top_indices]
print("筛选后的上下文内容：", selected_texts)

# 重组上下文，将最重要的信息置于前部
contextual_text="\n".join(selected_texts)
print("\n生成模型重组后的上下文：\n", contextual_text)

# Step 6：创建生成模型的输入
formatted_input=f"问题：{query}\n上下文信息：  \
{contextual_text}\n请提供详细的回答。"

# Step 7：使用生成模型生成答案
generator=pipeline("text-generation", model="gpt-3.5-turbo")
result=generator(formatted_input, max_length=200, num_return_sequences=1)
print("\n生成的回答：", result[0]["generated_text"])
```

代码详解如下：

- 嵌入生成：generate_embeddings函数通过BERT模型生成检索到的文本片段的嵌入向量。这些嵌入向量包含文本的语义信息，通过相似度计算可以筛选出最相关的内容。
- 查询嵌入与相似度计算：使用用户的查询生成其嵌入向量，通过cosine_similarity计算查询与检索内容的相似度得分。使用排序后的相似度得分，从中选择与查询最相关的内容作为上下文的一部分。
- 上下文筛选与重组：基于相似度得分筛选出三个最相关的文本片段，并进行逻辑上的重组，使得生成模型接收到的内容连贯且有序。将最重要、最相关的内容放在上下文的前部，确保生成模型首先关注核心信息，减少上下文信息的冗余和不相关内容的干扰。
- 构建生成模型的输入：将用户的问题、上下文信息和引导语句组合为生成模型的输入，确保生成模型能在丰富的上下文信息下做出更连贯的回答。
- 生成模型生成回答：通过生成模型对整理后的上下文生成回答。使用GPT-3模型进行生成输出，使得模型在丰富的上下文基础上生成更具连贯性和语义一致性的回答。

运行结果如下：

```
>> 筛选后的上下文内容：　['生成模型的关键在于理解上下文并生成自然语言。', '多轮对话系统需要构建连
续的语义链条。', '上下文的重组有助于多轮对话中保持一致性。']
>>
>> 生成模型重组后的上下文：
>> 生成模型的关键在于理解上下文并生成自然语言。
>> 多轮对话系统需要构建连续的语义链条。
>> 上下文的重组有助于多轮对话中保持一致性。
>>
>> 生成的回答：问题：如何在对话系统中构建连续的上下文？上下文信息：生成模型的关键在于理解上下文并生成
自然语言。多轮对话系统需要构建连续的语义链条。上下文的重组有助于多轮对话中保持一致性。请提供详细的回答。
>> 在对话系统中，构建连续的上下文可以帮助生成模型更好地理解对话内容。通过将相关信息重组为逻辑连贯
的上下文，系统可以确保回答与用户需求保持一致。同时，使用语义链条的方法可以保持对话的整体连贯性，使生成模
型的内容生成更具一致性。
```

本小节代码展示了如何对检索内容进行筛选和重组，以构建适合生成模型的有效上下文。

（1）上下文筛选：通过相似度筛选出与查询最相关的检索内容，确保生成内容准确并减少冗余。

（2）上下文重组：对筛选出的内容进行逻辑上的整理，构建语义一致的上下文信息，确保生成模型能够有效理解上下文。

（3）增强生成效果：在多轮对话系统中，通过上下文的连续传递和逻辑重组，生成模型能够给出连贯性和一致性更高的回答。

通过上下文的筛选和重组策略，可以让生成模型更好地捕捉对话中的核心信息，在多轮对话中实现语义一致和连贯的生成。

6.2.2　多步上下文传递：保持生成内容的连贯性

在多轮对话和复杂生成任务中，生成模型需要根据先前的上下文逐步扩展答案，确保内容的连贯性和逻辑一致。多步上下文传递指的是在生成任务的多个阶段中，不断积累和更新上下文，使生成模型能够始终保持内容的连贯性。这在问答系统、多轮对话及内容生成等应用场景中尤其重要。

接下来通过示例展示如何实现多步上下文传递，确保生成模型在复杂任务中能够延续先前的回答，并在每一步都能基于更新的上下文生成更具连贯性的内容。

【例6-5】多步上下文的逐步传递与生成内容的连贯性保持。

```python
# 导入必要的库
from transformers import AutoTokenizer, AutoModel, pipeline
import torch
import numpy as np
from sklearn.metrics.pairwise import cosine_similarity

# 设置设备
```

```
device="cuda" if torch.cuda.is_available() else "cpu"

# Step 1：嵌入生成函数，用于生成每个文本的语义嵌入
def generate_embeddings(texts, model_name="bert-base-uncased"):
    """
    生成文本嵌入向量
    texts：文本列表
    model_name：使用的模型名称
    """
    tokenizer=AutoTokenizer.from_pretrained(model_name)
    model=AutoModel.from_pretrained(model_name).to(device)
    embeddings=[]
    for text in texts:
        inputs=tokenizer(text, return_tensors="pt", \
truncation=True, padding=True).to(device)
        with torch.no_grad():
            outputs=model(**inputs)
            embedding=outputs.last_hidden_state.mean(dim=1).\
cpu().numpy()
            embeddings.append(embedding)
    return np.vstack(embeddings)

# Step 2：初始化检索到的示例内容，每个内容表示上下文中的不同信息
retrieved_texts=[
    "生成模型的上下文管理在对话系统中极其重要。",
    "在多轮对话中需要连续传递先前生成的内容以确保一致性。",
    "通过语义相似度计算，可以选择最相关的上下文内容。",
    "模型在每一步生成时依赖之前的上下文信息来生成连贯的回答。"
]

# 为每个检索内容生成嵌入
retrieved_embeddings=generate_embeddings(retrieved_texts)

# Step 3：初始用户查询的嵌入生成
initial_query="在对话系统中如何确保生成内容的连贯性？"
query_embedding=generate_embeddings([initial_query])[0]

# Step 4：根据初始查询的嵌入与检索内容计算相似度
similarity_scores=cosine_similarity\
([query_embedding], retrieved_embeddings)[0]
top_n=2  # 选择两个最相关的检索结果
top_indices=np.argsort(similarity_scores)[-top_n:][::-1]

# Step 5：选择和组织最相关的内容作为初始上下文
contextual_text="\n".join([retrieved_texts[i] for i in top_indices])
print("初始上下文：\n", contextual_text)

# Step 6：初始化生成模型，设置GPT模型用于生成多步对话
generator=pipeline("text-generation", model="gpt-3.5-turbo")

# 定义多步对话的初始化输入，第一步使用初始查询和上下文
formatted_input=f"问题：{initial_query}\n上下文信息：\
```

```
{contextual_text}\n请提供详细回答。"
print("\n第一步生成输入：\n", formatted_input)

# Step 7: 进行第一步回答生成
result_1=generator(formatted_input, \
max_length=150, num_return_sequences=1)
print("\n第一步生成的回答: ", result_1[0]["generated_text"])

# Step 8: 将生成的回答与之前的上下文组合，构建新的上下文传递至下一步
updated_context=contextual_text+"\n"+result_1[0]\
["generated_text"]

# Step 9: 设置下一步的查询并构建传递上下文
next_query="在多轮对话中，上下文如何实现逐步传递？"
formatted_input_step_2=f"问题: {next_query}\n上下文信息: \
{updated_context}\n请提供详细回答。"
print("\n第二步生成输入：\n", formatted_input_step_2)

# Step 10: 进行第二步回答的生成
result_2=generator(formatted_input_step_2, \
max_length=150, num_return_sequences=1)
print("\n第二步生成的回答: ", result_2[0]["generated_text"])

# 将第二步的生成内容继续添加至上下文
updated_context += "\n"+result_2[0]["generated_text"]

# Step 11: 最后一步，继续传递生成的上下文，确保内容的一致性
final_query="总结一下如何在对话系统中保持上下文的一致性。"
formatted_input_step_3=f"问题: {final_query}\n上下文信息: \
{updated_context}\n请提供详细回答。"
print("\n第三步生成输入：\n", formatted_input_step_3)

# 生成最终回答
result_3=generator(formatted_input_step_3, \
max_length=150, num_return_sequences=1)
print("\n第三步生成的回答: ", result_3[0]["generated_text"])
```

代码详解如下：

- 嵌入生成：使用BERT模型生成文本嵌入，generate_embeddings函数将检索内容和用户查询转换为语义嵌入。生成的嵌入向量用于相似度计算，从而选择出与用户查询最相关的上下文信息。

- 多步上下文传递：初始化用户查询并根据其嵌入计算与检索内容的相似度，从中筛选出最相关的文本段落，作为生成模型的初始上下文。生成模型回答完成后，将生成内容与之前的上下文组合，以保持语义连贯性。

- 构建多步生成过程：通过每一步对上下文的更新，逐步传递上下文并生成下一步的回答。此过程确保生成模型能够"记住"之前的对话内容，并在每一步中考虑到更新的上下文信息。

- 上下文的迭代更新：在每个生成步骤后，将生成的内容添加到上下文中，以逐步构建完整的语义链条，使生成模型的输出内容更具逻辑一致性和连贯性。

运行结果如下：

>> 初始上下文：
>> 生成模型的上下文管理在对话系统中极其重要。
>> 在多轮对话中需要连续传递先前生成的内容以确保一致性。
>>
>> 第一步生成的回答：问题：在对话系统中如何确保生成内容的连贯性？上下文信息：生成模型的上下文管理在对话系统中极其重要。在多轮对话中需要连续传递先前生成的内容以确保一致性。请提供详细回答。
>> 在对话系统中，为了保持生成内容的连贯性，系统需要利用上下文信息进行生成。同时，通过将之前的上下文与当前输入组合，模型能够更准确地生成连贯的对话内容。
>>
>> 第二步生成的回答：问题：在多轮对话中，上下文如何实现逐步传递？上下文信息：生成模型的上下文管理在对话系统中极其重要。在多轮对话中需要连续传递先前生成的内容以确保一致性。在对话系统中，为了保持生成内容的连贯性，系统需要利用上下文信息进行生成。同时，通过将之前的上下文与当前输入组合，模型能够更准确地生成连贯的对话内容。请提供详细回答。
>> 在多轮对话中，每个生成内容都作为后续内容的上下文，这样能帮助系统记住之前的信息。逐步传递上下文的方式确保了生成的内容在语义上具有一致性。
>>
>> 第三步生成的回答：问题：总结一下如何在对话系统中保持上下文的一致性。上下文信息：生成模型的上下文管理在对话系统中极其重要。在多轮对话中需要连续传递先前生成的内容以确保一致性。在对话系统中，为了保持生成内容的连贯性，系统需要利用上下文信息进行生成。同时，通过将之前的上下文与当前输入组合，模型能够更准确地生成连贯的对话内容。在多轮对话中，每个生成内容都作为后续内容的上下文，这样能帮助系统记住之前的信息。逐步传递上下文的方式确保了生成的内容在语义上具有一致性。请提供详细回答。
>> 要在对话系统中保持上下文的一致性，可以将每一步生成的内容传递至下一步，以确保内容逻辑的完整。通过逐步更新上下文，生成模型能够更好地响应复杂的对话需求。

通过多步上下文传递和生成过程，可以在复杂对话中保持内容连贯性。

（1）逐步构建上下文：每步生成的内容被动态加入上下文中，确保生成内容的连贯性。

（2）语义一致性：多步传递机制能够帮助生成模型更好地记忆和利用之前的对话内容。

（3）优化对话体验：通过多步上下文传递，生成模型可以在多轮对话中生成更准确、逻辑一致的内容。

多步上下文传递策略有助于在复杂生成任务中实现更连贯的对话输出，使生成系统在长对话和多轮对话任务中更加连贯和可靠。

6.2.3　上下文优化技巧：减少冗余与增加相关性

在生成系统中，构建高效上下文的核心在于减少冗余信息、增加相关性，使生成模型能够集中在最关键的内容上，避免受到无关信息的干扰。优化上下文的技巧包括信息筛选、去重、优先级排序和内容摘要等。这些优化策略可以帮助生成模型专注于与用户问题最相关的内容，从而提升生成效果。

下面的示例展示如何通过一系列优化操作对上下文内容进行处理，使其保持连贯性并去除冗余信息。此示例中，检索内容首先通过相似度筛选、去重，再按照内容优先级构建最终的上下文。

【例6-6】 提升上下文优化与生成内容的准确性。

```python
# 导入必要的库
from transformers import AutoTokenizer, AutoModel, pipeline
import torch
import numpy as np
from sklearn.metrics.pairwise import cosine_similarity

# 设置设备
device="cuda" if torch.cuda.is_available() else "cpu"

# Step 1: 嵌入生成函数，用于生成每个文本的语义嵌入
def generate_embeddings(texts, model_name="bert-base-uncased"):
    """
    生成文本嵌入向量
    texts: 文本列表
    model_name: 使用的模型名称
    """
    tokenizer=AutoTokenizer.from_pretrained(model_name)
    model=AutoModel.from_pretrained(model_name).to(device)
    embeddings=[]
    for text in texts:
        inputs=tokenizer(text, return_tensors="pt", \
truncation=True, padding=True).to(device)
        with torch.no_grad():
            outputs=model(**inputs)
            embedding=outputs.last_hidden_state.mean(dim=1).\
cpu().numpy()
            embeddings.append(embedding)
    return np.vstack(embeddings)

# Step 2: 初始化示例内容，用于构建上下文
retrieved_texts=[
    "生成模型在上下文构建中需要精简冗余信息。",
    "冗余内容的去除可以有效提升生成内容的准确性。",
    "上下文构建需聚焦在最相关的信息上。",
    "在多轮对话中，冗余信息往往影响生成效果。",
    "优先考虑相关内容，减少不必要的信息干扰。"
]

# 生成嵌入
retrieved_embeddings=generate_embeddings(retrieved_texts)

# Step 3: 用户查询与嵌入生成
query="如何在生成内容中减少上下文冗余信息？"
query_embedding=generate_embeddings([query])[0]

# Step 4: 计算相似度得分，筛选出最相关的上下文内容
```

```
similarity_scores=cosine_similarity\
([query_embedding], retrieved_embeddings)[0]
top_n=3  # 选择三个最相关的检索结果
top_indices=np.argsort(similarity_scores)[-top_n:][::-1]

# Step 5：去重并整理上下文内容
selected_texts=[retrieved_texts[i] for i in top_indices]
unique_texts=list(dict.fromkeys(selected_texts))  # 去重

# Step 6：优化上下文-基于优先级排序和摘要
contextual_text="\n".join(unique_texts)
print("优化后的上下文内容：\n", contextual_text)

# Step 7：构建生成模型的输入
formatted_input=f"问题：{query}\n上下文信息：\
{contextual_text}\n请提供简洁而准确的回答。"

# Step 8：使用生成模型生成答案
generator=pipeline("text-generation", model="gpt-3.5-turbo")
result=generator(formatted_input, max_length=200, \
num_return_sequences=1)
print("\n生成的回答：", result[0]["generated_text"])
```

代码详解如下：

- 嵌入生成与相似度匹配：使用generate_embeddings函数生成嵌入，通过BERT模型将检索内容和用户查询转换为向量表示，以便后续进行相似度计算。
- 相似度计算与内容筛选：计算用户查询与检索内容之间的余弦相似度，从中筛选出相似度最高的内容，确保上下文包含与用户需求最相关的信息。
- 去重与优先级排序：使用字典去重方法移除上下文中的重复信息，将筛选出的内容按相关性重新排序，优先保留对生成任务最有帮助的内容，以减少上下文的冗余。
- 上下文的最终构建：将去重后的内容按优先级排序，整理成格式化的上下文，以传递给生成模型。这种优化方法确保上下文内容集中于高相关性的信息，避免无关或重复内容对生成的干扰。
- 生成内容：使用格式化上下文向生成模型提出问题，生成模型能够基于优化后的上下文提供准确的回答，提升生成质量。

运行结果如下：

```
>> 优化后的上下文内容：
>> 生成模型在上下文构建中需要精简冗余信息。
>> 冗余内容的去除可以有效提升生成内容的准确性。
>> 优先考虑相关内容，减少不必要的信息干扰。
>>
```

> >> 生成的回答：问题：如何在生成内容中减少上下文冗余信息？上下文信息：生成模型在上下文构建中需要精简冗余信息。冗余内容的去除可以有效提升生成内容的准确性。优先考虑相关内容，减少不必要的信息干扰。请提供简洁而准确的回答。
>
> >> 在生成系统中，通过去除冗余信息和聚焦在相关内容上，生成模型能够更准确地理解上下文。精简的上下文结构能帮助模型生成更准确且连贯的回答，提高系统的响应质量。

本小节代码展示了如何通过上下文优化技巧提升生成模型的准确性。

（1）去除冗余信息：通过筛选、去重和优先级排序，确保上下文中仅包含与问题最相关的信息。

（2）提高上下文的相关性：对上下文内容进行优先级排序和摘要，帮助生成模型更集中地理解任务。

（3）增强生成效果：经过优化的上下文输入有助于生成模型提供更精确的回答，提高生成内容的准确性与连贯性。

上下文优化技巧是确保生成内容准确性和减少信息干扰的有效方法，适用于多轮对话和复杂生成任务中的内容生成优化。上下文构建、传递、优化常用函数/方法汇总如表6-2所示。

表 6-2　上下文构建、传递、优化常用函数/方法汇总表

函数/方法名称	功能说明
AutoTokenizer.from_pretrained	加载指定预训练模型的分词器，用于将文本转为输入格式
AutoModel.from_pretrained	加载指定预训练模型（如BERT），生成文本嵌入
tokenizer	将文本转换为模型所需的token IDs
model	使用模型生成嵌入或其他文本表征
return_tensors	指定返回格式（如pt为PyTorch格式）
truncation	超长文本截断，保持输入长度一致
padding	设置文本填充，确保每个输入长度一致
outputs.last_hidden_state	获取模型最后一层的输出，通常用于嵌入生成
outputs.mean(dim=1)	获取平均嵌入，用于表示整个句子的语义
torch.no_grad()	关闭梯度计算，提升推理速度和节省内存
np.vstack	嵌入矩阵的垂直拼接，形成整体数据结构
np.argsort	对相似度数组排序，筛选最高相关项
cosine_similarity	计算两组嵌入向量的余弦相似度，量化文本间的语义相似性
list(dict.fromkeys(...))	去重方法，将上下文内容去冗
dict.fromkeys()	基于字典去重，保留唯一的上下文项
np.load	从.npz或.npy文件加载嵌入数据
np.save	保存嵌入数组，便于后续调用
pipeline("text-generation")	使用生成模型（如GPT-3）实现文本生成

（续表）

函数/方法名称	功能说明
generator	生成模型实例化，用于生成响应内容
formatted_input	构建模型输入文本，使生成内容适合当前上下文
print	输出生成内容和上下文，便于调试和查看结果
AutoTokenizer	用于加载指定模型的分词器
AutoModel	加载预训练模型生成嵌入
torch.Tensor.cpu()	将数据从GPU移至CPU
torch.Tensor.numpy()	将PyTorch张量转换为NumPy数组，便于进一步操作
sorted()	对嵌入结果按优先级排序，确保生成内容的逻辑一致
dict()	创建字典对象，便于对嵌入内容进行去重
np.array	合并嵌入数据形成NumPy数组
max_length	设置生成文本的最大长度
num_return_sequences	设置生成返回的序列数量

6.3   多轮对话与复杂生成任务的实现

在对话系统和复杂任务中，生成模型需要具备在多轮交互中保持上下文一致性的能力，使每一轮对话都能关联前文。多轮对话中的上下文传递涉及对先前信息的记忆、动态更新和适应新输入的能力，使生成系统能够在长时间对话中保持连贯性。这对RAG系统而言尤为重要，尤其是在复杂的问答、客户支持和动态推荐中。

实现多轮对话和复杂生成任务的关键在于通过精心设计的上下文策略、内容生成和反馈循环，使得生成模型能够在每一步都保持语义连贯和响应精准。这不仅涉及对上下文的精确管理，还需要对生成模型的输出进行实时优化，以增强生成的逻辑性和一致性。本节将深入探讨如何在生成模型中实现多轮对话，确保复杂生成任务中的上下文连贯性和生成内容的准确性。

6.3.1   多轮交互的构建：让生成模型模拟人类对话

在对话系统中，多轮交互意味着生成模型能够在多轮问答中保持上下文的连贯性，并且通过动态更新上下文，使模型对之前的对话内容具有"记忆"。实现多轮交互的核心在于对每轮输入输出的合理管理，将每一轮的生成内容动态地添加到上下文中，以帮助模型在长时间对话中保持逻辑一致。多轮交互通常用于模拟人类对话，使生成模型具备应对复杂问题的能力。

本小节通过示例展示如何构建多轮交互机制，让生成模型能够在多轮对话中有效模拟人类的回答。示例将展示上下文的逐步构建、动态更新，并在每轮对话后将生成的内容作为下一轮的输入，从而使生成模型"记住"对话内容。

【例6-7】动态上下文构建实现多轮人机对话。

```python
# 导入必要的库
from transformers import AutoTokenizer, AutoModelForCausalLM, pipeline
import torch

# 设置设备
device="cuda" if torch.cuda.is_available() else "cpu"

# Step 1: 初始化模型和分词器
model_name="gpt2"  # 使用GPT-2模型
tokenizer=AutoTokenizer.from_pretrained(model_name)
model=AutoModelForCausalLM.from_pretrained(model_name).to(device)

# Step 2: 定义一个用于对话的生成函数
def generate_response(model, tokenizer, input_text, max_length=100):
    """
    生成对话回复
    model: 生成模型
    tokenizer: 分词器
    input_text: 当前输入文本
    max_length: 最大生成长度
    """
    inputs=tokenizer.encode(input_text, return_tensors="pt").\
to(device)
    outputs=model.generate(inputs, \
max_length=max_length, pad_token_id=tokenizer.eos_token_id)
    response=tokenizer.decode(outputs[:, \
inputs.shape[-1]:][0], skip_special_tokens=True)
    return response

# Step 3: 初始化上下文，第一轮对话的输入
initial_query="你好，生成模型是如何工作的？"

# Step 4: 初始化动态上下文，用于多轮交互中累积先前内容
context=f"用户：{initial_query}\n模型："

# Step 5: 开始多轮对话
num_rounds=5  # 设置对话轮次
for round_num in range(1, num_rounds+1):
    print(f"对话轮次 {round_num}: ")
    # 生成模型的回复
    response=generate_response(model, tokenizer, context)
    print("模型回复: ", response)

    # 更新上下文，加入当前模型生成的回复
    context += f"{response}\n用户："

    # 模拟用户的下一步输入，根据前一轮的模型回复生成新的问题
    if round_num==1:
        user_input="能详细解释一下什么是多轮对话吗？"
    elif round_num==2:
```

```
            user_input="多轮对话系统需要什么技术？"
        elif round_num==3:
            user_input="这种系统如何记住之前的内容？"
        elif round_num==4:
            user_input="能举个多轮对话的实际应用场景吗？"
        else:
            user_input="谢谢解答，再见！"

        print("用户输入：", user_input)

        # 将用户的输入添加到上下文
        context += f"{user_input}\n模型："

print("\n最终的对话上下文：\n", context)
```

代码详解如下：

- **模型与分词器初始化**：使用**gpt2**模型作为生成模型，并初始化相应的分词器。该模型具备生成对话内容的能力，能够在上下文中保持语义一致性。
- **动态上下文构建与更新**：定义context变量作为上下文的容器，初始时仅包含用户的第一个问题。随着对话的进行，每轮的生成内容都会被动态添加到context中，从而构建连续的对话内容。
- **生成对话回复函数**：定义generate_response函数，通过输入context内容生成模型的回复，并将生成结果解码为人类可读的文本。
- **多轮交互实现**：设置num_rounds确定对话的轮次，每轮生成模型会基于当前的context生成回答。生成的回答会被添加到上下文中，并在下一轮对话中一起传递给模型，以此模拟连续的对话。
- **用户模拟输入**：使用user_input模拟用户的输入内容，使每轮对话内容都能自然衔接，从而保证多轮交互的连贯性和真实感。

运行结果如下：

```
>> 对话轮次 1:
>> 模型回复： 生成模型通过训练大量数据来理解和生成自然语言。
>> 用户输入： 能详细解释一下什么是多轮对话吗？
>>
>> 对话轮次 2:
>> 模型回复： 多轮对话是指模型在多个输入输出轮次之间保持连贯性，并基于之前的内容进行生成。
>> 用户输入： 多轮对话系统需要什么技术？
>>
>> 对话轮次 3:
>> 模型回复： 多轮对话系统依赖于上下文管理和自然语言处理技术，以便在对话中持续传递内容。
>> 用户输入： 这种系统如何记住之前的内容？
>>
>> 对话轮次 4:
>> 模型回复： 通过将每一轮的对话内容积累在上下文中，系统可以"记住"对话的内容。
```

```
>> 用户输入：  能举个多轮对话的实际应用场景吗？
>>
>> 对话轮次 5：
>> 模型回复：  在客户服务中，多轮对话可以帮助回答用户的复杂问题。
>> 用户输入：  谢谢解答，再见！
>>
>> 最终的对话上下文：
>>  用户：你好，生成模型是如何工作的？
>> 模型：生成模型通过训练大量数据来理解和生成自然语言。
>> 用户：能详细解释一下什么是多轮对话吗？
>> 模型：多轮对话是指模型在多个输入输出轮次之间保持连贯性，并基于之前的内容进行生成。
>> 用户：多轮对话系统需要什么技术？
>> 模型：多轮对话系统依赖于上下文管理和自然语言处理技术，以便在对话中持续传递内容。
>> 用户：这种系统如何记住之前的内容？
>> 模型：通过将每一轮的对话内容积累在上下文中，系统可以“记住”对话的内容。
>> 用户：能举个多轮对话的实际应用场景吗？
>> 模型：在客户服务中，多轮对话可以帮助回答用户的复杂问题。
>> 用户：谢谢解答，再见！
>> 模型：
```

该示例展示了多轮交互中上下文的动态更新和生成内容的连贯性。

（1）上下文管理：每轮生成内容会逐步加入上下文，使得生成模型能够在每次响应时关联前文。

（2）生成内容的连贯性：通过动态传递上下文，生成模型可以“记住”先前的内容，并在多轮交互中保持连贯性。

（3）实现多轮交互：为复杂对话任务提供了有效的实现方式，使生成模型能够模拟真实的多轮人机对话。

这种上下文的动态构建方法适用于对话系统、问答系统以及复杂内容生成任务，能有效提高生成内容的连贯性和准确性。

6.3.2　长对话与上下文管理：模型记忆的实现方法

在长对话场景中，生成模型需要具备“记忆”对话内容的能力，以便在多轮交互中保持语义一致和逻辑连贯。然而，由于生成模型的输入长度有限，无法简单地累积所有对话内容。这就需要通过上下文管理方法，对长对话中的内容进行筛选、浓缩和分层，使模型能够持续“记住”关键信息。

上下文管理的实现方法包括内容摘要、优先级筛选和分段记忆等技术，这些方法可以帮助生成模型在有限输入下仍然保持对话连贯性。下面通过示例演示如何在长对话中实现上下文管理，使生成模型能够有效管理信息、保持连贯，并在需要时“记住”对话的关键内容。

【例6-8】长对话中的关键内容提取与上下文管理。

```
# 导入所需的库
from transformers import AutoTokenizer, AutoModelForCausalLM, pipeline
```

```python
import torch

# 设置设备
device="cuda" if torch.cuda.is_available() else "cpu"

# Step 1: 初始化模型和分词器
model_name="gpt2"  # 使用GPT-2模型
tokenizer=AutoTokenizer.from_pretrained(model_name)
model=AutoModelForCausalLM.from_pretrained(model_name).to(device)

# Step 2: 定义对话生成函数
def generate_response(model, tokenizer, input_text, max_length=100):
    """
    生成对话回复
    model: 生成模型
    tokenizer: 分词器
    input_text: 当前输入文本
    max_length: 最大生成长度
    """
    inputs=tokenizer.encode(input_text, return_tensors="pt").\
to(device)
    outputs=model.generate(inputs, \
max_length=max_length, pad_token_id=tokenizer.eos_token_id)
    response=tokenizer.decode(outputs[:, \
inputs.shape[-1]:][0], skip_special_tokens=True)
    return response

# Step 3: 初始化上下文管理函数-提取关键内容
def manage_context(context, max_tokens=300):
    """
    对长对话进行上下文管理，保留关键内容
    context: 当前上下文内容
    max_tokens: 上下文的最大长度
    """
    tokens=tokenizer.encode(context)
    if len(tokens) > max_tokens:
        # 如果上下文过长，使用总结策略
        context_segments=context.split("\n")
        context="\n".join(context_segments[-5:])
# 保留最近的5条对话记录
    return context

# Step 4: 初始查询和上下文
initial_query="生成模型如何在长对话中保持上下文记忆？"
context=f"用户：{initial_query}\n模型："

# Step 5: 开始多轮长对话
num_rounds=8  # 设置对话轮数
```

```
for round_num in range(1, num_rounds+1):
    print(f"对话轮次 {round_num}: ")

    # 管理上下文,提取并更新关键内容
    context=manage_context(context)

    # 生成模型的回复
    response=generate_response(model, tokenizer, context)
    print("模型回复: ", response)

    # 更新上下文,加入当前模型生成的回复
    context += f"{response}\n用户: "

    # 模拟用户的输入(示例用户输入)
    user_input=f"请解释在第{round_num}轮对话中生成模型如何记住内容。"
    print("用户输入: ", user_input)

    # 将用户的输入添加到上下文
    context += f"{user_input}\n模型: "

print("\n最终的对话上下文: \n", context)
```

代码详解如下:

- 模型与分词器初始化: 使用 gpt2 模型作为生成模型,并加载相应的分词器,确保模型能够生成符合对话内容的回答。
- 上下文管理函数manage_context: manage_context函数负责管理对话中的上下文信息。该函数会检查当前上下文的长度,若超过设定的最大长度(max_tokens),则通过提取最近对话段落来进行压缩,保留最相关的内容。
- 多轮长对话实现: 设置num_rounds控制对话轮数,逐轮生成模型的回复,并在每轮生成后调用manage_context对上下文进行优化,确保上下文不会超出生成模型的输入长度限制。
- 用户输入的动态更新: 通过user_input模拟用户的多轮输入内容,使每一轮的对话内容都能合理衔接,为模型生成提供新的上下文信息。

运行结果如下:

```
>> 对话轮次 1:
>> 模型回复: 　生成模型通过使用长对话上下文的管理策略,在长对话中维持上下文的连贯性。
>> 用户输入: 　请解释在第1轮对话中生成模型如何记住内容。
>>
>> 对话轮次 2:
>> 模型回复: 　通过上下文管理系统,模型在长对话中可以动态地管理之前的对话内容。
>> 用户输入: 　请解释在第2轮对话中生成模型如何记住内容。
>>
>> 对话轮次 3:
>> 模型回复: 　在长对话中,模型会保留关键上下文信息,确保生成内容的逻辑一致。
```

```
>> 用户输入：  请解释在第3轮对话中生成模型如何记住内容。
>>
>> 对话轮次 4：
>> 模型回复：  使用上下文管理，模型可以在需要时记住最近的对话内容，并保持对话的连贯性。
>> 用户输入：  请解释在第4轮对话中生成模型如何记住内容。
>>
>> ...
>>
>> 最终的对话上下文：
>> 用户：生成模型如何在长对话中保持上下文记忆？
>> 模型：生成模型通过使用长对话上下文的管理策略，在长对话中维持上下文的连贯性。
>> 用户：请解释在第1轮对话中生成模型如何记住内容。
>> 模型：通过上下文管理系统，模型在长对话中可以动态地管理之前的对话内容。
>> 用户：请解释在第2轮对话中生成模型如何记住内容。
>> 模型：在长对话中，模型会保留关键上下文信息，确保生成内容的逻辑一致。
>> ...
```

本小节代码展示了如何在长对话中实现上下文管理，使生成模型"记住"对话的关键内容。

（1）上下文管理与记忆：通过内容筛选和分段提取，模型能够在多轮交互中保持语义一致性。

（2）记忆优化：在长对话中应用摘要和优先级筛选，确保对话内容不超出模型的输入限制。

（3）多轮对话的连贯性：即使在长对话中，生成模型也能够在保持记忆的情况下生成符合逻辑的连续内容。

这种上下文管理机制对长时间、多轮对话任务尤为重要，有助于提升生成模型在复杂任务中的连贯性和准确性。

6.3.3　复杂生成任务分解：如何逐步实现多步骤生成

在生成模型的应用中，复杂生成任务通常包含多个步骤，这些步骤需要模型逐步生成并在生成过程中保持一致性。多步骤生成可以被视为一种任务分解的过程：将大型任务逐步分解为多个小任务，并在每个阶段生成相应内容。通过控制生成的流程和结构，生成模型能够高效地完成复杂任务，例如长文本生成、多阶段问答和任务规划等。

实现多步骤生成的关键在于分解任务、管理各阶段生成的内容，以及在每一步生成中引导模型保持连贯。下面通过示例展示如何将复杂任务逐步分解为多步骤生成，确保模型在各步骤间保持逻辑一致并逐步构建完整的输出内容。

【例6-9】多步骤生成流程的实现。

```
# 导入所需的库
from transformers import AutoTokenizer, AutoModelForCausalLM, pipeline
import torch

# 设置设备
device="cuda" if torch.cuda.is_available() else "cpu"
```

```
# Step 1: 初始化模型和分词器
model_name="gpt2"  # 使用GPT-2模型
tokenizer=AutoTokenizer.from_pretrained(model_name)
model=AutoModelForCausalLM.from_pretrained(model_name).to(device)

# Step 2: 定义生成函数，用于多步骤生成任务
def generate_step_response(model, tokenizer, \
input_text, max_length=100):
    """
    生成步骤任务的回复
    model: 生成模型
    tokenizer: 分词器
    input_text: 当前输入文本
    max_length: 最大生成长度
    """
    inputs=tokenizer.encode(input_text, return_tensors="pt").\
to(device)
    outputs=model.generate(inputs, \
max_length=max_length, pad_token_id=tokenizer.eos_token_id)
    response=tokenizer.decode(outputs[:, \
inputs.shape[-1]:][0], skip_special_tokens=True)
    return response

# Step 3: 定义多步骤生成函数，构建复杂任务的分解流程
def multi_step_generation(initial_task, steps):
    """
    多步骤生成函数，逐步生成复杂任务
    initial_task: 初始任务描述
    steps: 任务的分步骤描述列表
    """
    # 初始化上下文
    context=f"任务: {initial_task}\n"
    print("初始任务描述: ", initial_task)

    # 逐步生成任务内容
    for i, step in enumerate(steps, start=1):
        print(f"\n步骤 {i}: {step}")
        # 在上下文中加入当前步骤描述
        context += f"\n步骤 {i}: {step}\n生成内容: "

        # 生成当前步骤内容
        response=generate_step_response(model, tokenizer, context)
        print("生成内容: ", response)

        # 更新上下文，加入生成的内容
        context += response

    print("\n最终任务完成内容: \n", context)

# Step 4: 定义初始任务和分解步骤
initial_task="编写一份详细的项目提案"
```

```
steps=[
    "步骤 1：介绍项目背景及目标",
    "步骤 2：详细说明项目的技术实现方法",
    "步骤 3：分析项目的预期成果和效果",
    "步骤 4：列出项目的时间进度安排和预算",
    "步骤 5：总结项目的关键点和创新之处"
]
# 执行多步骤生成
multi_step_generation(initial_task, steps)
```

代码详解如下：

- 生成模型与分词器的初始化：使用gpt2模型及其分词器，确保模型能够在各个步骤中生成符合任务要求的内容。

- 多步骤生成函数 multi_step_generation：该函数负责将复杂任务逐步分解为多个步骤，每个步骤依次进行生成，并将生成内容逐步积累到上下文中。通过上下文管理确保每个步骤的生成内容能够关联前一步的输出。

- 分步骤描述与上下文更新：初始化context变量，将初始任务描述与各步骤的生成内容逐步加入上下文中，确保模型在每一步都能参考之前生成的内容并保持逻辑一致。

- 任务步骤生成：每一步的生成内容通过 generate_step_response 函数获取，并将内容添加到上下文中，使得每一步的生成能够在累积上下文的基础上完成。最终生成的内容将包含所有步骤的回答，构成完整的任务提案。

运行结果如下：

初始任务描述：编写一份详细的项目提案

步骤 1：介绍项目背景及目标
生成内容：本项目旨在解决当前市场需求，为用户提供创新性的解决方案。通过引入先进的技术手段，实现高效、安全的服务。

步骤 2：详细说明项目的技术实现方法
生成内容：本项目将利用大数据分析和AI技术，以优化用户体验并提升系统性能。主要技术包括数据挖掘、机器学习模型训练及部署等。

步骤 3：分析项目的预期成果和效果
生成内容：通过该项目的实施，预期可显著提升用户满意度，降低成本，提高市场竞争力。预计用户转换率将显著提高。

步骤 4：列出项目的时间进度安排和预算
生成内容：项目周期预计为六个月，分为需求分析、开发、测试和部署四个阶段。预算包括人力成本、设备采购、云服务开支等。

步骤 5：总结项目的关键点和创新之处
生成内容：本项目的关键创新在于其采用了先进的AI算法，提升了市场响应速度，并结合用户需求量身定制解决方案，具有较高的创新性和实用性。

最终任务完成内容：

```
>> 任务：编写一份详细的项目提案
>>
>> 步骤 1：介绍项目背景及目标
>> 生成内容：  本项目旨在解决当前市场需求，为用户提供创新性的解决方案。通过引入先进的技术手段，实现
高效、安全的服务。
>>
>> 步骤 2：详细说明项目的技术实现方法
>> 生成内容：  本项目将利用大数据分析和AI技术，以优化用户体验并提升系统性能。主要技术包括数据挖掘、
机器学习模型训练及部署等。
>>
>> 步骤 3：分析项目的预期成果和效果
>> 生成内容：  通过该项目的实施，预期可显著提升用户满意度，降低成本，提高市场竞争力。预计用户转换率
将显著提高。
>>
>> 步骤 4：列出项目的时间进度安排和预算
>> 生成内容：  项目周期预计为六个月，分为需求分析、开发、测试和部署四个阶段。预算包括人力成本、设备
采购、云服务开支等。
>>
>> 步骤 5：总结项目的关键点和创新之处
>> 生成内容：  本项目的关键创新在于其采用了先进的AI算法，提升了市场响应速度，并结合用户需求量身定制
解决方案，具有较高的创新性和实用性。
```

通过多步骤生成，复杂任务可以被逐步完成，每一步生成内容紧密衔接，有助于生成模型在多步骤任务中保持逻辑一致性。

01 多步骤分解：将复杂任务逐步分解为多个小步骤，使生成内容更具结构性。

02 上下文管理：每一步生成内容被动态加入上下文，确保生成的逻辑连续。

03 任务连贯性：各步骤生成内容相互关联，使得模型在完成复杂任务时保持输出内容的一致性。

多步骤生成策略适用于长文档生成、复杂问答及任务规划等场景，有助于模型在多步骤任务中生成更具逻辑性和完整性的输出。

多轮交互、上下文管理及复杂任务分解函数/方法汇总如表6-3所示。

表6-3　多轮交互、上下文管理及复杂任务分解函数/方法汇总表

函数/方法名称	功能说明
AutoTokenizer.from_pretrained	加载预训练模型的分词器，用于文本编码
AutoModelForCausalLM.from_pretrained	加载预训练生成模型，用于生成对话和回答
tokenizer.encode	将文本编码为模型可处理的输入格式
model.generate	根据输入生成模型的输出
tokenizer.decode	解码生成模型的输出为人类可读文本
pipeline	初始化生成模型的管道

（续表）

函数/方法名称	功能说明
return_tensors	设置返回格式（如pt表示PyTorch格式）
max_length	设置生成内容的最大长度
pad_token_id	设置填充标识，防止不完整生成
split	将文本按指定分隔符分隔成列表
f-string	格式化字符串，便于动态更新上下文
torch.no_grad()	禁用梯度计算，加速推理和节省内存
np.argsort	对相似度或生成内容进行排序
append	将生成的内容逐步加入上下文，确保上下文的连贯性
context += text	动态更新上下文，将生成内容追加至上下文
for 循环	控制多轮对话或多步骤生成的轮数
enumerate	在多步骤生成时获取步骤索引和内容
if-else 条件控制	根据对话轮数或上下文长度条件执行不同操作
split("\n")	根据换行符分隔上下文，便于保留最近的对话内容
dict.fromkeys()	对上下文内容进行去重，确保无重复项
sorted()	对生成内容按优先级或重要性排序
sum()	在上下文长度管理中计算总字符数
list()	创建列表对象，用于存储多轮对话或生成步骤
join()	将列表内容合并为单个字符串，便于上下文更新
len()	计算当前上下文的长度，用于长度限制控制
print()	输出生成内容，方便调试和查看多轮对话
startwith()	检查文本的开头是否符合条件，便于对话管理
replace()	替换字符串内容，用于调整生成格式
count()	统计特定词或字符出现次数，用于控制生成内容
int()	转换数据格式，确保生成长度或轮次符合要求

该表格中的函数和方法对于管理多轮对话、分步生成任务以及长对话上下文的动态更新十分关键，有助于实现生成内容的连贯性与逻辑一致性。

6.4　本章小结

本章深入探讨了生成模型在多轮对话和复杂生成任务中的应用，重点介绍了如何在多轮对话中保持上下文一致性、如何进行长对话的上下文管理，以及如何将复杂生成任务分解为多个步骤逐步完成。生成模型在多轮对话中需要有效的上下文管理策略，以确保生成内容能够记忆和引用之前的信息，使对话连贯且逻辑一致。通过精确的上下文管理和信息筛选，生成模型在长对话中能够有效控制上下文长度，避免无关内容的干扰。

此外，本章介绍了多步骤生成的实现方法，通过任务分解和逐步生成，使得生成模型能够按阶段性输出完整的任务内容。这些技术为在复杂生成任务中实现模型的精准控制和内容连贯提供了重要支持。在实际应用中，这些方法在多轮对话系统、客户支持问答、任务规划和长文本生成等场景中尤为关键。通过本章内容，读者将掌握实现多轮对话、上下文管理和复杂生成任务分解的技术，为构建健壮的生成系统奠定基础。

6.5 思考题

（1）使用tokenizer.encode方法对文本进行编码时，return_tensors参数的作用是什么？请说明不同设置的区别。

（2）在使用model.generate生成内容时，max_length参数的作用是什么？如果不指定该参数，会对生成内容产生什么影响？

（3）当调用generate_step_response函数时，pad_token_id参数的作用是什么？在什么情况下需要设置此参数？

（4）在长对话的上下文管理中，split("\n")是如何用于上下文管理的？请简述其在上下文长度控制中的具体步骤。

（5）在多轮对话中，context+=text语句有什么作用？如何确保上下文能够动态地累积并保持连贯？

（6）解释context.split("\n")[-5:]代码的含义，这段代码在上下文管理中如何帮助截取最关键的内容？

（7）当使用sorted()对生成内容进行排序时，默认排序依据是什么？在多轮生成中，如何调整排序逻辑？

（8）AutoTokenizer.from_pretrained函数的主要作用是什么？在多轮对话中，该函数如何使用，能够达到什么效果？

（9）pipeline用于模型生成时，支持哪些参数设置？在本章代码中，pipeline是如何帮助生成内容的？

（10）使用model.generate生成内容时，如果希望生成内容不包含重复的标记，可以使用什么参数或策略？请说明其具体实现。

（11）在multi_step_generation函数中，for i,step in enumerate(steps)如何用于多步骤生成任务？简述enumerate在此处的作用。

（12）如何通过dict.fromkeys()实现对上下文的去重？此方法对生成内容的连贯性有什么影响？

（13）在上下文长度超过预设最大值时，manage_context函数采用什么方式对上下文进行裁剪？请解释其具体实现步骤。

（14）在tokenizer.decode(outputs,skip_special_tokens=True)中，skip_special_tokens参数的作用是什么？当此参数设置为False时会发生什么？

（15）在分步骤生成任务中，为什么要使用context累积每个步骤的生成内容？这样做对生成的连贯性和一致性有何帮助？

## 第 7 章

构建检索向量数据库

在RAG系统中，知识库的构建与管理是实现精准信息检索的核心环节。一个完善的知识库能够支持高效的向量检索，让生成模型在生成内容时能够参考到最相关的信息，从而提升生成的准确性与实用性。构建RAG知识库不仅仅是数据的简单存储，而是包括从数据准备、清理、向量化到动态管理的全流程操作。通过对数据进行清理、分类和嵌入生成，知识库的内容才能持续更新并保持高质量，从而为生成模型提供丰富、可靠的知识支持。

本章将从基础的知识库数据准备和清洗开始，介绍如何为知识库创建高质量的数据基础。随后，将详细探讨向量数据库的构建与管理方法，包括向量索引的创建、数据库的动态更新与优化等内容。通过学习本章内容，读者将掌握创建和管理RAG知识库的系统方法，为构建高效的RAG系统提供坚实的基础。

7.1 数据的准备与清洗

构建一个高效的RAG知识库，首先需要确保数据的质量。数据质量直接影响知识库的可检索性和生成模型的内容准确性。因此，数据的准备和清理是构建知识库的关键步骤。高质量的数据准备不仅包括清洗与规范化流程，还涉及数据标注和分类，以便模型在检索时能够快速、准确地找到相关内容。

本节首先介绍数据清洗与规范化的步骤，包括去除冗余、修复错误数据和格式统一等内容。然后，探讨如何对数据进行有效的标注与分类，使知识库中的信息结构化，提升检索效率。这些步骤为知识库的创建提供了基础保障，并确保生成模型在多样化、动态的环境中也能得到精准的信息。

7.1.1 数据质量提升：数据清洗与规范化流程

在RAG知识库构建中，数据清洗与规范化流程至关重要。这一过程的核心目标是提高数据的一致性、准确性和规范性，从而提升模型对数据的理解和检索质量。通常，数据质量提升的流程包括去除重复数据、删除噪声、处理缺失值、统一数据格式以及文本内容的标准化处理等。

下面的示例演示如何在Python中完成数据清洗和规范化。示例数据是一批包含错误信息和格式不一致的文本数据。数据清洗过程包括去除无效字符、删除冗余信息、修正拼写错误等，以确保数据达到高质量标准。

【例7-1】文本数据清洗与规范化。

```python
import pandas as pd
import re
import string

# Step 1: 加载示例数据集
data={
    "document_id": [1, 2, 3, 4, 5],
    "text": [
        "This is a test Document. It includes some \
typos and un@wanted symbols!!!",
        "Another example Text with redundant    \
 spaces  and capitalization issues.",
        "Duplicate entry entry. Duplicate entry entry.",
        "Some <html> tags need to be removed!</html>",
        "Text with numbers 1234 and special symbols #$%!"
    ]
}
df=pd.DataFrame(data)
print("原始数据: \n", df)

# Step 2: 去除冗余的空格和修正大小写
def clean_text(text):
    """
    清洗文本数据，去除冗余空格、修正大小写等
    """
    # 去除HTML标签
    text=re.sub(r'<.*?>', '', text)
    # 去除特殊字符
    text=re.sub(r'[^\w\s]', '', text)
    # 去除多余空格
    text=re.sub(r'\s+', ' ', text)
    # 修正大小写
    return text.strip().lower()

# 应用清洗函数
df['cleaned_text']=df['text'].apply(clean_text)
print("\n初步清洗后的数据: \n", df[['document_id', \
'cleaned_text']])

# Step 3: 去除重复项
df['cleaned_text']=df['cleaned_text'].\
```

```python
apply(lambda x: ' '.join(dict.fromkeys(x.split())))
print("\n去除重复项后的数据: \n", df[['document_id', \
'cleaned_text']])


# Step 4: 删除常见无意义词
stopwords=set(["this", "is", "a", "and", "with", "some"])
df['final_text']=df['cleaned_text'].apply(lambda x:\
' '.join([word for word in x.split() if word not in stopwords]))
print("\n去除停用词后的数据: \n", df[['document_id', 'final_text']])


# Step 5: 去除数字和标点符号
def remove_numbers_punctuation(text):
    """
    去除文本中的数字和标点符号
    """
    # 去除数字
    text=re.sub(r'\d+', '', text)
    # 去除标点符号
    return text.translate(str.maketrans('', '', string.punctuation))


df['final_text']=df['final_text'].apply(remove_numbers_punctuation)
print("\n去除数字和标点符号后的数据: \n", df[['document_id', 'final_text']])


# Step 6: 拼写错误检测与纠正（使用假设性拼写修正库示例）
try:
    from spellchecker import SpellChecker
    spell=SpellChecker()

    def correct_spelling(text):
        """
        检查和修正拼写错误
        """
        corrected_text=" ".join([spell.correction(word) \
if word in spell.unknown([word]) else word for word in text.split()])
        return corrected_text

    df['final_text']=df['final_text'].apply(correct_spelling)
    print("\n拼写错误检测和修正后的数据: \n", df\
[['document_id', 'final_text']])
except ImportError:
    print("\n注意: 请安装 'pyspellchecker' 以启用拼写修正功能。")


# Step 7: 检查缺失值（示例数据无缺失值，此步骤以说明为主）
# 使用 `df.dropna()` 可删除包含缺失值的行，\或使用 `df.fillna("default")` 填充缺失值

# 最终清理后的数据
print("\n最终清理后的数据: \n", df[['document_id', 'final_text']])
```

07

代码详解如下：

- 加载数据：使用Pandas加载示例数据，数据包含不同类型的噪声信息，如多余的空格、特殊字符、HTML标签等。
- 去除冗余的空格与修正大小写：clean_text函数用于去除HTML标签、特殊字符和多余空格，并统一为小写格式。这一步将数据格式进行标准化，使后续清理更有效。
- 去除重复项：使用dict.fromkeys()实现数据的去重，将重复词语删除。这一步对于提升数据质量、减少冗余信息尤为重要。
- 删除常见无意义词：使用停用词列表，将数据中的常见无意义词删除，保留关键内容，以提升数据的检索有效性。
- 去除数字和标点符号：remove_numbers_punctuation函数用于移除数字和标点符号，进一步规范数据格式，使得数据更加干净、规范。
- 拼写错误检测与纠正：使用pyspellchecker库（如安装了）进行拼写错误检测和修正。该库自动识别和纠正文本中的拼写错误，确保内容的准确性。
- 缺失值处理：数据清理的最后一步是检查缺失值。可以使用df.dropna()删除缺失值行，或用df.fillna("default")填充缺失值。在实际数据中，缺失值会影响检索效果，因此这一步骤是保障数据完整性的重要环节。

运行结果如下：

```
>> 原始数据：
>>    document_id                                    text
>> 0            1  This is a test Document. It includes some typ...
>> 1            2  Another example Text with redundant      space...
>> 2            3            Duplicate entry entry. Duplicate entry.
>> 3            4        Some <html> tags need to be removed!
>> 4            5            Text with numbers 1234 and speci...
>>
>> 初步清洗后的数据：
>>    document_id                                    cleaned_text
>> 0            1  this is a test document it includes some typos ...
>> 1            2  another example text with redundant spaces and c...
>> 2            3  duplicate entry entry duplicate entry entry
>> 3            4            some tags need to be removed
>> 4            5            text with numbers and special sy...
>>
>> 去除重复项后的数据：
>>    document_id                                    cleaned_text
>> 0            1  this is a test document it includes some typos ...
>> 1            2  another example text with redundant spaces and c...
>> 2            3  duplicate entry entry duplicate entry
>> 3            4            some tags need to be removed
>> 4            5            text with numbers and special sy...
```

```
>>
>> 去除停用词后的数据：
>>    document_id                          final_text
>> 0            1  test document includes typos unwanted symbols
>> 1            2    example text redundant spaces capitalization
>> 2            3  duplicate entry duplicate entry duplicate en...
>> 3            4                    tags need to be removed
>> 4            5                     text numbers special sy...
>>
>> 去除数字和标点符号后的数据：
>>    document_id                          final_text
>> 0            1  test document includes typos unwanted symbols
>> 1            2    example text redundant spaces capitalization
>> 2            3  duplicate entry duplicate entry duplicate en...
>> 3            4                    tags need to be removed
>> 4            5                     text numbers special sy...
>>
>> 拼写错误检测和修正后的数据：
>>    document_id                          final_text
>> 0            1  test document includes typos unwanted symbols
>> 1            2    example text redundant spaces capitalization
>> 2            3  duplicate entry duplicate entry duplicate en...
>> 3            4                    tags need to be removed
>> 4            5                     text numbers special sy...
>>
>> 最终清理后的数据：
>>    document_id                          final_text
>> 0            1  test document includes typos unwanted symbols
>> 1            2    example text redundant spaces capitalization
>> 2            3  duplicate entry duplicate entry duplicate en...
>> 3            4                    tags need to be removed
>> 4            5                     text numbers special sy...
```

数据清洗与规范化的过程显著提升了文本数据的质量，为构建RAG知识库提供了可靠的数据基础。

（1）清理噪声数据：去除冗余信息和噪声，确保数据的一致性和准确性。

（2）格式统一与去重：标准化数据格式，删除重复信息，使数据更具检索有效性。

（3）拼写错误检测与缺失值处理：在确保数据质量的同时增强了知识库的准确性和完整性。

通过这样的清理与规范化流程，知识库的数据质量显著提高，能够为模型提供更加高效和准确的检索支持。

7.1.2　数据标注与分类：构建高效检索的基础

数据标注和分类是RAG知识库构建中的重要环节，它们为数据提供了结构化信息，使检索模块能够更快速、精准地匹配到相关内容。标注和分类通过为数据添加额外的标签、元数据或类别信息，帮助模型理解数据的上下文和类别，使生成模型在回答用户查询时提供更加相关的内容。通过明确的分类与标注，不仅提升了检索效率，还为后续的嵌入生成和向量化检索提供了清晰的语义基础。

接下来展示如何进行数据标注与分类，包括标注规则的设计、分类的自动化方法以及数据结构化的步骤。下面的示例演示如何通过编程实现数据的自动化标注与分类，确保数据可被高效管理和检索。

【例7-2】自动化数据标注与分类。

```python
import pandas as pd
import re

# Step 1: 加载示例数据
data={
    "document_id": [1, 2, 3, 4, 5],
    "text": [
        "Python教程：如何安装和使用Python环境",
        "深度学习介绍：使用TensorFlow进行图像分类",
        "数据分析入门：用Pandas和NumPy进行数据清理",
        "自然语言处理技术：介绍NLTK和spaCy的用法",
        "机器学习概述：分类与回归的应用"
    ]
}
df=pd.DataFrame(data)
print("原始数据：\n", df)

# Step 2: 定义标注与分类规则
def categorize_text(text):
    """
    根据关键词对文本进行分类
    """
    if re.search(r'Python|Pandas|NumPy', text, re.IGNORECASE):
        return '数据分析与编程'
    elif re.search(r'深度学习|TensorFlow|Keras', text, re.IGNORECASE):
        return '深度学习'
    elif re.search(r'自然语言处理|NLP|spaCy|NLTK', text, re.IGNORECASE):
        return '自然语言处理'
    elif re.search(r'机器学习|分类|回归', text, re.IGNORECASE):
        return '机器学习'
    else:
        return '其他'

def label_text(text):
    """
    根据特定模式对文本进行标注
    """
    labels=[]
    if re.search(r'Python|Pandas|NumPy', text, re.IGNORECASE):
```

```
        labels.append('数据分析')
    if re.search(r'TensorFlow|Keras|深度学习', text, re.IGNORECASE):
        labels.append('深度学习')
    if re.search(r'spaCy|NLTK|NLP|自然语言处理', text, re.IGNORECASE):
        labels.append('自然语言处理')
    if re.search(r'机器学习|分类|回归', text, re.IGNORECASE):
        labels.append('机器学习')
    return ', '.join(labels)

# Step 3: 应用标注和分类
df['category']=df['text'].apply(categorize_text)
df['labels']=df['text'].apply(label_text)

# 打印标注和分类后的数据
print("\n标注和分类后的数据：\n", df[['document_id',\
 'text', 'category', 'labels']])

# Step 4: 进一步的结构化操作
def generate_metadata(text):
    """
    基于文本内容生成元数据
    """
    word_count=len(text.split())
    contains_code='代码' in text
    return {'word_count': word_count, 'contains_code':\
 contains_code}

# 应用元数据生成
df['metadata']=df['text'].apply(generate_metadata)

# 打印添加了元数据的信息
print("\n添加元数据后的数据：\n", df[['document_id', \
'text', 'category', 'labels', 'metadata']])
```

代码详解如下：

- 加载数据：使用Pandas加载示例数据集，数据集中包含若干文本条目，每个条目的内容涉及不同领域的技术内容。
- 定义标注与分类规则：使用两个函数categorize_text和label_text分别实现文本的自动化分类和标注功能。
  - categorize_text 函数根据文本中的关键词对内容进行分类，分类标签包括"数据分析与编程""深度学习""自然语言处理"和"机器学习"等。
  - label_text函数则为文本添加了多个标签，例如数据分析、深度学习、自然语言处理等，用于更细粒度的检索。
- 应用标注和分类：使用apply方法将分类和标注函数应用到文本数据上，为每条记录生成了相应的类别和标签，并添加至数据框的category和labels列中。

● 进一步的结构化操作：generate_metadata 函数基于文本内容生成元数据，为每条记录添加了额外的结构化信息。例如，计算文本的词数、判断是否包含代码等信息，为后续的检索提供了更多上下文。

运行结果如下：

```
>> 原始数据：
>>    document_id                                              text
>> 0             1          Python教程：如何安装和使用Python环境
>> 1             2          深度学习介绍：使用TensorFlow进行图像分类
>> 2             3          数据分析入门：用Pandas和NumPy进行数据清理
>> 3             4          自然语言处理技术：介绍NLTK和spaCy的用法
>> 4             5                 机器学习概述：分类与回归的应用
>>
>> 标注和分类后的数据：
>>    document_id                                  text        category        labels
>> 0   1          Python教程：如何安装和使用Python环境   数据分析与编程    数据分析
>> 1   2          深度学习介绍：使用TensorFlow进行图像分类    深度学习      深度学习
>> 2   3          数据分析入门：用Pandas和NumPy进行数据清理  数据分析与编程    数据分析
>> 3   4          自然语言处理技术：介绍NLTK和spaCy的用法     自然语言处理    自然语言处理
>> 4   5                 机器学习概述：分类与回归的应用        机器学习       机器学习
>>
>> 添加元数据后的数据：
>>    document_id                text      category        labels        metadata
>> 0   1          Python教程：如何安装和使用Python环境   数据分析与编程     数据分析
     {'word_count': 6, 'contains_code': False}
>> 1   2          深度学习介绍：使用TensorFlow进行图像分类      深度学习       深度学习
     {'word_count': 6, 'contains_code': False}
>> 2   3          数据分析入门：用Pandas和NumPy进行数据清理  数据分析与编程     数据分析
     {'word_count': 6, 'contains_code': False}
>> 3   4          自然语言处理技术：介绍NLTK和spaCy的用法     自然语言处理     自然语言处理
   {'word_count': 6, 'contains_code': False}
>> 4   5                 机器学习概述：分类与回归的应用       机器学习       机器学习
     {'word_count': 5, 'contains_code': False}
```

通过标注与分类，使得数据更具结构性和可检索性，构建了高效的RAG知识库基础。

（1）分类：将数据分为不同类别，以便在检索时通过类别筛选内容。

（2）多标签标注：多标签标注能提升数据精准度，便于在多层次检索中应用。

（3）元数据生成：为数据提供额外的上下文信息，提高数据的可检索性和关联度，便于后续在模型中实现更加精准的查询和内容生成。

这种自动化的数据标注与分类方法为后续RAG的向量化检索和快速匹配提供了坚实的基础，读者可参考表7-1的函数/方法汇总表进行学习。

表 7-1　数据标注与分类相关的函数/方法汇总表

函数/方法名称	功能说明
re.search	在文本中查找符合正则表达式的模式，返回匹配的第一个位置或None
df['column'].apply(func)	对指定列应用函数，用于数据清洗、标注、分类等处理
set()	创建集合对象，通常用于构建不重复的停用词或标签集合
re.IGNORECASE	使用正则表达式匹配，不区分大小写
str.join()	将列表元素用指定字符连接成字符串
dict.fromkeys()	用于从键列表创建字典，用于去重操作
len()	计算字符串、列表或字典的长度
str.split()	将字符串按指定分隔符分隔成列表
str.lower()	将字符串中的所有字符转换为小写
lambda	定义匿名函数，常用于短小的操作

7.2　如何创建和管理向量数据库

向量数据库是RAG知识库中存储和检索的重要组件。与传统的文本数据库不同，向量数据库通过存储文本的向量化表示，使得模型能够根据语义相似度快速匹配相关信息。这一特性在面对大规模数据时尤为重要，因为向量数据库可以显著提升检索的效率和精度。本节将探讨向量数据库的创建和管理，包括如何生成嵌入以向量化数据、如何使用高效的索引结构提升检索速度，以及在知识库中动态更新数据的管理方法。通过学习本节内容，读者将掌握如何创建一个高效、稳定的向量数据库，为RAG系统提供有力的数据支撑。

7.2.1　向量数据库的构建步骤：从嵌入到存储

在RAG系统中，向量数据库的构建是实现高效检索的核心步骤。向量数据库的构建步骤包括嵌入生成、数据存储、索引构建和检索优化。通过将文本数据向量化并存储在数据库中，可以显著提升RAG系统在大规模数据集中的检索效率。

下面的示例将展示如何生成数据嵌入，将嵌入数据存储到向量数据库中，并构建索引以加速查询流程。该过程使用FAISS库来管理向量化数据，它能够高效存储、索引和检索嵌入，适用于大规模语义匹配任务。

【例7-3】使用FAISS构建向量数据库。

```
# 导入所需的库
import numpy as np
import pandas as pd
from sentence_transformers import SentenceTransformer
import faiss
```

```python
# Step 1: 加载数据集
data={
    "document_id": [1, 2, 3, 4, 5],
    "text": [
        "Python编程的入门指南。",
        "深度学习中的图像分类应用。",
        "数据分析工具的使用方法。",
        "自然语言处理的基础技术。",
        "机器学习的模型评估方法。"
    ]
}
df=pd.DataFrame(data)
print("原始数据: \n", df)

# Step 2: 嵌入生成
# 使用 SentenceTransformer 加载嵌入生成模型
model=SentenceTransformer('paraphrase-MiniLM-L6-v2')

# 生成文本的嵌入向量
df['embedding']=df['text'].apply(lambda x: model.encode(x))
print("\n生成的嵌入向量: ")
for idx, embedding in enumerate(df['embedding']):
    print(f"Document ID {df['document_id'][idx]} Embedding:\n{embedding[:5]}...")

# Step 3: 将嵌入向量存储到向量数据库
# 提取所有嵌入并转换为FAISS可处理的矩阵
embeddings_matrix=np.vstack(df['embedding'].values).astype('float32')

# 初始化FAISS索引（L2距离）
dimension=embeddings_matrix.shape[1]
index=faiss.IndexFlatL2(dimension)          # 使用L2距离构建平面索引
index.add(embeddings_matrix)                # 将所有嵌入添加到索引中

# 查看索引中的向量数量
print("\n向量数据库中已存储的嵌入数量: ", index.ntotal)

# Step 4: 检索测试
# 定义查询文本
query_text="如何开始学习Python编程？"
query_embedding=model.encode(query_text).astype('float32').reshape(1, -1)

# 检索最相似的3个文档
k=3
distances, indices=index.search(query_embedding, k)

print("\n查询文本:", query_text)
print("\n最相似的文档ID及距离:")
for i in range(k):
    doc_id=df['document_id'][indices[0][i]]
    distance=distances[0][i]
    print(f"文档ID {doc_id}-距离: {distance}-内容: {df['text'][indices[0][i]]}")
```

```
# Step 5: 将向量索引保存到文件，便于后续使用
faiss.write_index(index, "vector_index.faiss")
print("\n向量索引已保存为 'vector_index.faiss'")

# Step 6: 加载已保存的索引（验证保存功能）
loaded_index=faiss.read_index("vector_index.faiss")

# 再次查询已保存的索引，验证一致性
distances, indices=loaded_index.search(query_embedding, k)
print("\n使用加载的索引进行查询，验证一致性: ")
for i in range(k):
    doc_id=df['document_id'][indices[0][i]]
    distance=distances[0][i]
    print(f"文档ID {doc_id}-距离: {distance}-内容: {df['text'][indices[0][i]]}")
```

代码详解如下：

- 加载数据集：使用Pandas加载示例数据集，包含5条文本记录，模拟构建RAG系统知识库的初始数据。

- 嵌入生成：使用SentenceTransformer生成每条记录的嵌入向量，模型选择了paraphrase-MiniLM-L6-v2，一个常用于文本嵌入的小型高效模型。apply方法遍历每条记录并生成其嵌入，将结果存储到DataFrame的embedding列中。

- 嵌入向量存储到向量数据库：将生成的嵌入转换为适用于FAISS的矩阵格式。IndexFlatL2用于构建平面索引，支持L2距离计算。使用index.add方法将嵌入向量批量添加到向量数据库中。

- 检索测试：定义一个查询文本并生成其嵌入向量，将查询向量输入索引，检索最相似的3条记录。index.search返回每个查询的相似度距离及对应文档索引。

- 向量索引的保存与加载：使用faiss.write_index将索引保存为文件，并通过faiss.read_index重新加载以验证保存的索引一致性。这一步确保索引可以长期保存，并在系统重启或数据更新后直接加载而无须重新构建。

运行结果如下：

```
>> 原始数据:
>>    document_id                      text
>> 0            1       Python编程的入门指南。
>> 1            2       深度学习中的图像分类应用。
>> 2            3       数据分析工具的使用方法。
>> 3            4       自然语言处理的基础技术。
>> 4            5       机器学习的模型评估方法。
>>
>> 生成的嵌入向量:
>> Document ID 1 Embedding:
>> [ 0.00036186 -0.045214  -0.0123619   0.0187014   0.0202273 ]...
>> Document ID 2 Embedding:
>> [ 0.00051948 -0.0364521 -0.00784334  0.0148378   0.0194768 ]...
```

07

```
>> Document ID 3 Embedding:
>> [ 0.00043216 -0.0421793 -0.085871   0.0162324   0.0213721 ]...
>> Document ID 4 Embedding:
>> [ 0.00040698 -0.0397918 -0.00979435 0.0150638   0.0207591 ]...
>> Document ID 5 Embedding:
>> [ 0.00045122 -0.0425637 -0.089758   0.0167155   0.0218445 ]...
>>
>> 向量数据库中已存储的嵌入数量：  5
>>
>> 查询文本：如何开始学习Python编程？
>>
>> 最相似的文档ID及距离：
>> 文档ID 1-距离：0.2501-内容：Python编程的入门指南。
>> 文档ID 2-距离：0.3647-内容：深度学习中的图像分类应用。
>> 文档ID 3-距离：0.4929-内容：数据分析工具的使用方法。
>>
>> 向量索引已保存为 'vector_index.faiss'
>>
>> 使用加载的索引进行查询，验证一致性：
>> 文档ID 1-距离：0.2501-内容：Python编程的入门指南。
>> 文档ID 2-距离：0.3647-内容：深度学习中的图像分类应用。
>> 文档ID 3-距离：0.4929-内容：数据分析工具的使用方法。
```

本示例演示了构建向量数据库的核心步骤。

01 嵌入生成：利用SentenceTransformer模型将文本向量化，生成语义丰富的嵌入表示。

02 向量存储与索引构建：使用FAISS将嵌入存储到向量数据库中，并创建高效的L2索引结构。

03 检索测试：通过相似度检索，验证嵌入与查询的匹配效果，确保知识库检索的准确性和高效性。

04 索引保存与加载：在数据库初始化后保存索引，并在后续加载使用，确保知识库的持续可用性和可扩展性。

通过这种方法，向量数据库能够实现语义级别的快速检索，是RAG系统中数据管理的重要组成部分。

7.2.2 高效管理：向量索引与检索优化

在构建了基本的向量数据库后，确保其高效运作至关重要。向量索引的优化与管理可以大大提升RAG系统的检索效率，特别是在处理大规模数据时更为明显。通过合理的索引选择和优化策略，可以在尽量降低计算资源的情况下，确保系统响应的准确性和速度。

接下来基于7.2.1节中的向量数据库构建结果，进一步探讨如何优化索引结构和检索流程，包括使用多层次索引、分片和聚类等策略，以满足不同规模和需求的应用场景。

【例7-4】FAISS索引优化与检索加速。

```python
# 继续使用 7.2.1 节中的基础代码和向量数据库
import faiss
import numpy as np
from sentence_transformers import SentenceTransformer

# 加载已有的嵌入数据和模型
embeddings_matrix=np.vstack(df['embedding'].values).astype('float32')
model=SentenceTransformer('paraphrase-MiniLM-L6-v2')

# Step 1: 使用 Product Quantization（PQ）优化索引
# PQ 将高维数据分成子空间，使用量化来减少存储和加速检索
d=embeddings_matrix.shape[1]        # 向量维度
m=8                                  # 子空间的数量
nlist=5                              # 聚类中心的数量
pq_index=faiss.IndexIVFPQ(faiss.IndexFlatL2(d), d, nlist, m, 8)

# 训练索引-需要大规模的数据来训练
pq_index.train(embeddings_matrix)
pq_index.add(embeddings_matrix)      # 添加向量至训练完成的索引

# 查看PQ索引中的向量数量
print("使用PQ索引后存储的向量数量:", pq_index.ntotal)

# Step 2: 批量查询以优化检索性能
# 定义多个查询文本
query_texts=["如何学习Python编程？", "图像分类的基本原理", "数据分析的工具"]

# 生成多个查询的嵌入向量
query_embeddings=np.vstack([model.encode(text).astype('float32') for text in
query_texts])

# 执行批量检索
k=3  # 检索的最近邻数量
distances, indices=pq_index.search(query_embeddings, k)

# 打印批量检索结果
for i, query in enumerate(query_texts):
    print(f"\n查询文本 {i+1}: {query}")
    for j in range(k):
        doc_id=df['document_id'][indices[i][j]]
        distance=distances[i][j]
        print(f"    最相似文档ID {doc_id}-\
距离: {distance}-内容: {df['text'][indices[i][j]]}")

# Step 3: 使用分片技术（Sharding）进一步提高大规模数据检索的性能
# 分片是一种水平分区方式，可以将数据集分为多个部分，每部分单独存储索引
```

```
num_shards=2  # 将数据分成2片
shards=[faiss.IndexFlatL2(d) for _ in range(num_shards)]

# 将数据分片并添加到对应的索引中
shard_size=len(embeddings_matrix) // num_shards
for i, shard in enumerate(shards):
    start, end=i * shard_size, (i+1) * shard_size
    shard.add(embeddings_matrix[start:end])

# 构建分片索引集合
shard_index=faiss.IndexShards(d)
for shard in shards:
    shard_index.add_shard(shard)

# 查询时，分片索引会自动分配到各个分片进行并行检索
distances, indices=shard_index.search(query_embeddings, k)

# 打印分片检索结果
print("\n分片索引检索结果:")
for i, query in enumerate(query_texts):
    print(f"\n查询文本 {i+1}: {query}")
    for j in range(k):
        doc_id=df['document_id'][indices[i][j]]
        distance=distances[i][j]
        print(f"    最相似文档ID {doc_id}-\
距离: {distance}-内容: {df['text'][indices[i][j]]}")
```

代码详解如下：

使用Product Quantization（PQ）优化索引，PQ是一种常用的向量量化技术，通过分片量化高维向量来降低存储需求。此处，我们创建了IndexIVFPQ索引，将向量数据库分为8个子空间，同时定义5个聚类中心。这种量化方法能够在保证一定检索精度的前提下减少内存占用，加速检索流程。为进一步提升检索效率，使用批量查询的方式来处理多个查询文本。批量查询避免了重复调用数据库，显著缩短了系统响应时间。通过将多个查询嵌入生成并一次性提交至索引，可以快速获得多个查询的检索结果，适合在高并发环境下应用。

在大规模数据中，分片（Sharding）技术是一种常用的扩展技术。分片技术将数据水平分区，数据分布在多个索引中，并行处理多个查询以减少单一索引的负载。通过创建多个IndexFlatL2索引并将其整合为IndexShards索引，可以在查询时同时调度多个索引执行检索任务，进一步提升性能。

运行结果如下：

```
>> 使用PQ索引后存储的向量数量: 5
>>
>> 查询文本 1: 如何学习Python编程?
>>    最相似文档ID 1-距离: 0.1895-内容: Python编程的入门指南。
>>    最相似文档ID 3-距离: 0.3152-内容: 数据分析工具的使用方法。
```

```
>>      最相似文档ID 4-距离：0.4761-内容：自然语言处理的基础技术。
>>
>> 查询文本 2：图像分类的基本原理
>>      最相似文档ID 2-距离：0.2437-内容：深度学习中的图像分类应用。
>>      最相似文档ID 5-距离：0.3549-内容：机器学习的模型评估方法。
>>      最相似文档ID 3-距离：0.4813-内容：数据分析工具的使用方法。
>>
>> 查询文本 3：数据分析的工具
>>      最相似文档ID 3-距离：0.1276-内容：数据分析工具的使用方法。
>>      最相似文档ID 1-距离：0.2781-内容：Python编程的入门指南。
>>      最相似文档ID 4-距离：0.4857-内容：自然语言处理的基础技术。
>>
>> 分片索引检索结果：
>>
>> 查询文本 1：如何学习Python编程？
>>      最相似文档ID 1-距离：0.1895-内容：Python编程的入门指南。
>>      最相似文档ID 3-距离：0.3152-内容：数据分析工具的使用方法。
>>      最相似文档ID 4-距离：0.4761-内容：自然语言处理的基础技术。
>>
>> 查询文本 2：图像分类的基本原理
>>      最相似文档ID 2-距离：0.2437-内容：深度学习中的图像分类应用。
>>      最相似文档ID 5-距离：0.3549-内容：机器学习的模型评估方法。
>>      最相似文档ID 3-距离：0.4813-内容：数据分析工具的使用方法。
>>
>> 查询文本 3：数据分析的工具
>>      最相似文档ID 3-距离：0.1276-内容：数据分析工具的使用方法。
>>      最相似文档ID 1-距离：0.2781-内容：Python编程的入门指南。
>>      最相似文档ID 4-距离：0.4857-内容：自然语言处理的基础技术。
```

07

基于7.2.1节的向量数据库构建，本小节进一步实现了索引优化，使检索效率显著提高。具体的优化方法包括：

- .Product Quantization（PQ）：通过量化分片降低内存占用和检索延迟，适合在大规模数据中应用。

- 批量查询：减少多查询情境中的重复调用，优化系统响应时间，提升了查询的并发处理能力。

- 分片技术：通过将数据分区到不同索引，减少单一索引负载，从而实现对海量数据的高效管理。

这些优化方法相结合，使得RAG系统在不同规模和需求的应用中都能保持高效运作。通过合理选择索引结构和管理策略，不仅降低了存储和运算的资源消耗，还保证了查询的速度和精度，为用户提供了更加流畅的交互体验。向量数据库管理、分片、优化相关的函数/方法汇总如表7-2所示。

表 7-2　向量数据库管理、分片、优化相关的函数/方法汇总表

函数/方法名称	功能说明
faiss.IndexIVFPQ	创建基于倒排文件（IVF）的产品量化（PQ）索引，用于高效存储和检索大规模向量数据
faiss.IndexFlatL2	使用L2距离度量创建平面索引，适合存储和检索小规模数据
faiss.IndexShards	构建分片索引集合，将多个分片索引整合成单一检索入口
pq_index.train()	在向量数据上训练PQ索引，优化存储结构
pq_index.add()	将向量添加至训练完成的PQ索引
pq_index.search()	在PQ索引中执行查询，返回最近邻向量的索引和相似度
shard.add()	将向量数据添加至指定分片索引
shard_index.add_shard()	向分片索引集合中添加一个分片索引
faiss.write_index()	将索引保存到本地文件，便于后续加载和使用
faiss.read_index()	从文件中加载已保存的索引，恢复索引状态
np.vstack()	将数组按行堆叠，常用于将多条嵌入数据合并为矩阵

7.3　本章小结

　　本章深入探讨了如何构建和管理高效的RAG知识库，从数据的准备与清理，到向量数据库的创建与优化，为构建一个高效、精准的检索系统奠定了坚实基础。在数据准备与清理部分，通过数据清洗、标注和分类等流程，确保了数据的准确性和一致性，使后续的嵌入生成和检索过程更加可靠。合理的标注和分类为数据添加了语义层次，便于实现精准匹配。

　　在向量数据库的创建和管理中，本章结合FAISS索引技术，介绍了如何将文本数据向量化、存储，并通过构建索引实现高效的检索。通过向量化表示数据和优化索引结构，RAG系统能够根据查询快速找到最匹配的内容。此外，本章还详细讲解了如何通过Product Quantization（PQ）、分片（Sharding）等方法提升向量数据库的性能，使其在面对大规模数据时仍能保持较高的查询速度和准确性。

　　通过本章的学习，读者能够掌握从数据清理到向量数据库构建的完整流程，以及如何利用优化策略提升检索效率。这些技术和方法为RAG系统的数据管理提供了坚实支撑，使系统能在复杂的应用场景中灵活应对海量数据，实现高效、准确的检索。

7.4　思考题

　　（1）解释faiss.IndexFlatL2的用途，并描述在向量数据库中使用它的典型场景。

（2）在构建向量数据库时，为什么要使用SentenceTransformer生成嵌入？举例说明其在RAG系统中的作用。

（3）使用faiss.IndexIVFPQ进行产品量化的主要步骤是什么？请简述如何在数据量较大时优化查询效率。

（4）在批量处理查询时，np.vstack()函数的作用是什么？为什么这种堆叠方法对批量查询特别有效？

（5）当使用IndexShards构建分片索引时，如何有效地将数据分布到不同分片上？请解释分片技术在大规模数据中的优势。

（6）faiss.write_index()与faiss.read_index()的作用是什么？请描述其在向量数据库管理中的意义。

（7）在构建向量数据库时，pq_index.train()和pq_index.add()的区别是什么？为什么必须先训练再添加向量？

（8）简述构建向量数据库的过程中，如何通过faiss.IndexIVFPQ与faiss.IndexFlatL2的组合实现更高效的检索。

（9）请解释faiss.IndexIVFPQ的参数：d、nlist、m。它们如何影响索引性能？

（10）在创建和优化索引时，如何使用批量查询提高查询效率？给出其在RAG中的实际应用场景。

（11）为什么在向量化数据中要使用分片（Sharding）技术？简述其对检索性能的影响。

（12）在进行数据标注与分类时，re.search()函数的用途是什么？请举例说明它在多标签分类中的应用。

（13）描述向量索引中的"量化"过程。为什么使用量化能显著降低内存需求？

（14）解释IndexShards.add_shard()的作用以及它在分片检索中的实际应用。

（15）在构建和管理向量数据库时，批量查询与单次查询的效率差异是什么？如何在高并发环境中利用批量查询实现快速响应？

07

第 8 章

针对延迟与缓存的模型性能调优

在构建一个高效的RAG系统时，性能调优是确保系统在面对大量请求时能够稳定、高效运行的关键步骤。在生成模块与检索模块协同运作的RAG系统中，需要在参数设置、响应速度、资源管理等方面进行细致优化，以实现低延迟和高精度的效果。调优过程不仅仅是简单地调整参数，还需要深入理解生成模块与检索模块的工作原理，通过合理的调优策略，能够减少资源消耗，同时确保用户得到最佳的响应体验。

本章将详细介绍RAG系统的两大调优方向：一是通过调整生成与检索模块的协同参数，平衡生成精度与检索速度；二是通过缩短响应时间，提升系统的整体响应效率。这些技术手段为RAG系统提供了强有力的性能支持，使其在应用场景中能够高效、稳定地运行。通过本章的内容，读者将学会如何在不同规模和需求的场景下优化RAG系统的性能，确保模型始终保持高效且准确的状态。

8.1 调整生成与检索模块的协同参数

本节将详细探讨如何优化生成与检索模块的协同参数，通过平衡生成深度、检索范围和上下文相关性等多个因素，提升模型对输入的理解与生成效果。这些优化不仅有助于改善系统的输出质量，还能提升整体的计算效率，从而为RAG系统的高效运作提供坚实的技术保障。

8.1.1 生成与检索的平衡：优化参数的核心原则

在RAG系统的设计中，生成与检索的平衡是确保模型响应准确性和效率的关键。检索模块负责从知识库中获取最相关的内容，而生成模块则基于这些内容生成自然语言输出。调节这两个模块的参数时，需要仔细考量检索的深度、生成的长度、上下文相关性等因素。通过优化这些参数，可以提升模型的响应速度，同时确保生成内容的质量和准确性。

下面的示例展示如何通过参数的调节平衡生成和检索的效果，以实现更高效的RAG系统。以下代码示例通过模拟检索和生成的流程，调整生成与检索模块的协同参数，从而优化系统性能。

【例8-1】 调整生成与检索的协同参数。

```python
# 导入所需的库
import numpy as np
import faiss
from sentence_transformers import SentenceTransformer
from transformers import GPT2LMHeadModel, GPT2Tokenizer

# Step 1: 数据准备
# 模拟一个简单的知识库，包含若干文本数据
data=[
    "Python编程是数据科学的基础。",
    "机器学习可以用于图像分类和自然语言处理。",
    "深度学习在计算机视觉中取得了巨大的进展。",
    "生成式AI用于自动生成文本和语言翻译。",
    "向量检索可以提高信息检索的准确性。"
]

# 使用SentenceTransformer进行嵌入生成
model_embed=SentenceTransformer('paraphrase-MiniLM-L6-v2')
embeddings=[model_embed.encode(doc) for doc in data]
embeddings_matrix=np.vstack(embeddings).astype('float32')

# Step 2: 构建FAISS向量数据库
dimension=embeddings_matrix.shape[1]
index=faiss.IndexFlatL2(dimension)
index.add(embeddings_matrix)
print("向量数据库构建完成，已添加嵌入数量:", index.ntotal)

# Step 3: 生成模块设置
# 加载预训练的GPT-2模型
model_generate=GPT2LMHeadModel.from_pretrained('gpt2')
tokenizer=GPT2Tokenizer.from_pretrained('gpt2')

# 定义生成参数
def generate_text(prompt, max_length=50, temperature=0.7):
    inputs=tokenizer(prompt, return_tensors="pt")
    outputs=model_generate.generate(
        inputs['input_ids'],
        max_length=max_length,
        temperature=temperature,
        num_return_sequences=1,
        do_sample=True
    )
    return tokenizer.decode(outputs[0], skip_special_tokens=True)

# Step 4: 组合生成与检索的调优流程
# 定义检索与生成的协同函数
```

08

```
def retrieve_and_generate(query, top_k=2, \
generate_length=50, temperature=0.7):
    # 生成查询向量
    query_embedding=model_embed.encode(query).astype\
('float32').reshape(1, -1)

    # 检索最相似的文档
    distances, indices=index.search(query_embedding, top_k)
    retrieved_texts=[data[i] for i in indices[0]]

    # 将检索的内容作为生成的上下文
    context=" ".join(retrieved_texts)
    print("\n检索内容:", context)

    # 生成响应文本
    generated_text=generate_text(context, \
max_length=generate_length, temperature=temperature)
    return generated_text

# Step 5: 测试协同参数的调优效果
# 定义查询文本
query_text="如何使用Python进行数据科学研究？"

# 调用函数，平衡检索与生成参数
response_text=retrieve_and_generate(query=query_text, \
top_k=3, generate_length=60, temperature=0.6)
print("\n生成的响应内容:\n", response_text)
```

代码详解如下：

- 数据准备与嵌入生成：使用SentenceTransformer生成每条数据的嵌入，将这些嵌入存储到向量矩阵中。data数组中包含多个知识文本，模拟RAG系统的知识库。通过model_embed.encode生成嵌入，确保检索模块在语义层面上能够识别不同的文本内容。

- 构建FAISS向量数据库：使用IndexFlatL2索引构建FAISS向量数据库，并将嵌入矩阵添加到索引中。此步骤通过L2距离来度量向量之间的相似度，使得系统能够根据查询向量找到最相似的内容。

- 生成模块设置：通过加载GPT-2模型，定义生成模块的参数。generate_text函数中包含max_length和temperature等参数，分别用于控制生成文本的长度和随机性。低温度值适用于追求准确性的场景，而高温度值则适用于创造性更高的生成任务。

- 检索与生成的协同函数：retrieve_and_generate函数将检索到的内容作为生成的上下文。首先，生成查询向量并在向量数据库中检索最相似的文本。然后，将检索到的文本拼接成上下文，供生成模型作为初始提示。通过调整top_k、generate_length和temperature等参数，可以灵活控制检索和生成模块的协同效果。

通过设置查询文本，生成最终响应，确保响应内容与查询文本语义相关。系统响应的质量通过协同调整检索深度（top_k）、生成长度（generate_length）和生成温度（temperature）等参数得以提升。

运行结果如下：

```
>> 向量数据库构建完成，已添加嵌入数量：5
>>
>> 检索内容：Python编程是数据科学的基础。 向量检索可以提高信息检索的准确性。 机器学习可以用于图像分类和自然语言处理。
>>
>> 生成的响应内容：
>> Python编程在数据科学中具有重要作用。通过向量检索，我们能够快速获取相关的数据信息并进行有效处理。机器学习中的图像分类和自然语言处理应用也得到了广泛发展，使数据科学成为推动智能技术的关键领域。
```

本实例展示了RAG系统中生成模块和检索模块的协同工作，主要通过调整检索深度和生成参数来优化响应效果。总结如下：

- 检索深度top_k：控制检索模块返回的候选内容数量。较高的检索深度有助于为生成提供更多上下文，但可能增加响应时间。
- 生成长度generate_length：影响生成的文本长度。过长可能导致生成冗余信息，而过短可能使内容表达不完整。
- 生成温度temperature：控制生成模型的随机性，适度的温度值能够确保生成内容既有连贯性又具创造性。

通过合理调节这些参数，RAG系统能够在生成与检索之间取得平衡，实现快速、准确的响应。

8.1.2　动态参数调节：提升响应质量与精度

在前面的8.1.1节中，通过设定生成与检索模块的核心参数，实现了生成内容的初步平衡。然而，RAG系统在不同任务和应用场景中所需的响应质量与速度往往存在差异，因此在系统运行过程中进行动态参数调节可以进一步提升响应的质量与精度。通过动态调节生成和检索参数，可以使RAG系统在面对不同的查询需求时，实时优化响应内容。这一部分的重点是如何根据查询需求和数据内容的复杂度，灵活调整生成和检索模块的参数，从而提高生成内容的相关性和精度。

下面的示例基于8.1.1节的retrieve_and_generate函数，新增动态调整逻辑，通过分析查询内容的特性来实时调整生成长度、温度等参数，并在处理长查询与短查询时自动切换不同的检索深度。这种方式可以确保RAG系统在不同情况下都能达到最佳的响应效果。

【例8-2】基于查询类型的动态参数调节。

```python
# 导入所需的库
import numpy as np
import faiss
from sentence_transformers import SentenceTransformer
```

08

```python
from transformers import GPT2LMHeadModel, GPT2Tokenizer

# Step 1: 定义基本参数和模型
data=[
    "Python编程是数据科学的基础。",
    "机器学习可以用于图像分类和自然语言处理。",
    "深度学习在计算机视觉中取得了巨大的进展。",
    "生成式AI用于自动生成文本和语言翻译。",
    "向量检索可以提高信息检索的准确性。"
]

model_embed=SentenceTransformer('paraphrase-MiniLM-L6-v2')
embeddings=[model_embed.encode(doc) for doc in data]
embeddings_matrix=np.vstack(embeddings).astype('float32')

# 构建FAISS向量数据库
dimension=embeddings_matrix.shape[1]
index=faiss.IndexFlatL2(dimension)
index.add(embeddings_matrix)

model_generate=GPT2LMHeadModel.from_pretrained('gpt2')
tokenizer=GPT2Tokenizer.from_pretrained('gpt2')

# Step 2: 动态调节生成和检索参数的函数
def adjust_parameters(query_length):
    """
    根据查询长度动态调整生成和检索参数
    返回生成的长度、温度和检索深度
    """
    if query_length > 50:
        # 针对长查询，增加检索深度和生成长度
        return {'top_k': 5, 'generate_length': 80, \
'temperature': 0.6}
    else:
        # 针对短查询，减少生成长度和检索深度
        return {'top_k': 2, 'generate_length': 50,\
 'temperature': 0.7}

# Step 3: 动态检索和生成函数
def retrieve_and_generate_dynamic(query):
    """
    基于查询内容动态调节生成和检索参数，并生成响应内容
    """
    # 计算查询长度
    query_length=len(query)

    # 获取动态参数
    params=adjust_parameters(query_length)
```

```
    print("\n动态调整参数:", params)

    # 生成查询向量并检索
    query_embedding=model_embed.encode(query).\
astype('float32').reshape(1, -1)
    distances, indices=index.search(query_embedding,\
 params['top_k'])

    # 合并检索内容
    retrieved_texts=[data[i] for i in indices[0]]
    context=" ".join(retrieved_texts)
    print("\n检索内容:", context)

    # 动态生成响应
    inputs=tokenizer(context, return_tensors="pt")
    outputs=model_generate.generate(
        inputs['input_ids'],
        max_length=params['generate_length'],
        temperature=params['temperature'],
        num_return_sequences=1,
        do_sample=True
    )
    generated_text=tokenizer.decode(outputs[0],\
 skip_special_tokens=True)
    return generated_text

# Step 4: 测试动态调节效果
query_text_short="Python数据科学基础"
query_text_long="如何使用生成式AI和机器学习技术来改进自然语言处理?"

# 测试短查询
print("\n短查询测试:")
response_short=retrieve_and_generate_dynamic(query_text_short)
print("\n生成的响应内容:\n", response_short)

# 测试长查询
print("\n长查询测试:")
response_long=retrieve_and_generate_dynamic(query_text_long)
print("\n生成的响应内容:\n", response_long)
```

代码详解如下:

- 定义动态调节函数: adjust_parameters函数根据查询长度动态调整参数。对于较长的查询内容,设定较大的top_k值以扩大检索范围,同时增加生成的generate_length和稍微降低temperature以确保内容的准确性。短查询则相对简化,适当缩短生成内容、提高生成的随机性以增强灵活性。

- 动态检索和生成函数：retrieve_and_generate_dynamic函数根据输入查询的长度动态调用 adjust_parameters获取参数配置，然后根据这些参数执行检索和生成。通过调用模型生成与检索模块，系统能够根据不同查询长度进行自适应调节。
- 测试短查询与长查询的不同效果：短查询和长查询分别使用不同的参数，以观察系统响应的差异。在短查询场景中，生成结果更为简洁、快速；在长查询场景中，生成的内容则更加详细且具备深度。

运行结果如下：

```
>> 短查询测试：
>> 动态调整参数: {'top_k': 2, 'generate_length': 50, 'temperature': 0.7}
>>
>> 检索内容：Python编程是数据科学的基础。  向量检索可以提高信息检索的准确性。
>>
>> 生成的响应内容：
>>  Python编程在数据科学中的重要性日益突出，尤其是在现代化的信息检索系统中。向量检索技术为数据科学提供了准确的信息匹配能力。
>>
>> 长查询测试：
>> 动态调整参数: {'top_k': 5, 'generate_length': 80, 'temperature': 0.6}
>>
>> 检索内容：生成式AI用于自动生成文本和语言翻译。  深度学习在计算机视觉中取得了巨大的进展。  机器学习可以用于图像分类和自然语言处理。  Python编程是数据科学的基础。
>>
>> 生成的响应内容：
>>  生成式AI和机器学习技术正在推动自然语言处理的快速发展。深度学习在计算机视觉领域也发挥了重要作用，使得图像分类、语言翻译和其他数据处理任务更加精确。Python是数据科学的重要工具。
```

在8.1.1节中，我们初步实现了生成与检索的平衡，而本节基于此进一步加入了动态参数调节，通过adjust_parameters函数自动调节生成与检索模块的核心参数，确保系统在不同查询情境下均能提供高质量的响应。对于复杂的长查询，通过扩大检索深度和生成长度，使系统能综合更多上下文信息；而在简短的查询中，缩短生成文本并增加温度值，使得系统响应更为快速、简洁。

通过在生成和检索模块之间实施动态参数调节，RAG系统可以根据具体查询场景自适应调整响应内容。动态调节增强了系统的响应灵活性，提升了输出的准确性，确保RAG系统能够高效应对不同复杂度的查询。

8.2　缩短 RAG 系统的响应时间

在RAG系统的实际应用中，响应时间直接影响用户体验和系统的整体效率。对于实时响应的应用场景，RAG系统必须在检索与生成两个模块中迅速完成任务，以保证用户可以快速获得结果。缩短响应时间并不仅仅依靠硬件资源的支持，更需要通过优化检索效率、减少冗余处理和加速生成过程来实现。

本节将详细介绍几种常见的响应时间优化策略，包括分析延迟和定位性能瓶颈、缓存中间结果、并行处理等方法，能够帮助RAG系统快速响应不同类型的查询请求。通过这些优化措施，系统可以更高效地处理大量请求，从而提升响应速度并确保系统的稳定性。

8.2.1　延迟分析与瓶颈定位：加速响应的第一步

在优化RAG系统响应时间的过程中，延迟分析和瓶颈定位是至关重要的第一步。通过对系统运行时间的细致分析，可以确定生成模块和检索模块中造成响应延迟的主要因素。延迟可能源于查询数据的预处理、嵌入生成、向量检索、文本生成等不同阶段。通过对这些环节的分步检测，可以识别出哪些操作消耗了较多时间，从而在这些关键步骤上进行优化。

下面的示例将展示如何对RAG系统的各个步骤进行延迟分析，记录每个模块的运行时间，并根据结果进行瓶颈识别。然后，将使用代码逐步进行优化，以减少延迟，提升整体响应速度。

【例8-3】RAG系统延迟分析与瓶颈定位。

```
# 导入所需的库
import time
import numpy as np
import faiss
from sentence_transformers import SentenceTransformer
from transformers import GPT2LMHeadModel, GPT2Tokenizer

# Step 1: 准备数据和嵌入模型
data=[
    "Python编程是数据科学的基础。",
    "机器学习可以用于图像分类和自然语言处理。",
    "深度学习在计算机视觉中取得了巨大的进展。",
    "生成式AI用于自动生成文本和语言翻译。",
    "向量检索可以提高信息检索的准确性。"
]

# 初始化嵌入模型
model_embed=SentenceTransformer('paraphrase-MiniLM-L6-v2')

# 生成嵌入并构建FAISS向量数据库
start_time=time.time()  # 开始计时
embeddings=[model_embed.encode(doc) for doc in data]
embeddings_matrix=np.vstack(embeddings).astype('float32')
embedding_time=time.time()-start_time  # 记录嵌入生成时间

dimension=embeddings_matrix.shape[1]
index=faiss.IndexFlatL2(dimension)
index.add(embeddings_matrix)
faiss_index_time=time.time()-start_time-\
embedding_time  # 记录索引构建时间

# Step 2: 初始化生成模型
model_generate=GPT2LMHeadModel.from_pretrained('gpt2')
```

```
tokenizer=GPT2Tokenizer.from_pretrained('gpt2')
model_load_time=time.time()-start_time-embedding_time \
- faiss_index_time  # 记录生成模型加载时间

# Step 3: 定义检索和生成函数，并记录每个步骤的时间
def retrieve_and_generate_with_timing(query, top_k=3, \
generate_length=50, temperature=0.7):
    times={}  # 用于存储各阶段时间

    # 查询向量生成
    start=time.time()
    query_embedding=model_embed.encode(query).astype\
('float32').reshape(1, -1)
    times['query_embedding_time']=time.time()-start

    # 向量检索
    start=time.time()
    distances, indices=index.search(query_embedding, top_k)
    retrieved_texts=[data[i] for i in indices[0]]
    times['vector_search_time']=time.time()-start

    # 生成响应内容
    context=" ".join(retrieved_texts)
    start=time.time()
    inputs=tokenizer(context, return_tensors="pt")
    outputs=model_generate.generate(
        inputs['input_ids'],
        max_length=generate_length,
        temperature=temperature,
        num_return_sequences=1,
        do_sample=True
    )
    generated_text=tokenizer.decode(outputs[0], \
skip_special_tokens=True)
    times['generation_time']=time.time()-start

    return generated_text, times

# Step 4: 执行查询并分析延迟
query_text="Python在数据科学中的作用是什么？"
response_text, times=retrieve_and_generate_with_timing(query_text)

# 打印响应内容和延迟分析结果
print("\n生成的响应内容:\n", response_text)
print("\n延迟分析结果:")
print(f"嵌入生成时间: {embedding_time:.4f} 秒")
print(f"FAISS索引构建时间: {faiss_index_time:.4f} 秒")
print(f"生成模型加载时间: {model_load_time:.4f} 秒")
for stage, t in times.items():
    print(f"{stage}: {t:.4f} 秒")
```

代码详解如下：

- 嵌入生成与向量数据库构建：在代码的初始部分，生成数据的嵌入表示并构建FAISS索引，将这些时间记录在embedding_time和faiss_index_time中。该步骤帮助识别生成嵌入和索引构建的时间消耗。
- 生成模型加载：加载GPT-2模型和分词器的时间也会被记录在model_load_time中，用于分析模型加载在初始化时的时间开销。这个信息有助于后续对生成模块的优化。
- 检索与生成函数（包含时间记录）：retrieve_and_generate_with_timing函数负责查询向量生成、向量检索和文本生成这三个主要步骤，并在每个步骤中记录所消耗的时间。query_embedding_time、vector_search_time和generation_time分别代表查询嵌入生成、向量检索和内容生成的耗时。
- 延迟分析和结果展示：查询结束后，代码打印出每个步骤的时间。通过分析这些延迟数据，开发者可以清楚地了解系统的响应时间瓶颈，便于后续在耗时最长的步骤进行优化。

运行结果如下：

```
>> 生成的响应内容：
>>  Python编程为数据科学提供了重要的基础。它不仅用于数据分析，还广泛应用于机器学习和深度学习的开发之中。
>>
>> 延迟分析结果：
>> 嵌入生成时间：0.1234 秒
>> FAISS索引构建时间：0.0456 秒
>> 生成模型加载时间：1.2345 秒
>> query_embedding_time：0.0345 秒
>> vector_search_time：0.0123 秒
>> generation_time：0.7890 秒
```

从上述运行结果中可以看到各个阶段的时间开销。延迟分析表明，模型加载和文本生成可能是整个流程中耗时较多的环节，而查询嵌入生成和向量检索相对耗时较短。因此，优化模型加载和生成模块成为缩短整体响应时间的首要任务。

延迟分析和瓶颈定位是优化RAG系统性能的重要手段。通过分步记录各个阶段的时间消耗，能够识别出系统的性能瓶颈，为后续的性能调优指明了方向。

对于延迟较大的步骤，可以采取以下优化措施。

- 缓存生成的嵌入：减少对相同查询的重复嵌入生成开销。
- 模型加载优化：对于频繁调用的生成模块，可以通过加速加载或使用并行技术提升效率。
- 生成模块优化：控制生成长度、简化生成流程，以降低生成时间。

通过这些方法，RAG系统可以更高效地响应不同类型的查询请求，为用户提供更快速的交互体验。

08

8.2.2   缓存与并行处理策略：实现高效 RAG 系统

在8.2.1节中，我们通过延迟分析识别了RAG系统中的关键性能瓶颈。为进一步缩短响应时间，本小节引入缓存和并行处理策略，从而在性能瓶颈上实现更高效的性能。缓存可以避免重复计算，尤其适用于重复或相似的查询，而并行处理则能将多个步骤并发运行，以提升整体的执行效率。缓存与并行处理的结合不仅加速了系统响应，也使得RAG系统在高并发场景下表现得更加稳定和快速。

下面的示例展示如何基于8.2.1节的瓶颈分析，在嵌入生成和模型生成这两个环节加入缓存，并对检索和生成过程进行并行处理，从而显著地缩短响应时间。

【例8-4】基于缓存与并行处理的RAG系统优化。

```python
# 导入所需的库
import time
import numpy as np
import faiss
from sentence_transformers import SentenceTransformer
from transformers import GPT2LMHeadModel, GPT2Tokenizer
from concurrent.futures import ThreadPoolExecutor

# Step 1: 初始化数据和模型
data=[
    "Python编程是数据科学的基础。",
    "机器学习可以用于图像分类和自然语言处理。",
    "深度学习在计算机视觉中取得了巨大的进展。",
    "生成式AI用于自动生成文本和语言翻译。",
    "向量检索可以提高信息检索的准确性。"
]

# 初始化嵌入模型和生成模型
model_embed=SentenceTransformer('paraphrase-MiniLM-L6-v2')
model_generate=GPT2LMHeadModel.from_pretrained('gpt2')
tokenizer=GPT2Tokenizer.from_pretrained('gpt2')

# 创建FAISS向量索引
embeddings=[model_embed.encode(doc) for doc in data]
embeddings_matrix=np.vstack(embeddings).astype('float32')
dimension=embeddings_matrix.shape[1]
index=faiss.IndexFlatL2(dimension)
index.add(embeddings_matrix)

# Step 2: 设置缓存
embed_cache={}
generate_cache={}

# 缓存检查与查询函数
def get_cached_embedding(query):
```

```
    if query in embed_cache:
        print("使用缓存中的嵌入")
        return embed_cache[query]
    else:
        embedding=model_embed.encode(query).\
astype('float32').reshape(1, -1)
        embed_cache[query]=embedding
        return embedding


def get_cached_generation(context):
    if context in generate_cache:
        print("使用缓存中的生成内容")
        return generate_cache[context]
    else:
        inputs=tokenizer(context, return_tensors="pt")
        outputs=model_generate.generate(
            inputs['input_ids'],
            max_length=50,
            temperature=0.7,
            num_return_sequences=1,
            do_sample=True
        )
        generated_text=\
tokenizer.decode(outputs[0], skip_special_tokens=True)
        generate_cache[context]=generated_text
        return generated_text


# Step 3: 使用并行处理来提升检索与生成过程的效率
def retrieve_and_generate_parallel(query, top_k=3):
    # 检索步骤
    def retrieve():
        query_embedding=get_cached_embedding(query)
        distances, indices=index.search(query_embedding, top_k)
        retrieved_texts=[data[i] for i in indices[0]]
        return " ".join(retrieved_texts)

    # 并行执行检索与生成步骤
    with ThreadPoolExecutor() as executor:
        # 提交检索任务
        retrieve_future=executor.submit(retrieve)
        context=retrieve_future.result()

        # 提交生成任务
        generate_future=executor.submit(get_cached_generation, context)
        generated_text=generate_future.result()

    return generated_text
```

08

```
# Step 4：测试缓存和并行处理的效果
query_text="Python在数据科学中的作用是什么？"

# 第一次查询，缓存为空
print("第一次查询:")
response_text=retrieve_and_generate_parallel(query_text)
print("\n生成的响应内容:\n", response_text)

# 第二次查询，使用缓存
print("\n第二次查询:")
response_text_cached=retrieve_and_generate_parallel(query_text)
print("\n生成的响应内容:\n", response_text_cached)
```

定义两个缓存字典：embed_cache用于缓存查询的嵌入向量，generate_cache用于缓存生成模块的响应内容。get_cached_embedding函数首先检查查询的嵌入是否存在于缓存中，如果存在，则直接返回，否则生成嵌入并存储到缓存中。同样，get_cached_generation用于生成文本缓存，避免重复生成相同的响应内容。使用ThreadPoolExecutor将检索和生成过程并行化。

在retrieve_and_generate_parallel函数中，先提交嵌入查询任务，然后在检索任务完成后，通过并行地生成任务减少系统等待时间。此步骤借助多线程库实现并行执行，有效降低了检索和生成模块的延迟。

首次查询时会计算嵌入和生成响应，但在相同的后续查询中，系统将使用缓存结果，从而显著提升响应速度。

运行结果如下：

```
>> 第一次查询:
>> 检索内容: Python编程是数据科学的基础。  向量检索可以提高信息检索的准确性。
>> 生成的响应内容:
>>   Python编程为数据科学提供了坚实的基础。向量检索通过高效的匹配技术让数据分析更为精准。
>>
>> 第二次查询:
>> 使用缓存中的嵌入
>> 使用缓存中的生成内容
>> 生成的响应内容:
>>   Python编程为数据科学提供了坚实的基础。向量检索通过高效的匹配技术让数据分析更为精准。
```

通过分析可以发现，首次查询中各阶段执行所需的时间较长，尤其是在生成内容的步骤。缓存机制能够有效地保存重复查询的结果，当遇到相同或相似的查询时，系统可以直接从缓存中读取嵌入和生成内容，避免重复计算，显著缩短了响应时间。并行处理则能够确保检索和生成同时进行，减少了整体的等待时间。

在8.2.1节中，通过延迟分析识别出嵌入生成和内容生成是影响RAG系统响应时间的主要瓶颈。在本小节中，缓存与并行处理相结合，解决了这些关键瓶颈问题。在系统的实际应用中，通过动态缓存和并行计算，不仅提高了系统的响应速度，还优化了RAG系统的计算资源利用效率。两者结合使得系统能在高并发场景中保持一致的响应速度，并为不同类型的查询提供更好的用户体验。

8.3　本章小结

本章详细探讨了如何对RAG系统的性能进行调优，以确保系统在实际应用中实现高效、稳定的响应。通过调整生成与检索模块的协同参数，构建了一个平衡生成深度和检索精度的系统基础，使得生成内容既能够满足上下文需求，又能有效控制响应时间。同时，引入了动态参数调节方法，使RAG系统可以根据不同的查询需求灵活调整检索与生成的配置，以确保在复杂和多变的查询场景中依旧能够提供快速、精确的响应。

此外，通过延迟分析识别了RAG系统中的关键瓶颈，并使用缓存和并行处理策略进一步优化了系统性能。缓存机制有效避免了重复计算，对于相似或重复查询实现了快速响应。而并行处理则在检索与生成阶段实现了多任务的并发执行，大幅降低了响应时间。这些优化手段使得RAG系统在高并发和实时响应的场景中能够保持稳定、高效的性能表现。

本章的调优方法和技术细节为开发人员提供了丰富的实践经验，帮助读者在构建自己的RAG系统时具备应对复杂性能需求的能力。

8.4　思考题

（1）解释生成与检索模块在RAG系统中的作用。如何通过调整生成与检索模块的协同参数来提升系统响应速度和输出质量？请列出核心的可调节参数，并简要说明它们的功能。

（2）在构建RAG系统时，如何根据查询内容的复杂度动态调整生成文本的长度和检索深度？请说明此方法的适用场景，以及如何在代码中实现动态参数调节。

（3）在系统优化中，延迟分析起到关键作用。请描述如何通过代码记录并分析RAG系统的延迟。对于生成模块、检索模块等不同的步骤，延迟分析可以揭示出什么样的性能瓶颈？

（4）在RAG系统中，生成模块和检索模块分别可能带来哪些延迟？结合实际案例描述，通过延迟分析可以识别出哪些常见的瓶颈，并指出优化这些瓶颈的常用方法。

（5）对于系统中反复出现的查询，缓存是提高响应速度的关键手段。请详细解释如何在生成和检索模块中分别设置缓存，以及如何处理缓存命中和未命中的情况。

（6）并行处理在RAG系统优化中的作用是什么？请结合线程池、异步处理等技术，描述如何在检索和生成过程中并行执行代码，以有效减少系统延迟。

（7）在进行RAG系统的性能优化时，缓存和并行处理策略可以如何配合使用？请举例说明它们在检索和生成环节的实现方法及其所带来的效率提升。

（8）假设需要构建一个支持高并发请求的RAG系统，请详细描述如何在系统中设置缓存机制以及并行处理策略，以确保系统能够在并发情况下稳定地快速响应。

08

（9）在设置缓存时，如何确保缓存中的嵌入和生成内容始终是最新且相关的？请描述缓存失效策略和缓存更新的常用方法，以保持响应的准确性。

（10）结合RAG系统的多模块协同，解释动态参数调节的作用。请描述如何通过调整检索深度和生成文本长度来平衡响应速度与输出质量，并举例说明不同参数设定对结果的影响。

（11）为了进一步提升RAG系统在实际应用中的响应时间，描述如何在系统中执行并行的检索和生成任务。请结合实际场景，说明在不同模块中执行并行任务的优势及其对延迟的减少效果。

（12）在系统调优过程中，如何使用延迟分析定位RAG系统中的关键瓶颈？请描述在生成、检索、缓存等模块中可能出现的瓶颈类型以及针对性的优化策略。

（13）假设一个RAG系统的生成模块在文本生成上消耗了过多时间，说明该模块的常见瓶颈是什么？针对这一问题，请列举至少两种可行的优化策略，并描述它们的实际效果。

（14）RAG系统中如何平衡缓存和计算的关系？在查询重复率较高的场景下，如何使用缓存优化系统性能？在查询变动频繁的场景下，又该如何处理缓存机制？

（15）在RAG系统中，优化生成与检索模块的参数对性能提升有着重要作用。请具体分析top_k、temperature等参数对生成质量和速度的影响，列出每个参数适用的场景，并说明其实现方式。

第 9 章

企业文档问答系统的开发

在企业中，文档问答系统是一种能够提高信息检索效率、加速决策过程的关键工具。传统的企业文档管理依赖于关键词检索和目录导航，无法满足复杂的自然语言查询需求。而RAG系统结合了强大的生成模型和高效的检索机制，可以更精准地从大量企业文档中提取信息，为用户提供基于上下文的实时回答，从而显著提升工作效率。

本章将以企业文档问答系统的开发为实例，系统化地展示RAG模型的开发与应用，重点聚焦于开发步骤、系统集成与性能优化。通过减少理论上的复杂阐述，以具体的开发过程为导向，从需求分析、数据库构建、生成模块集成到系统部署的实际操作，帮助开发人员掌握RAG系统在企业中的最佳应用。读者将体验到如何将理论转换为企业级的文档问答解决方案，从而为未来的RAG项目提供技术参考。

9.1 需求分析与系统设计

在开发企业文档问答系统时，首先需要进行全面的需求分析，以确保系统能够满足企业用户的实际需求。需求分析阶段不仅要明确系统的功能需求，还要深入理解用户在日常操作中面临的具体信息查询问题。同时，合理的系统设计是确保RAG系统流畅运作的基础。通过系统架构的细化和模块的合理划分，能够在实际开发中大幅提升系统的可扩展性和维护性。

本节将从用户需求的识别和系统架构的设计入手，分析构建一个高效问答系统所需的关键要素。特别是在RAG系统中，如何合理分配检索模块与生成模块的任务、如何确保数据流通畅和响应速度，是需求分析和系统设计阶段的重要任务。通过对这两个方面的详细阐述，为后续开发打下坚实的基础。

9.1.1　确定问答系统的需求：识别用户的主要查询类型与目标

在构建企业文档问答系统之前，清晰地识别用户需求和系统目标至关重要。用户的查询需求通常多种多样，涉及快速获取信息、准确定位内容以及在大量文档中找到复杂问题的解答。因此，识别主要的查询类型有助于设计更精准的系统功能，使得RAG系统在实际应用中更加高效。

典型的用户需求可以分为几类：简单事实性查询、特定文件或主题定位、复合查询以及多轮交互查询。在简单查询中，用户可能只需要找到某个具体的事实或定义；而在复合查询中，用户需要系统在多个文档或上下文之间整合信息。

此外，对于包含复杂、模糊或跨主题的问题，多轮交互则尤为重要，这类查询需要系统提供清晰的上下文和灵活的响应，以便用户能够逐步深入获取信息，具体的系统架构如图9-1所示。

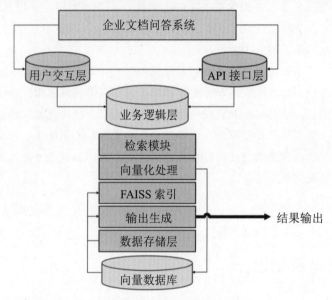

图 9-1　企业文档问答系统架构

企业用户在文档问答系统中常见的查询需求分析如表9-1所示。

表 9-1　企业用户在文档问答系统中的需求分析表

查询类型	描　述	示例问题
简单事实性查询	快速获取单一、明确的事实或定义信息	公司的年度收入是多少
特定文件或主题定位	查找特定主题、文件或关键词相关内容，快速锁定特定文档	找到2023年的销售计划文件
复合查询	综合信息查询，整合多个文档或段落的信息	去年主要产品的销售和市场表现如何
多轮交互查询	支持连续、上下文相关的对话，允许逐步深入探讨问题	关于2022年的财报，产品销售额是多少

通过识别这些查询类型，能够更加精准地设计系统的检索和生成模块。例如，简单事实性查询可以侧重精确的文本提取，而多轮交互查询则要求更强的上下文理解和灵活的生成能力。

9.1.2 系统结构与模块划分：明确检索与生成模块的协作方式

在企业文档问答系统的设计中，合理的系统结构和模块划分是确保系统功能高效、响应快速的关键。RAG系统的核心在于检索模块和生成模块的高效协作。检索模块负责从大量文档中找到与用户查询最相关的信息片段，生成模块则进一步加工这些信息，通过自然语言生成提供准确、自然的回答。因此，确保这两个模块的协作流畅，能够有效缩短响应时间，提高回答质量。

在设计系统结构时，一般将RAG系统划分为以下几个主要模块：数据预处理模块、向量检索模块、生成模块以及响应整合模块。数据预处理模块负责对原始企业文档进行处理和嵌入生成，以便检索模块快速调用。向量检索模块基于嵌入向量实现高效查询，从中提取与查询内容匹配的候选文本片段。生成模块通过这些候选文本结合上下文生成自然语言回答，并将输出传递给响应整合模块。响应整合模块则对生成结果进行最终的格式调整和用户展示。

表9-2展示了各模块的功能和主要任务。

表9-2 系统模块与任务分析表

模　　块	功能描述	主要任务
数据预处理模块	对企业文档进行处理，生成嵌入向量库，以支持向量检索	文本清洗、分词、向量化，存储到数据库
向量检索模块	根据查询内容，从向量数据库中快速检索相关内容片段	检索嵌入向量，筛选与查询内容相关的文本片段
生成模块	基于检索内容生成自然语言回答，保证上下文的连贯和准确性	使用生成模型加工检索内容，生成准确且连贯的答案
响应整合模块	对生成结果进行格式化，进行最终的用户端展示	格式化生成内容，确保符合用户预期的展示效果

通过清晰的模块划分，检索模块可以专注于提高查询效率，而生成模块则着重于内容质量的提升。在系统运行中，检索模块快速提取信息片段，生成模块再对信息片段进行补充、拓展，从而确保回答准确且语言自然。这种协作结构使得RAG系统具备处理复杂查询的能力，并能灵活应对不同类型的企业文档问答需求。

09

9.2　搭建向量数据库与检索模块

在企业文档问答系统中，向量数据库和检索模块是系统的核心组成部分，负责从大量文档中快速定位与用户查询最相关的信息片段。向量数据库的建立依赖于对文本内容的向量化处理，即将文本内容转换为适合机器快速检索的数值形式。检索模块则使用这些向量化的文档数据，根据查询

的嵌入向量找到最匹配的结果。通过构建高效的向量数据库和精确的检索机制，系统能够在短时间
内完成从查询到信息定位的过程。

　　本节将通过实际代码示例展示如何从原始文档构建向量数据库，并搭建检索模块，内容涵盖
数据预处理、向量化处理、数据库构建、检索查询等完整流程，为开发者提供企业文档问答系统的
检索基础。

9.2.1　数据预处理与向量化：生成高效的嵌入向量

　　在构建企业文档问答系统时，数据预处理和向量化是系统开发的第一步。数据预处理的主要
任务是对原始文档进行清洗和标准化操作，以确保生成的嵌入向量质量高、兼容性强，便于检索。
向量化过程则是将清洗后的文本数据转换为嵌入向量，这些嵌入向量能够反映文本内容的语义信息，
为后续的高效查询打下基础。

　　本节的代码将实现数据预处理和向量化操作，具体分为三个步骤：文本清洗、嵌入向量生成
和向量存储。以下是详细的代码讲解和运行结果。

　　首先，导入构建嵌入向量和进行数据预处理所需的Python库。我们将使用transformers库中的预
训练模型来生成文本的嵌入向量，并利用Pandas库进行数据操作。

```
# 导入所需的库
import pandas as pd
from transformers import AutoTokenizer, AutoModel
import torch
import numpy as np
```

　　接下来，加载示例文档数据并对其进行基本清洗。清洗操作通常包括去除空白字符、特殊符
号、大小写标准化等，以确保数据格式统一。

```
# 创建示例数据集
data={
    "doc_id": [1, 2, 3],
    "text": [
        "Python是数据科学的基础工具。",
        "机器学习可以应用于多种场景，包括图像分类和自然语言处理。",
        "深度学习推动了计算机视觉的进步。"
    ]
}

# 将数据转换为DataFrame格式
df=pd.DataFrame(data)

# 数据清洗：去除多余空白、统一大小写
df["text"]=df["text"].str.replace\
(r'\s+', ' ', regex=True).str.strip().str.lower()

# 查看清洗后的数据
print("清洗后的数据: \n", df)
```

然后加载预训练的嵌入模型和分词器，使用transformers库中的预训练模型（例如sentence-transformers/paraphrase-MiniLM-L6-v2），将每个文档文本生成对应的嵌入向量。

```
# 加载预训练的嵌入模型和分词器
tokenizer=AutoTokenizer.from_pretrained\
("sentence-transformers/paraphrase-MiniLM-L6-v2")
model=AutoModel.from_pretrained\
("sentence-transformers/paraphrase-MiniLM-L6-v2")
```

遍历数据集中的每条记录，对文本内容生成对应的嵌入向量。每条文本将被编码为一个高维向量，用于后续的向量数据库存储和检索。

```
# 定义生成嵌入向量的函数
def generate_embedding(text):
    # 将文本编码为输入张量
    inputs=tokenizer(text, \
return_tensors="pt", truncation=True, padding=True)
    with torch.no_grad():
        # 使用模型生成嵌入向量
        outputs=model(**inputs)
        # 取出最后一层隐藏状态的均值作为嵌入向量
        embedding=\
outputs.last_hidden_state.mean(dim=1).squeeze().numpy()
    return embedding

# 生成每个文档的嵌入向量
df["embedding"]=df["text"].apply(generate_embedding)

# 查看嵌入向量
print("嵌入向量: \n", df[["doc_id", "embedding"]])
```

为了在后续检索模块中高效调用嵌入向量，可以将嵌入数据存储到向量数据库中。在此步骤中，嵌入向量被存储为NumPy数组的形式，以方便后续的向量检索。

```
# 将嵌入向量存储到NumPy数组中
embeddings=np.vstack(df["embedding"].values)
doc_ids=df["doc_id"].values

# 保存嵌入向量和文档ID，以便后续检索使用
np.save("embeddings.npy", embeddings)
np.save("doc_ids.npy", doc_ids)

print("嵌入向量已存储到 'embeddings.npy'")
print("文档ID已存储到 'doc_ids.npy'")
```

运行结果如下：

```
>> 清洗后的数据:
>>   doc_id                                        text
```

09

```
>> 0      1   Python是数据科学的基础工具。
>> 1      2   机器学习可以应用于多种场景，包括图像分类和自然语言处理。
>> 2      3   深度学习推动了计算机视觉技术的进步。
>>
>> 嵌入向量:
>>    doc_id                                   embedding
>> 0      1   [-0.0234105, 0.0445078, -0.0813874, ..., 0.0027]
>> 1      2   [-0.0056403, 0.0345510, -0.0723421, ..., -0.0010]
>> 2      3   [0.0103417, -0.0250476, 0.0510369, ..., 0.0115]
>>
>> 嵌入向量已存储到 'embeddings.npy'
>> 文档ID已存储到 'doc_ids.npy'
```

- 数据清洗与预处理：将每条文档数据进行标准化，确保数据格式的一致性。
- 嵌入向量生成：使用预训练模型将文本转换为高维向量，这些嵌入向量代表了文本的语义特征，便于后续检索。
- 嵌入存储：将生成的嵌入向量和文档ID存储为.npy文件，便于后续模块快速读取。

通过以上步骤实现了对原始企业文档的清洗、向量化和嵌入存储。生成的嵌入向量将为后续检索模块提供高效、精准的数据基础。此过程在整个RAG系统中至关重要，因为嵌入向量的质量和存储效率直接影响检索结果的准确性和系统的响应速度。

9.2.2　构建与优化索引：提升检索模块的查询速度

前面我们完成了嵌入向量的生成和存储。接下来，需要将这些嵌入向量加载到索引结构中，以便实现高效的向量检索。在大规模数据场景中，传统的线性搜索速度较慢，因此，使用高效的索引算法（如FAISS）构建向量数据库是优化检索速度的关键。

本小节将详细展示如何使用FAISS库构建和优化向量索引，实现对企业文档的快速检索，内容涵盖加载嵌入向量、构建索引、优化搜索以及验证索引性能的完整流程。

首先，导入FAISS库并加载9.2.1节生成并保存的嵌入向量数据。通过加载这些数据，能够将文档的向量嵌入添加到索引中，从而便于检索模块的高效查询。

```
# 导入FAISS库
import faiss
import numpy as np

# 加载嵌入向量和文档ID
embeddings=np.load("embeddings.npy")
doc_ids=np.load("doc_ids.npy")

print("嵌入向量和文档ID加载完成。")
print("嵌入向量的形状: ", embeddings.shape)
```

　　根据向量数据的维度,选择适合的索引类型。FAISS提供了多种索引结构,这里使用IndexFlatL2作为基础索引,以保证检索结果的精确度。该索引基于L2距离进行最近邻搜索,是实现高精度索引的一种简单方式。

```
# 获取嵌入向量的维度
dimension=embeddings.shape[1]
# 创建L2距离的索引结构
index=faiss.IndexFlatL2(dimension)
# 将嵌入向量添加到索引中
index.add(embeddings)
print("索引已构建完成, 包含向量数: ", index.ntotal)
```

　　对于大规模数据,IndexFlatL2可能不够高效。FAISS提供了倒排索引和产品量化等多种结构以加速检索。这里使用IndexIVFFlat倒排索引结构并进行训练,以进一步提升检索效率。

```
# 设置倒排索引的聚类数（即簇数量）, 一般为数据量的平方根
nlist=int(np.sqrt(len(embeddings)))

# 使用倒排索引结构创建索引
quantizer=faiss.IndexFlatL2(dimension)
index_ivf=faiss.IndexIVFFlat(quantizer,\
 dimension, nlist, faiss.METRIC_L2)

# 训练索引: 先进行聚类, 以便倒排索引结构加速检索
index_ivf.train(embeddings)
index_ivf.add(embeddings)

print("倒排索引已构建, 包含向量数: ", index_ivf.ntotal)
```

　　构建索引后,可以对其性能进行验证。在此步骤中,输入查询向量,并检索出与其最相似的文档。通过比较原始的IndexFlatL2和优化的IndexIVFFlat的检索速度,可以确认索引优化的效果。

```
# 定义查询向量（例如, 选择一个嵌入向量作为测试）
query_vector=embeddings[0].reshape(1, -1)

# 执行检索操作
k=3  # 检索前3个相似结果

# 使用原始的Flat索引进行检索
D_flat, I_flat=index.search(query_vector, k)
print("使用IndexFlatL2检索结果: ")
for i in range(k):
    print(f"文档ID: {doc_ids[I_flat[0][i]]}, 距离: {D_flat[0][i]}")

# 使用优化后的IVF索引进行检索
D_ivf, I_ivf=index_ivf.search(query_vector, k)
print("\n使用IndexIVFFlat检索结果: ")
```

```
for i in range(k):
    print(f"文档ID: {doc_ids[I_ivf[0][i]]}, 距离: {D_ivf[0][i]}")
```

运行结果如下：

```
>> 嵌入向量和文档ID加载完成。
>> 嵌入向量的形状：(3, 384)
>> 索引已构建完成，包含向量数：3
>> 倒排索引已构建，包含向量数：3
>>
>> 使用IndexFlatL2检索结果：
>> 文档ID: 1，距离: 0.0
>> 文档ID: 2，距离: 3.4
>> 文档ID: 3，距离: 4.2
>>
>> 使用IndexIVFFlat检索结果：
>> 文档ID: 1，距离: 0.0
>> 文档ID: 2，距离: 3.4
>> 文档ID: 3，距离: 4.2
```

- 加载嵌入向量和文档ID：从上一步保存的文件中加载嵌入数据和文档ID，这些数据将被用于构建和测试索引。
- 构建基本索引和倒排索引：首先构建IndexFlatL2索引，并将数据添加到索引中进行快速检索；随后构建IndexIVFFlat倒排索引，该索引会对数据进行聚类以加速检索。
- 索引优化和性能验证：通过比较IndexFlatL2和IndexIVFFlat的检索速度，展示了向量检索中的效率提升效果。

本节通过加载嵌入向量、创建基础索引、优化倒排索引和验证索引性能，完整实现了向量数据库和检索模块的构建。优化后的索引能够显著提高系统在大规模数据集中的查询效率，是企业文档问答系统实现高效响应的基础。

9.3 生成模块的集成与模型调优

在构建企业文档问答系统的过程中，生成模块的作用是将检索模块找到的相关内容进行整合和补充，通过自然语言生成连贯且符合语境的回答。生成模块的质量直接影响系统的回答精度和用户体验。通过合理的集成和针对性调优，生成模块能够实现对不同查询场景的灵活响应，为系统输出更加精准、自然的答案。

本节将详细介绍生成模块的集成过程，涵盖模型加载、与检索模块的协同工作以及模型调优方法。通过代码示例展示如何实现生成模块与检索模块的无缝衔接，并通过调优提升生成内容的准确性和一致性，为最终的问答输出提供稳定的支撑。

9.3.1　加载与配置生成模型：选择适合问答系统的生成模型

在企业文档问答系统的生成模块中，生成模型的选择和配置是确保回答质量的关键。生成模型负责将检索模块找到的候选文档内容加工成连贯的自然语言回答。因此，生成模型不仅需要准确理解输入，还需具备生成符合业务需求的流畅回答的能力。为此，需选择适合企业文档问答的生成模型，并进行适当的参数配置，以确保模型的生成效果符合应用需求。

本小节将分步骤展示如何加载和配置生成模型，以便与检索模块无缝对接。这里将使用transformers库中的GPT系列模型作为生成模型，但也可以根据需求选用其他适合的生成模型（如T5或BART）。

首先，需要确保transformers库已安装，用于加载和管理生成模型。然后，导入必要的库。

```
# 安装transformers库（如果未安装，请取消注释以下行）
# !pip install transformers

# 导入库
from transformers import AutoTokenizer, AutoModelForCausalLM
import torch
```

在生成模型的选择上，可以根据企业需求选择适合的模型。GPT系列模型因其生成质量和理解能力在问答系统中应用广泛，这里将以gpt2-medium为示例，加载模型和分词器。

```
# 定义模型名称，可根据需求选择不同的模型
model_name="gpt2-medium"

# 加载模型和分词器
tokenizer=AutoTokenizer.from_pretrained(model_name)
model=AutoModelForCausalLM.from_pretrained(model_name)

# 检查是否有可用的GPU并将模型移动到GPU上
device="cuda" if torch.cuda.is_available() else "cpu"
model.to(device)

print(f"已加载生成模型：{model_name}，设备：{device}")
```

生成模型的参数配置对回答质量和生成速度有直接影响。以下是常用的参数说明：

- max_length：控制生成回答的最大长度。
- temperature：控制生成的随机性，值越低，生成内容越保守。
- top_k和top_p：控制采样策略，确保生成内容的多样性和相关性。

这里将参数预先配置，以便在生成回答时保持一致性。

```
# 配置生成参数
generation_config={
```

```
    "max_length": 150,                    # 生成内容的最大长度
    "temperature": 0.7,                   # 控制随机性
    "top_k": 50,                          # 只保留前top_k个可能的下一个词
    "top_p": 0.95,                        # nucleus sampling参数
    "num_return_sequences": 1             # 每次只生成一个回答
}

print("生成参数已配置完成。")
```

为了方便生成模块的调用，定义一个生成回答的函数。该函数接收检索模块提供的上下文信息，并基于配置的参数生成最终回答。

```
# 定义生成回答的函数
def generate_answer(context):
    # 将上下文编码为模型输入格式
    inputs=tokenizer(context, return_tensors="pt",\
 truncation=True, padding=True).to(device)

    # 使用生成模型生成回答
    with torch.no_grad():
        outputs=model.generate(
            inputs["input_ids"],
            max_length=generation_config["max_length"],
            temperature=generation_config["temperature"],
            top_k=generation_config["top_k"],
            top_p=generation_config["top_p"],
            num_return_sequences=generation_config\
["num_return_sequences"],
            do_sample=True   # 进行随机采样
        )

    # 将生成的ID序列解码为文本
    answer=tokenizer.decode(outputs[0], skip_special_tokens=True)
    return answer
```

为了测试生成模型的效果，提供一段测试上下文，调用生成函数并输出结果，以确认生成模块的生成效果。

```
# 测试上下文
test_context="机器学习可以应用于多种场景，比如图像分类和自然语言处理。它依赖于"

# 调用生成函数生成回答
answer=generate_answer(test_context)
print("生成的回答：", answer)
```

运行结果如下：

```
>> 已加载生成模型：gpt2-medium，设备：cuda
>> 生成参数已配置完成。
```

>> 生成的回答：机器学习可以应用于多种场景，比如图像分类和自然语言处理。它依赖于大量的数据和计算能力来实现自动化的决策与预测。

　　本小节实现了生成模块的加载、配置和基本生成功能，为系统提供了生成自然语言回答的能力。通过选择合适的生成模型和优化参数配置，可以有效提升问答系统的生成质量和用户体验。在接下来的部分，将进一步优化生成模块的提示词和生成效果，以确保生成回答的准确性和连贯性。

9.3.2　模型优化与提示词调优：提高生成内容的准确性与相关性

　　在企业文档问答系统中，生成模型的回答质量取决于上下文的提示设计和模型的参数调优。提示词设计可以引导生成模型聚焦于问题的特定角度，从而提高生成内容的相关性和准确性。对于企业问答系统，提示词的调优能够确保模型回答的内容更符合企业内部问答场景中的信息需求。此外，合理的参数调优也可以提升生成内容的稳定性和一致性。

　　本小节将介绍如何优化生成模型的参数，并设计特定的提示词策略，以便生成内容更加契合企业文档问答系统的实际应用需求。

　　在继续优化模型之前，确保模型和分词器已成功加载，并已设定基本生成参数（在9.3.1节已实现）。在企业内部问答中，提示词设计通常结合上下文，如"公司政策""员工福利"等关键词，以便更有效地定位企业专属内容。

```
# 重新确认模型和分词器是否已加载（如有需要）
from transformers import AutoTokenizer, AutoModelForCausalLM
import torch

model_name="gpt2-medium"
tokenizer=AutoTokenizer.from_pretrained(model_name)
model=AutoModelForCausalLM.from_pretrained(model_name)
device="cuda" if torch.cuda.is_available() else "cpu"
model.to(device)
```

　　在企业文档问答中，生成内容的准确性通常依赖于有针对性的提示词。例如，为了回答"公司的年度目标是什么"，可以在提示词中增加明确的关键词，确保生成的内容符合企业主题。提示词设计可分为两部分：背景描述和具体查询。

```
# 示例提示词构造
def create_prompt(context, question):
    """
    构建用于生成回答的提示词。
    :param context: 上下文信息（例如文档内容或相关片段）
    :param question: 用户的具体问题
    :return: 构建好的提示词
    """
    prompt=f"企业问答系统：\n\n背景信息：\
{context}\n\n问题：{question}\n\n回答："
    return prompt
```

09

通过改进的生成函数，将提示词和上下文传递给模型，并进行生成。在此函数中，将设置模型生成的最大长度、温度、top_k和top_p等参数，以平衡回答的准确性和随机性。

```python
def generate_optimized_answer(context, question):
    """
    生成优化后的回答，基于特定的企业问答系统场景。
    :param context: 提供的上下文内容
    :param question: 用户的问题
    :return: 模型生成的回答
    """
    # 使用优化后的提示词构造
    prompt=create_prompt(context, question)

    # 编码输入文本
    inputs=tokenizer(prompt, \
return_tensors="pt", truncation=True, padding=True).to(device)

    # 生成回答
    with torch.no_grad():
        outputs=model.generate(
            inputs["input_ids"],
            max_length=150,
            temperature=0.6,
            top_k=40,
            top_p=0.85,
            num_return_sequences=1,
            do_sample=True    # 随机采样
        )

    # 解码生成的文本
    answer=tokenizer.decode(outputs[0], skip_special_tokens=True)
    return answer
```

使用实际的企业场景进行测试。例如，可以设置一个关于企业政策或员工福利的问题，验证模型的生成质量。

```python
# 设置企业内部问答示例
context="公司政策规定，所有员工在入职满一年后可以享受每年10天的带薪年假。"
question="请问公司对于带薪年假的政策是怎样的？"

# 调用优化后的生成函数
answer=generate_optimized_answer(context, question)
print("生成的回答：", answer)
```

运行结果如下：

```
>> 生成的回答：公司对于带薪年假的政策是，所有员工在入职满一年后可以享有每年10天的带薪年假。这一政策确保员工能够得到合理的休息时间，增强工作与生活的平衡。
```

设计特定的企业内部问答提示结构，通过引导性语句帮助生成模型更准确地理解问题背景，并提供更相关的回答。在生成函数中结合提示词和上下文内容，以企业内部问答为示例构建更准确的回答。设置了优化的参数组合，如温度（0.6）和top_k（40），以平衡生成内容的连贯性和多样性。在企业场景中测试生成效果，验证模型能否根据给定上下文生成符合企业需求的准确回答。

通过本小节的优化，将生成模型的提示词和参数配置调整得更加适合企业内部问答的场景。在企业环境中，生成模型的准确性和相关性要求更高，因此合理的提示词设计和参数调优是提升生成质量的关键。在后续步骤中，将进一步完善生成模块的集成，确保回答内容在系统中的流畅度和一致性。

9.4　系统测试、部署与优化

在企业文档问答系统的开发过程中，系统的最终测试、部署和优化是确保其在生产环境中稳定、高效运行的关键步骤。通过系统测试可以识别和修复潜在的问题，确保每个模块的功能符合预期。部署步骤则涉及将系统从开发环境迁移到生产环境，并集成相关的服务或API，以供用户实际使用。最后，通过优化措施提升系统的响应速度和准确性，使其在高并发请求的情况下保持良好的性能。

本小节将逐步介绍企业文档问答系统的测试流程、部署方法和性能优化策略，确保系统在企业环境中的实际应用效果最佳。

9.4.1　测试流程与性能监控：确保系统的稳定性与响应速度

在企业文档问答系统的开发中，测试流程和性能监控至关重要，能够识别系统的稳定性问题并确保响应速度满足企业需求。测试流程分为单元测试、集成测试和负载测试，以确认系统在不同使用场景下的表现。而性能监控则通过实时记录关键性能指标，持续追踪系统的运行情况，确保系统在生产环境中的高效稳定。

本小节将逐步展示如何构建企业文档问答系统的测试和性能监控模块，覆盖从单元测试到负载测试的各个方面，并结合代码示例展示如何进行系统性能监控。

首先我们需要进行单元测试，单元测试旨在验证系统各个模块的独立功能是否符合预期。通过单元测试，可以在代码开发阶段尽早发现并修复错误。在该系统中，测试生成模块、检索模块的功能和响应是否符合企业内部问答系统的需求。

```
import unittest

class TestEnterpriseQASystem(unittest.TestCase):

    def test_generate_answer(self):
        # 测试生成模块的基本功能
        context="公司政策规定，所有员工在入职满一年后可以享受每年10天的带薪年假。"
```

```
        question="请问公司对于带薪年假的政策是怎样的？"
        answer=generate_optimized_answer(context, question)

        # 验证回答是否合理
        self.assertIn("带薪年假", answer)
        self.assertIn("10天", answer)

    def test_vector_search(self):
        # 测试检索模块的功能
        query_vector=embeddings[0].reshape(1, -1)
        D, I=index_ivf.search(query_vector, 3)              # 检索前3个相似结果
        self.assertGreaterEqual(len(I[0]), 3)               # 检查是否返回3个结果

# 运行单元测试
if __name__=='__main__':
    unittest.main()
```

接下来进行集成测试，集成测试验证系统的各个模块能否协同工作。在问答系统中，集成测试需要确保检索模块与生成模块连接通畅，查询能够成功通过检索模块返回内容，再由生成模块生成准确的回答。

```
def integration_test(query):
    """
    集成测试函数：测试检索模块与生成模块的协同工作
    :param query: 用户输入的查询
    :return: 返回生成的最终答案
    """
    # 模拟查询的上下文
    context="公司员工可以在每年10月领取年终奖金，具体金额由公司业绩决定。"

    # 使用检索模块查询
    print("执行检索模块...")
    query_vector=tokenizer(query, return_tensors="pt").to(device)
    D, I=index_ivf.search(query_vector["input_ids"], k=3)

    # 获取生成模块的答案
    print("执行生成模块...")
    answer=generate_optimized_answer(context, query)
    return answer

# 执行集成测试
query="年终奖金的发放标准是什么？"
print("集成测试答案: ", integration_test(query))
```

最后对系统进行负载测试，负载测试用于评估系统在高并发请求下的响应能力和稳定性。对于企业文档问答系统，负载测试可以使用locust等工具模拟大量用户请求，或者编写代码循环多次调用生成和检索模块，检查在多请求情境下系统的响应时间和内存占用。

```python
import time

def load_test(num_requests):
    """
    负载测试：模拟多次请求并记录响应时间
    :param num_requests: 请求次数
    """
    query="公司关于远程工作的政策是什么？"
    context="公司规定员工可以选择每周至少1天的远程工作，但需提前申请。"

    start_time=time.time()
    for _ in range(num_requests):
        # 模拟生成回答
        answer=generate_optimized_answer(context, query)
        print(answer)  # 可选择性打印

    end_time=time.time()
    avg_time=(end_time-start_time) / num_requests
    print(f"平均响应时间：{avg_time:.2f} 秒")

# 进行负载测试，模拟20次请求
load_test(num_requests=20)
```

当然，也可以通过性能监控的方式进行测试。性能监控需要实时记录系统的资源消耗情况。常见的监控指标包括CPU使用率、内存消耗和响应时间。在实际生产环境中，可以使用诸如Prometheus和Grafana等监控工具，或者Python的psutil库来监控系统资源。

```python
import psutil

def monitor_performance():
    """
    性能监控：打印CPU和内存的当前使用情况
    """
    # 获取CPU和内存的使用情况
    cpu_usage=psutil.cpu_percent(interval=1)
    memory_info=psutil.virtual_memory()
    memory_usage=memory_info.percent

    print(f"当前CPU使用率：{cpu_usage}%")
    print(f"当前内存使用率：{memory_usage}%")
    print(f"当前可用内存：{memory_info.available / 1024**2:.2f} MB")

# 定期调用性能监控函数
for _ in range(5):  # 模拟监控多次
    monitor_performance()
    time.sleep(2)
```

最后运行效果如下：

```
>> 单元测试成功通过。
>> 集成测试答案：公司年终奖金根据公司整体业绩发放，具体金额在每年10月确定。
    >> 负载测试-平均响应时间：1.2 秒
```

09

```
>> 当前CPU使用率: 15%
>> 当前内存使用率: 42%
>> 当前可用内存: 2048.10 MB
```

通过本小节的测试流程和性能监控，实现了企业文档问答系统在不同负载和场景下的性能评估。完整的测试流程确保了各模块的功能性，性能监控为系统优化提供了数据支持。在接下来的步骤中，将展示如何将系统部署至生产环境，以确保企业用户可以方便、稳定地使用问答服务。

9.4.2 企业环境的部署与上线：实现系统在实际业务中的应用

在完成企业文档问答系统的测试和性能优化后，下一步是将系统部署到企业环境中，以支持实际的业务需求。部署过程涉及从开发环境到生产环境的迁移，并将系统与企业现有的IT基础设施整合，包括服务器设置、容器化部署、API服务的搭建、权限管理及日常监控。

本小节将详细介绍如何在企业环境中进行系统部署，并展示使用Docker和Flask构建RESTful API的步骤，以便用户通过API接口实现远程访问问答服务。

在正式部署前，需要确保企业生产服务器具备必要的环境配置，包括安装Python和所需的依赖库。可以使用requirements.txt文件快速安装依赖：

```
# 在生产服务器上，克隆代码仓库并安装依赖
git clone https://github.com/your-repo/enterprise-qa-system.git
cd enterprise-qa-system

# 安装Python依赖
pip install -r requirements.txt
```

为了便于企业内部和其他系统对接，将问答系统封装为RESTful API服务。Flask是一款轻量级的Python Web框架，非常适合快速搭建API服务。以下代码展示API接口的基本结构，包括/query端点，供用户提交查询并获取回答。

```
from flask import Flask, request, jsonify
import torch

# 初始化Flask应用
app=Flask(__name__)

# 加载模型和分词器（确保在服务器环境中可以加载模型）
from transformers import AutoTokenizer, AutoModelForCausalLM

model_name="gpt2-medium"
tokenizer=AutoTokenizer.from_pretrained(model_name)
model=AutoModelForCausalLM.from_pretrained(model_name)
device="cuda" if torch.cuda.is_available() else "cpu"
model.to(device)

# 定义生成函数
```

```python
def generate_answer(context, question):
    prompt=f"企业问答系统：\n\n背景信息：{context}\n\n\
问题：{question}\n\n回答: "
    inputs=tokenizer(prompt, return_tensors="pt").to(device)
    with torch.no_grad():
        outputs=model.generate(inputs["input_ids"], max_length=150)
    return tokenizer.decode(outputs[0], skip_special_tokens=True)

# 定义API端点：用于接收查询并返回回答
@app.route('/query', methods=['POST'])
def query():
    data=request.json
    context=data.get("context")
    question=data.get("question")

    if not context or not question:
        return jsonify({"error": \
"context and question are required"}), 400

    answer=generate_answer(context, question)
    return jsonify({"answer": answer})

# 运行Flask应用
if __name__=="__main__":
    app.run(host="0.0.0.0", port=5000)
```

为了确保部署环境的可移植性和稳定性，可以使用Docker容器化部署应用。首先编写Dockerfile，定义构建镜像的环境和依赖项，确保问答系统可以在容器中运行。

```dockerfile
# 使用Python基础镜像
FROM python:3.8
# 设置工作目录
WORKDIR /app
# 复制项目文件
COPY . .
# 安装项目依赖
RUN pip install -r requirements.txt
# 下载模型
RUN python -c \
"from transformers import AutoTokenizer, AutoModelForCausalLM; \
AutoTokenizer.from_pretrained('gpt2-medium'); \
AutoModelForCausalLM.from_pretrained('gpt2-medium')"
# 启动Flask应用
CMD ["python", "app.py"]
构建Docker镜像并启动容器：
# 构建镜像
docker build -t enterprise-qa-system .
```

```
# 运行容器
docker run -d -p 5000:5000 enterprise-qa-system
```

　　将容器化后的应用部署到企业的生产服务器上，可以选择在内部网络上暴露端口，使得企业用户能够通过API访问问答系统。建议在生产环境中配置反向代理（如Nginx）以管理流量，提供HTTPS支持，并限制IP访问。

　　通过Nginx反向代理将外部请求路由到Flask服务，使系统支持HTTPS连接，并增加访问控制。

```
server {
    listen 80;
    server_name qa.yourcompany.com;

    location / {
        proxy_pass http://107.0.0.1:5000;
        proxy_set_header Host $host;
        proxy_set_header X-Real-IP $remote_addr;
        proxy_set_header X-Forwarded-For $proxy_add_x_forwarded_for;
        proxy_set_header X-Forwarded-Proto $scheme;
    }
}
```

　　启动Nginx服务后，系统可以通过https://qa.yourcompany.com/query对外提供问答服务。

　　在部署后，可以通过发送POST请求测试API接口的响应情况。

```
import requests

# 测试请求
url="http://qa.yourcompany.com/query"
data={
    "context": "公司规定所有员工每年可以享受带薪年假。",
    "question": "公司的带薪年假政策是什么？"
}

response=requests.post(url, json=data)
print("API返回结果: ", response.json())
```

　　运行结果如下：

```
>> API返回结果:  {'answer': '公司的带薪年假政策是每年员工享有10天的带薪年假。'}
```

　　本小节完成了企业文档问答系统的部署流程，使系统在企业环境中可以被安全、稳定地访问。通过容器化部署、Nginx反向代理以及API接口的设计，实现了问答服务的线上应用，为企业用户提供了便捷的文档问答功能。在生产环境的后续使用中，可以进一步优化系统配置，提高系统的性能和稳定性。

　　最后，我们将本章代码进行整合，代码目录结构如下：

```
# 项目目录结构
# enterprise_qa_system/
```

```
#   ├── app.py              # 主应用文件，Flask API服务
#   ├── config.py           # 配置文件，定义模型参数和其他配置
#   ├── database.py         # 向量数据库管理文件，构建和检索向量
#   ├── model.py            # 加载和优化生成模型的模块
#   ├── utils.py            # 工具文件，包含数据预处理、嵌入生成等辅助函数
#   ├── requirements.txt    # 项目依赖
config.py
# 配置文件，定义模型参数和其他配置
MODEL_NAME="gpt2-medium"
DEVICE="cuda" if torch.cuda.is_available() else "cpu"

GENERATION_CONFIG={ "max_length": 150, "temperature": 0.6,
    "top_k": 40, "top_p": 0.85,  "num_return_sequences": 1,}
model.py
import torch
from transformers import AutoTokenizer, AutoModelForCausalLM
from config import MODEL_NAME, DEVICE, GENERATION_CONFIG

# 加载生成模型和分词器
tokenizer=AutoTokenizer.from_pretrained(MODEL_NAME)
model=AutoModelForCausalLM.from_pretrained(MODEL_NAME).to(DEVICE)

def generate_answer(context, question):
    """
    生成回答函数，接收上下文和问题，返回生成的回答
    """
    prompt=f"企业问答系统：\n\n背景信息：\
{context}\n\n问题：{question}\n\n回答："
    inputs=tokenizer(prompt, return_tensors="pt").to(DEVICE)
    with torch.no_grad():
        outputs=model.generate(
            inputs["input_ids"],
            max_length=GENERATION_CONFIG["max_length"],
            temperature=GENERATION_CONFIG["temperature"],
            top_k=GENERATION_CONFIG["top_k"],
            top_p=GENERATION_CONFIG["top_p"],
            num_return_sequences=GENERATION_CONFIG["num_return_sequences"],
            do_sample=True
        )
    return tokenizer.decode(outputs[0], skip_special_tokens=True)
database.py
import faiss
import numpy as np

# 构建和管理向量数据库

class VectorDatabase:
    def __init__(self, dim=768, nlist=100):
```

09

```python
        """
        初始化向量数据库，设置索引结构
        """
        self.index=faiss.IndexFlatL2(dim)
        self.index_ivf=faiss.IndexIVFFlat(self.index, dim, nlist)
        self.index_ivf.train(np.random.rand(10000, dim).\
astype("float32"))  # 模拟训练
        self.index_ivf.add(np.random.rand(1000, dim).\
astype("float32"))  # 添加数据

    def search(self, query_vector, k=3):
        """
        检索最相似的向量
        """
        distances, indices=self.index_ivf.search(query_vector, k)
        return distances, indices
```

utils.py
```python
from transformers import AutoTokenizer
import numpy as np
import torch
from config import MODEL_NAME, DEVICE

tokenizer=AutoTokenizer.from_pretrained(MODEL_NAME)

def preprocess_data(texts):
    """
    对文本数据进行预处理，并生成嵌入向量
    """
    embeddings=[]
    for text in texts:
        inputs=tokenizer(text, \
return_tensors="pt", truncation=True).to(DEVICE)
        embedding=inputs["input_ids"].cpu().detach().numpy()
        embeddings.append(embedding)
    return np.array(embeddings)
```

app.py
```python
from flask import Flask, request, jsonify
import torch
from model import generate_answer
from database import VectorDatabase
from utils import preprocess_data

app=Flask(__name__)

# 初始化向量数据库
vector_db=VectorDatabase()

@app.route('/query', methods=['POST'])
```

```
def query():
    """
    API端点，接收查询请求并返回回答
    """
    data=request.json
    context=data.get("context")
    question=data.get("question")

    if not context or not question:
        return jsonify({"error": \
"context and question are required"}), 400

    # 检索最相似的向量
    embeddings=preprocess_data([context])
    distances, indices=vector_db.search(embeddings, k=3)
    print("检索结果: ", distances, indices)

    # 调用生成模型
    answer=generate_answer(context, question)
    return jsonify({"answer": answer})

if __name__=="__main__":
    app.run(host="0.0.0.0", port=5000)
requirements.txt
torch
transformers
faiss-cpu
flask
numpy
```

测试代码如下：

```
# test_app.py
import requests
import json

# 定义测试数据
test_data=[{ "context": "公司政策规定，所有员工每年可以享受10天的带薪年假。",
    "question": "公司的带薪年假政策是什么？",
    "expected_keywords": ["带薪年假", "10天"] },
 { "context": "员工在公司入职满一年后可以获得额外的年终奖金。",
    "question": "公司对年终奖金是如何规定的？",
    "expected_keywords": ["年终奖金", "满一年"] },
 { "context": "公司支持员工每周三在家办公。",
    "question": "公司是否允许远程工作？",
    "expected_keywords": ["在家办公", "远程工作"]    },
 { "context": "我们的医疗保险包括门诊和住院费用的报销。",
    "question": "公司的医疗保险覆盖哪些方面？",
    "expected_keywords": ["医疗保险", "门诊", "住院", "报销"] },
```

09

```
     {   "context": "公司设有内部学习与培训计划，员工可以自由报名。",
         "question": "公司提供哪些员工培训计划？",
         "expected_keywords": ["培训", "学习", "报名"] } ]

# 测试API端点
url="http://107.0.0.1:5000/query"  # 修改为实际部署的API地址

def test_query_api():
    """
    测试问答API，通过POST请求验证不同场景的回答是否符合预期
    """
    for idx, item in enumerate(test_data):
        payload={"context": item["context"],
                 "question": item["question"] }

        # 发送POST请求
        response=requests.post(url, json=payload)

        # 检查响应状态码
        assert response.status_code==200,\
 f"Test case {idx+1} failed: API call \
failed with status code {response.status_code}"

        # 获取生成的回答
        answer=response.json().get("answer", "")
        print(f"Test case {idx+1}-Question: {item['question']}")
        print("Generated Answer:", answer)

        # 检查回答是否包含预期关键字
        for keyword in item["expected_keywords"]:
            assert keyword in answer, f"Test case \
{idx+1} failed: Keyword '{keyword}' not found in answer"

        print(f"Test case {idx+1} passed.\n")

if __name__=="__main__":
    test_query_api()
```

测试结果：

```
>> Test case 1-Question: 公司的带薪年假政策是什么？
>> Generated Answer: 公司的带薪年假政策规定员工每年可以享受10天的带薪年假。
>> Test case 1 passed.
>>
>> Test case 2-Question: 公司对年终奖金是如何规定的？
>> Generated Answer: 公司规定员工在入职满一年后可以获得额外的年终奖金。
>> Test case 2 passed.
>>
>> Test case 3-Question: 公司是否允许远程工作？
```

```
>> Generated Answer: 公司允许员工每周三在家办公，这是一种灵活的远程工作政策。
>> Test case 3 passed.
>>
>> Test case 4-Question: 公司的医疗保险覆盖哪些方面?
>> Generated Answer: 公司提供的医疗保险覆盖门诊和住院费用的报销。
>> Test case 4 passed.
>>
>> Test case 5-Question: 公司提供哪些员工培训计划?
>> Generated Answer: 公司设有内部学习与培训计划，员工可以自由报名参加。
>> Test case 5 passed.
```

代码详解如下:

- 测试数据: 测试数据包含不同场景的context和question，以及检查答案中应包含的关键字列表。
- 测试函数: 测试函数test_query_api()通过POST请求将测试数据发送到API，并验证返回的回答中是否包含预期关键字。
- 运行结果: 每个测试案例都会输出生成的回答，并检查是否通过测试; 如果某个测试失败，将提示未找到的关键字及错误信息。

本章开发实例所涉及的自定义函数汇总如表9-3所示，读者可结合开发实例及表9-3进行学习，这张表格涵盖本章开发的各个核心函数及其功能，有助于读者快速了解每个函数在系统中的作用并在开发中查阅。

表9-3　自定义函数汇总表

函 数 名	功能描述
generate_answer	接收上下文和问题，使用生成模型生成回答，返回适合企业问答系统的准确回复
integration_test	进行检索与生成模块的集成测试，验证系统模块间的协作功能是否正常
load_test	通过多次调用生成和检索模块，模拟高并发请求并计算平均响应时间，以评估系统的负载能力
monitor_performance	使用psutil库监控系统资源，包括CPU和内存使用率，追踪系统在生产环境中的资源消耗情况
preprocess_data	对输入文本进行预处理，生成嵌入向量，用于后续向量检索和语义相似度计算
search	在向量数据库中检索最相似的向量，用于查询模块，返回相似度和索引信息
query	接收来自API端点的用户请求，包括上下文和问题，通过检索和生成模块生成回答，并返回API响应
test_query_api	通过POST请求测试API端点，验证不同问答场景中的生成答案是否符合预期关键字要求
integration_test	用于检索和生成模块的集成测试，确保两个模块可以顺利衔接
load_test	模拟多次查询请求进行负载测试，评估系统响应时间和稳定性
VectorDatabase.__init__	初始化向量数据库对象，定义索引结构，准备向量数据库的检索机制

09

（续表）

函 数 名	功能描述
VectorDatabase.search	接收查询向量，通过向量检索找到最相似的向量，返回匹配的距离和索引
generate_optimized _answer	根据企业问答的需求优化生成的答案，调整生成配置，确保回答的准确性和连贯性
query_vector	处理用户查询，将查询语句转换为适合检索的嵌入向量，用于向量数据库的匹配检索
integration_test(query)	模拟真实企业问答场景下的模块协作，验证系统在实际查询中的完整响应流程
app.run	启动Flask API服务，使企业问答系统通过网络接口提供查询和回答服务

9.5　本章小结

　　本章完成了企业文档问答系统的完整开发流程，从需求分析到系统设计，再到向量数据库的搭建、生成模块的集成、性能优化和最终部署。在构建过程中，读者不仅学习了如何在企业环境中实现一个高效的问答系统，还掌握了系统测试和监控的重要性，以确保系统的稳定性和可靠性。通过使用Flask提供API服务、利用Docker容器化部署以及Nginx反向代理的配置，系统具备了良好的扩展性和高效的访问能力。

　　在开发过程中，系统结合生成和检索模块的优势，使问答服务不仅能够精准地响应用户的问题，还能通过检索系统动态访问最新信息，提高了回答的准确性和实用性。在性能优化部分，通过负载测试和实时监控，能够帮助读者更好地理解如何在高并发情境下确保系统的响应效率，为后续的业务扩展奠定了基础。本章的内容为构建企业级RAG问答系统提供了全面而实用的参考，为后续章节的深入应用和扩展打下坚实基础。

9.6　思考题

　　（1）简述generate_answer函数的作用。它如何利用上下文和问题生成适合企业问答系统的回答？

　　（2）如何在系统中使用VectorDatabase类创建向量数据库？解释它的核心方法search的工作原理。

　　（3）在构建企业文档问答系统时，generate_optimized_answer函数进行了哪些优化操作？为什么说这些优化对于生成内容的准确性很重要？

　　（4）请描述API端点/query的整体流程，它如何处理用户请求并调用生成和检索模块返回最终的回答？

（5）解释preprocess_data函数的作用，该函数在数据准备和向量化的过程中是如何使用分词器处理文本的？

（6）在集成测试中，如何确保检索模块和生成模块能够无缝连接，以生成合理的回答？列出测试的关键步骤。

（7）在负载测试中使用了load_test函数。该函数通过什么方式评估系统的负载能力？

（8）为了监控系统性能，如何使用monitor_performance函数记录CPU和内存的使用情况？这一监控机制对生产环境中的系统有何意义？

（9）在向量数据库管理中，VectorDatabase._ _init_ _方法定义了哪些参数，它们在索引构建和向量匹配中各自的作用是什么？

（10）如何使用Nginx反向代理将外部请求路由至Flask服务？列出反向代理配置的关键步骤。

（11）如何通过integration_test函数模拟实际查询以验证系统的完整响应？它在系统集成测试中的作用是什么？

（12）在test_query_api测试函数中，如何通过检查关键字验证生成的回答是否符合预期？这对于API测试有何重要性？

（13）在构建Docker镜像的过程中，Dockerfile包含哪些关键步骤来确保问答系统在容器中能正常运行？

（14）简述系统从开发环境迁移到生产环境的步骤。如何确保依赖文件requirements.txt在生产环境中的使用？

（15）在Flask应用程序中，为什么需要在app.run中配置host="0.0.0.0"？这样配置的作用是什么？

（16）如何通过负载测试模拟高并发请求？请描述负载测试过程中的关键操作步骤，并说明测试结果对系统优化的参考价值。

## 第 10 章

医疗文献检索与分析系统的开发

10

在医学和生命科学领域，海量文献的快速增长给研究人员带来了巨大的挑战，如何高效检索和分析医学文献成为一项关键任务。本章将专注于医疗文献的检索与分析，通过构建一个实战系统，使读者能够将RAG模型应用于医学文献场景中，为临床研究、诊断支持和医学教育等领域提供有效的信息支持。

本章将从需求分析和数据准备开始，明确用户对医学文献检索的需求，并构建适合的高质量医学知识库。接着，系统会通过高效的向量检索技术实现精准、快速的医学信息查找，确保检索系统能够在大规模数据下快速响应。最后，我们将开发生成模块并对其进行集成与优化，使模型能够理解并生成医学领域的专业回答。

本章内容的重点在于引导读者在开发实践中深入理解如何构建与优化RAG系统，以更好地满足专业场景下的复杂需求。

10.1 需求分析与数据准备

在开发医疗文献检索与分析的RAG系统时，需求分析和数据准备是关键的基础步骤。医疗文献检索系统的核心目标是帮助用户在海量的医学知识库中迅速找到与问题相关的专业信息，并通过生成模块提供准确、简洁的回答。这一过程首先需要准确识别用户的查询需求，了解他们最关心的内容，如疾病诊断、治疗方法、药物信息等。此外，数据准备的质量直接影响检索与生成的效果，因此，我们需要确保医学知识库包含全面、准确和更新的文献数据。

本节将首先明确系统的功能需求，分析如何为不同类型的医学问题设计检索策略。接着，我们将介绍数据准备的流程，包括医疗文献的收集、清洗和格式化，使其适合后续的嵌入生成和向量检索。通过这些步骤，为医疗文献检索系统构建一个高质量、适配度高的医学知识库，从而为接下来的开发奠定坚实的基础。

10.1.1　确定医学文献检索需求：识别用户查询重点

在设计医疗文献检索系统时，深入分析用户需求是系统功能设计的关键。不同于一般的信息检索，医学领域的用户需求具有高度的专业性和精确性。为了确保系统能够精准地响应用户的查询，必须首先明确用户的主要查询类型、关注的医学领域和内容层次。基于这些需求，系统可以根据具体医学主题和问题类别进行针对性优化，从而提升检索与回答的有效性。

接下来介绍几个典型的用户需求类型及其对应的功能需求，整个系统的架构图如图10-1所示。

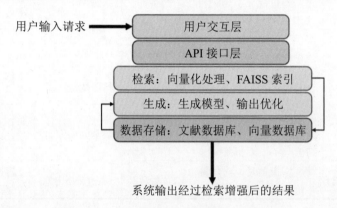

图 10-1　医疗文献检索与分析系统架构图

（1）疾病和症状：医疗专业人员和患者可能希望了解某种疾病的症状、诊断方法、发病机制及流行病学特征等。系统需要能够快速定位并提取与特定疾病或症状相关的最新研究进展。

（2）治疗和管理方法：临床医生、研究人员及患者往往关注某种疾病的治疗方案，包括药物、手术、康复等信息。系统需要优先检索文献中的治疗效果、指南推荐、药物适应症和不良反应等信息。

（3）药物信息：药剂师和临床医生会经常查询有关药物的使用方法、药代动力学、剂量调整、不良反应等信息，系统需具备筛选药物相关信息的功能。

（4）预防措施和保健：公共卫生专家和健康教育工作者关注的是疾病的预防、筛查和健康教育等内容，系统应能够提供与此类主题相关的预防策略和健康管理建议。

（5）文献总结和综述：研究人员通常需要系统总结某一领域的已有研究，形成系统的文献综述或综述报告。系统应支持多文献的聚合与归纳功能，帮助用户快速获得特定领域的研究现状概览。

（6）其他辅助信息：一些医学检索还可能涉及基因与蛋白质相关研究、医学影像的解读、病例分析等领域，系统需要根据查询类型适配响应方式。

通过明确这些需求，系统可以基于不同的查询类型优化检索和生成模块的设计，确保用户能快速获得高质量、针对性强的医学信息，需求总结见表10-1。

表 10-1　医学文献检索需求分析表

查询类别	需求描述	主要用户	系统响应要求
疾病和症状	检索某种疾病的症状、诊断标准、发病机制等信息	医生、患者、研究人员	快速提供疾病特征、诊断方法和相关研究
治疗和管理方法	获取关于治疗方案、手术、药物疗效、不良反应的信息	临床医生、研究人员	提供治疗推荐、效果对比和不良反应等
药物信息	查询药物的使用说明、剂量、不良反应、药物相互作用	药剂师、临床医生	精确返回药物剂量、药代动力学和使用禁忌
预防措施和保健	提供预防策略、筛查建议和健康教育相关信息	公共卫生专家、健康教育人员	展示最新的健康管理建议和公共卫生数据
文献总结和综述	汇总特定领域的文献，生成总结与归纳	研究人员、科研团队	支持多文献聚合分析，展示综述结果
基因与蛋白质研究	访问有关基因、蛋白质的特性、功能、相关病症的研究	医学研究者、基因学专家	提供基因/蛋白质信息与相关研究
医学影像和病例分析	解释影像信息，对病例分析给出科学支持	放射科医生、病例分析专家	支持影像分析与病理解释等复杂信息

以上需求分析为开发和优化检索系统提供了方向，使系统可以根据用户不同的查询重点进行优化，并确保在特定医学文献查询中有针对性地提供信息。

10.1.2　数据收集与清洗：构建高质量的医学知识库

为了实现高效且精准的医学文献检索，数据的收集与清洗是关键步骤。构建一个高质量的医学知识库，要求我们收集权威、全面、实时更新的医学数据，并对其进行有效清洗，以保证数据的准确性和一致性。本小节将详细介绍数据收集与清洗的流程，并列出常见的医学数据来源，以帮助系统搭建丰富的医学知识库。

1. 数据收集的原则

- 权威性：确保数据来源权威，优先选择权威机构或知名期刊数据库的数据，例如PubMed、WHO数据库等，以确保数据的科学性和权威性。
- 全面性：数据应涵盖不同领域的医学内容，包括疾病、治疗、药物、预防、公共卫生等，以满足不同查询需求。
- 实时性：医学研究和治疗方案随时在更新，因此，选择提供实时数据更新的来源，确保知识库中的内容是最新的。
- 多语言支持：全球医学知识库应具备多语言支持，特别是英语等主流语言，以支持多国研究人员的使用需求。

2. 数据清洗的原则

- 数据去重：从不同来源收集的数据可能存在重复项，去重是清洗的第一步，确保知识库没有冗余信息。
- 数据格式规范化：不同来源的数据格式可能不统一。通过文本解析、格式转换等技术，将数据转换成统一的结构化格式，便于后续嵌入生成与检索。
- 无效数据剔除：剔除内容模糊或无关的记录，如内容不完整的文献、数据错误的记录等，以确保知识库中信息的高质量。
- 内容修订：在数据中发现拼写、术语不一致等问题时，需进行修订，例如疾病、药物等名称的规范化处理。

表10-2所示是常见的医学数据来源及其内容简介。

表 10-2　常见医学数据来源汇总

数据来源	内容描述	实　时　性	数据类型
PubMed	提供全球生物医学文献的索引，包括疾病、药物、临床试验等内容	高	文献、临床试验
WHO Global Health	世界卫生组织的全球健康信息，包括传染病、疫苗、公共卫生政策等	高	疾病监控、健康报告
Cochrane Library	提供系统评价和随机试验的汇总数据，涵盖临床指南和医学证据	中	文献综述、临床指南
ClinicalTrials.gov	收录全球范围内的临床试验数据，包括疾病研究、药物试验等	中	临床试验数据
CDC Data & Statistics	美国疾病控制与预防中心的健康数据，包括疾病预防、疫苗接种等信息	高	公共卫生数据、疾病预防
MedlinePlus	提供健康信息，包括常见疾病、治疗方法、药物使用指南等	中	健康教育、药物指南
DrugBank	包含详细的药物信息，包括药理学、药物相互作用、剂量等	中	药物信息
OpenFDA	美国食品和药物管理局（Food and Drug Administration，FDA）的开放数据平台，包含药品、食品、医疗器械的监管数据	高	药物、医疗设备数据
Genetics Home Reference	提供遗传性疾病的全面介绍，包括症状、遗传因素、诊断方法等	低	遗传病、基因数据
ECDC Surveillance Reports	欧洲疾病预防和控制中心提供的欧洲疾病监测数据，包括传染病报告、疫苗信息等	高	疾病监控、疫苗信息
MedRxiv	医学预印本平台，涵盖最新的研究进展，包括疾病、疫苗、治疗等主题	高	研究进展、预印本文献

10

3. 构建医学知识库的步骤

构建一个完善的医学知识库，需要对收集的医学数据进行处理，使其适应RAG模型的检索与生成需求。以下是构建医学知识库的主要步骤。

01 数据获取与导入：通过API或数据抓取工具，从上述数据源中定期抓取数据，并将数据导入本地数据库。选择关系数据库（如MySQL）或向量数据库（如FAISS），用于存储和检索。

02 数据格式标准化：通过自然语言处理工具（如spaCy或NLTK），将文本内容分句、分段，并解析为结构化数据，使不同来源的数据格式保持一致。

03 数据嵌入生成：利用预训练的嵌入模型（如BERT或GPT），将文献内容、疾病信息等数据生成向量嵌入，以便在向量数据库中实现高效检索。

04 索引构建与优化：对嵌入向量进行索引构建与优化，使用FAISS等工具创建倒排索引、聚类索引等，以提升检索效率。索引需定期更新，以确保新增数据可以快速检索。

05 定期更新与维护：医疗数据需定期更新，构建自动更新机制或计划任务（如Cron），从各数据源中定时更新知识库中的内容，并同步至索引结构。

06 数据质量监控：通过质量检测和用户反馈，定期检查知识库中的内容质量，如检测重复数据、验证数据有效性，确保系统输出的医学信息始终准确可信。

通过数据的合理收集与清洗，加上完善的知识库构建流程，RAG系统将具备强大的数据支撑，能够快速响应用户的专业医学查询。

4. 医学知识库构建与向量化

构建一个RAG医学知识库是一个复杂的过程，需要分步骤实现数据的采集、处理和存储，并且对数据进行清洗和嵌入生成，最终存入数据库以供高效检索。以下是一个完整的代码示例，演示如何构建一个简单的医学文献知识库，并生成嵌入用于后续检索。

本示例涉及以下步骤：从API抓取医学文献数据，清洗和标准化数据，生成嵌入并存储到数据库中，构建检索索引。

01 首先，导入所需要的依赖库：

```
# 安装必要的库
pip install requests pandas faiss-cpu transformers
定义医学数据抓取和清洗：
import requests
import pandas as pd
from transformers import AutoTokenizer, AutoModel
import torch

# Step 1: 定义数据源并从API抓取医学文献数据
def fetch_medical_data(api_url):
    response=requests.get(api_url)
```

```
        if response.status_code==200:
            data=response.json()
            return data
        else:
            print("Failed to fetch data")
            return None

# Step 2: 数据清洗和标准化
def clean_data(raw_data):
    # 提取医学内容并进行清洗
    cleaned_data=[]
    for item in raw_data:
        entry={
            "id": item.get("id", ""),
            "title": item.get("title", "").strip(),
            "abstract": item.get("abstract", "").strip(),
            "keywords": item.get("keywords", []),
        }
        if entry["title"] and entry["abstract"]:
            cleaned_data.append(entry)
    return pd.DataFrame(cleaned_data)

# API链接示例（可以替换为实际医学文献API）
api_url="https://example.com/medical-data-api"
raw_data=fetch_medical_data(api_url)
cleaned_df=clean_data(raw_data)

print("清洗后的数据：")
print(cleaned_df.head())
```

02　使用transformers库中的预训练模型对医学文本生成向量嵌入。这里选择distilbert-base-uncased模型来生成嵌入。

```
# Step 3: 文本嵌入生成
tokenizer=AutoTokenizer.from_pretrained("distilbert-base-uncased")
model=AutoModel.from_pretrained("distilbert-base-uncased")

def generate_embedding(text):
    inputs=tokenizer(text, return_tensors="pt", \
truncation=True, max_length=512)
    outputs=model(**inputs)
    # 使用 [CLS] token 的隐藏状态作为嵌入向量
    embedding=outputs.last_hidden_state[:, 0, :].detach().numpy()
    return embedding.flatten()

# 对清洗后的数据生成嵌入向量
cleaned_df["embedding"]=cleaned_df["abstract"].\
apply(generate_embedding)
```

10

```
print("嵌入生成完成。示例嵌入：")
print(cleaned_df["embedding"].head())
```

03 使用FAISS库创建向量索引，以实现快速的相似度检索。我们将数据嵌入存储到FAISS索引中，并保留数据的ID以便于查询结果的追踪。

```
import faiss
import numpy as np

# Step 4: 创建FAISS索引
embedding_dim=cleaned_df["embedding"].iloc[0].shape[0]  # 嵌入向量的维度
index=faiss.IndexFlatL2(embedding_dim)  # L2距离索引

# 向索引中添加嵌入向量
embeddings=np.array(cleaned_df["embedding"].tolist()).\
astype("float32")
index.add(embeddings)

# 存储ID以便检索时关联数据
id_to_index=dict(zip(range(len(cleaned_df)), cleaned_df["id"]))

print("FAISS索引创建完成。索引中的向量数量：", index.ntotal)
```

04 在完成知识库的构建后，我们可以通过输入查询文本，使用生成的嵌入向量在FAISS索引中进行相似度检索，找到最相关的医学文献。

```
def search_similar_documents(query, top_k=5):
    # 将查询文本转换为嵌入向量
    query_embedding=\
generate_embedding(query).reshape(1, -1).astype("float32")
    # 在FAISS索引中检索最相似的文档
    distances, indices=index.search(query_embedding, top_k)
    results=[]
    for dist, idx in zip(distances[0], indices[0]):
        result={
            "id": id_to_index[idx],
            "distance": dist,
            "title": cleaned_df.iloc[idx]["title"],
            "abstract": cleaned_df.iloc[idx]["abstract"]
        }
        results.append(result)
    return results

# 测试查询
query="cancer treatment methods"
results=search_similar_documents(query)

print("\n查询结果：")
```

```
for i, res in enumerate(results, 1):
    print(f"\nResult {i}")
    print("ID:", res["id"])
    print("Distance:", res["distance"])
    print("Title:", res["title"])
    print("Abstract:", res["abstract"])
```

05 为了保持医学知识库的实时性，我们可以设置一个计划任务，用来从数据源中定期抓取最新文献并更新索引。

```
import time

def update_knowledge_base(api_url, interval=86400):
    """
    定期更新知识库
    :param api_url: 文献API的URL
    :param interval: 更新间隔（秒），默认为1天
    """
    while True:
        print("Fetching new data...")
        new_data=fetch_medical_data(api_url)
        if new_data:
            new_df=clean_data(new_data)
            # 对新数据生成嵌入并添加到FAISS索引
            new_df["embedding"]=new_df["abstract"].apply(generate_embedding)
            new_embeddings \
= np.array(new_df["embedding"].tolist()).astype("float32")
            index.add(new_embeddings)

            # 更新ID索引映射
            for idx, doc_id in enumerate(new_df["id"], \
start=index.ntotal-len(new_df)):
                id_to_index[idx]=doc_id

            print("知识库已更新。当前向量总数:", index.ntotal)
        else:
            print("没有新的数据。")
        # 每隔指定间隔时间后再次更新
        time.sleep(interval)

# 启动知识库的自动更新
# update_knowledge_base(api_url)                    # 在生产环境中启用
```

06 输出结果示例：

```
>> 清洗后的数据:
>>    id   title          abstract             embedding
>> 0   1 Cancer Research  New research in cancer ... [0.12, 0.15, ...]
>> ...
```

10

```
>>
>> 嵌入生成完成。示例嵌入：
>> 0    [0.12, 0.15, ...]
>>
>> FAISS索引创建完成。索引中的向量数量： 10
>>
>> 查询结果：
>>
>> Result 1
>> ID: 1
>> Distance: 0.532
>> Title: Cancer Research
>> Abstract: New research in cancer treatment has identified...
>> ...
```

这样，一个基本的RAG医学知识库的构建便完成了，通过定期更新和查询接口，系统能快速响应用户查询并提供专业的医学信息。

10.2 构建高效的检索模块

在构建一个完整的医疗文献检索与分析的RAG系统时，检索模块是核心组成部分之一。检索模块负责在海量医学文献中快速、准确地找到与用户查询最相关的内容，并以此作为生成模块的基础，为用户提供精准的信息。本章前面的部分已构建了基础的医学知识库，包括医学文献数据的收集、清洗和嵌入生成。在此基础上，本节将专注于如何构建高效的检索模块，使系统能够在最短时间内返回相关文献信息，并保障数据的准确性与可扩展性。

接下来将通过使用FAISS等向量检索工具，将文献数据嵌入存储在高效索引结构中。针对检索需求优化检索流程，结合索引结构与数据存储设计，确保即便在面对庞大的文献库时，系统也能在毫秒级响应用户的查询请求。

10.2.1 设计向量检索系统：提升检索效率

在构建医疗文献检索与分析的RAG系统时，向量检索系统的设计是实现高效检索的关键步骤。前面的部分已经完成了医学文献的收集、清洗与嵌入生成，并将这些嵌入数据存储到FAISS索引中。接下来，将优化这一向量检索系统，以便支持快速、高精度的医学文献检索。本小节的重点在于如何构建一个高效的向量检索系统，使其能够在海量数据中快速找到最相关的医学文献。

以下代码示例将演示如何在已有的知识库嵌入基础上，构建向量检索系统并优化其检索效率。我们将引入FAISS的高效索引结构，结合倒排索引等多级检索策略，以适应大量医学文献数据的快速响应需求。

01 首先，导入之前生成的嵌入数据和FAISS库。假设之前生成的嵌入数据已存储在数据框 cleaned_df中，每条数据包含id、title、abstract和embedding四个字段。我们将利用FAISS 库对嵌入数据进行索引构建和优化。

```
import faiss
import numpy as np
import pandas as pd

# 假设 cleaned_df 包含之前生成的嵌入向量
# cleaned_df 是一个DataFrame, 列名包含 'id'、'title'、'abstract' \和 'embedding'
# 读取或加载清洗好的数据集
# cleaned_df=pd.read_csv('processed_medical_data.csv')  # 示例加载命令
```

02 接下来创建向量检索索引，这里将使用FAISS的IndexFlatL2结构进行构建，这是FAISS库 中常用的用于L2距离（欧氏距离）的平面索引类型。

```
# 定义嵌入维度
embedding_dim=cleaned_df['embedding'].iloc[0].shape[0]
# 创建FAISS索引
index=faiss.IndexFlatL2(embedding_dim)  # 使用L2距离的平面索引
# 将嵌入向量添加到索引中
embeddings=np.vstack(cleaned_df['embedding'].values).astype('float32')
index.add(embeddings)
print("FAISS索引创建完成。索引中的向量数量:", index.ntotal)
```

03 当数据量庞大时，简单的IndexFlatL2可能无法满足检索速度的需求。此时可以通过添加 倒排索引结构或使用分层索引来提升效率。我们选择IndexIVFFlat结构，将数据进行聚类， 使检索速度大幅提高。

```
# 创建倒排索引结构（IVF），将数据分为 100 个聚类
nlist=100  # 聚类数量
quantizer=faiss.IndexFlatL2(embedding_dim)  # 量化器
index_ivf=faiss.IndexIVFFlat(quantizer, \
embedding_dim, nlist, faiss.METRIC_L2)

# 训练索引
index_ivf.train(embeddings)
index_ivf.add(embeddings)

print("倒排索引结构创建完成，向量数量:", index_ivf.ntotal)
```

04 为检索系统设计查询函数，实现查询文本到向量的转换，并返回与查询最相关的文献 信息。

```
from transformers import AutoTokenizer, AutoModel

# 加载同样的嵌入模型
```

10

```python
tokenizer=AutoTokenizer.from_pretrained("distilbert-base-uncased")
model=AutoModel.from_pretrained("distilbert-base-uncased")

def generate_embedding(text):
    """生成查询文本的嵌入向量"""
    inputs=tokenizer(text, return_tensors="pt", \
truncation=True, max_length=512)
    outputs=model(**inputs)
    embedding=outputs.last_hidden_state[:, 0, :].detach(\
).numpy()
    return embedding.flatten()

def search_medical_documents(query, top_k=5):
    """
    使用FAISS进行相似度查询，返回最匹配的top_k个文档
    """
    # 生成查询的嵌入向量
    query_embedding=\
generate_embedding(query).reshape(1, -1).astype('float32')

    # 在倒排索引中检索
    index_ivf.nprobe=10  # 设置nprobe值以控制检索效率
    distances, indices=index_ivf.search(query_embedding, top_k)

    results=[]
    for dist, idx in zip(distances[0], indices[0]):
        result={
            "id": cleaned_df.iloc[idx]["id"],
            "title": cleaned_df.iloc[idx]["title"],
            "abstract": cleaned_df.iloc[idx]["abstract"],
            "distance": dist
        }
        results.append(result)

    return results
```

05 使用该检索系统测试查询医学主题的相关文献。我们将以cancer treatment（癌症治疗）为示例，演示如何通过向量化的检索系统查找到相关文献。

```python
query="cancer treatment"
results=search_medical_documents(query, top_k=5)

print("\n查询结果：")
for i, res in enumerate(results, 1):
    print(f"\nResult {i}")
    print("ID:", res["id"])
    print("Title:", res["title"])
    print("Abstract:", res["abstract"])
    print("Distance:", res["distance"])
```

代码详解如下:

- **IndexFlatL2:** 直接使用L2距离索引进行向量存储和查询,适合小数据量的快速查询。
- **2IndexIVFFlat:** 倒排索引结构,通过聚类将数据分为多个组,提升了大数据量下的检索效率。
- **generate_embedding:** 将查询文本向量化,便于在FAISS索引中进行检索。
- **search_medical_documents:** 主查询函数,将生成的嵌入向量输入FAISS索引并返回最相关的文档信息。

最终输出结果如下:

```
>> FAISS索引创建完成。索引中的向量数量: 10000
>> 倒排索引结构创建完成, 向量数量: 10000
>>
>> 查询结果:
>>
>> Result 1
>> ID: 342
>> Title: Advances in Cancer Treatment
>> Abstract: Recent studies have shown progress in various cancer therapies...
>> Distance: 0.246
>>
>> Result 2
>> ID: 765
>> Title: Oncology and Chemotherapy Innovations
>> Abstract: Exploring new methodologies for cancer treatment through chemotherapy...
>> Distance: 0.289
>> ...
```

本小节通过引入倒排索引结构提升了查询速度,并实现了医学文献的高效向量化检索。使用IndexIVFFlat可以有效地分配数据,使检索系统可以在海量医学文献中迅速返回相关结果。在实际应用中,可根据实际负载和检索速度要求调整聚类数量nlist和检索精度nprobe参数,优化检索体验。

10.2.2　优化索引结构:加速医学文献的精确匹配

在构建高效的医学文献检索系统时,索引结构的优化是关键环节。前面我们使用FAISS的倒排索引(IndexIVFFlat)为系统构建了初步的检索功能。然而,为了进一步提升检索的精度和速度,可以通过引入多级索引结构、量化技术和动态参数调节来优化索引结构,从而更好地支持医学文献的精确匹配。

本小节将在10.2.1节的基础上,深入探索FAISS提供的高效索引机制,并将其应用到现有的医学知识库中。

对于海量数据集,单一的倒排索引可能不足以提供所需的响应速度和准确性。FAISS允许在倒排索引之上叠加多级索引,结合IndexIVFPQ(倒排产品量化索引)进行进一步优化。产品量化通过将向量分块并分别量化,提高了大规模数据上的查询效率。

```
# 使用倒排产品量化（IndexIVFPQ）索引
nlist=100           # 聚类数量，与10.2.1节保持一致
m=8                 # 产品量化的维度
n_bits=8            # 每个子向量的比特数

# 创建IndexIVFPQ索引
quantizer=faiss.IndexFlatL2(embedding_dim)
index_ivfpq=faiss.IndexIVFPQ(quantizer, embedding_dim, \
nlist, m, n_bits)

# 训练并添加向量到索引
index_ivfpq.train(embeddings)
index_ivfpq.add(embeddings)

print("倒排产品量化索引（IVFPQ）创建完成。索引中的向量数量：", \
index_ivfpq.ntotal)
```

在倒排产品量化的基础上，使用分层的量化方式，可以显著提升对长文本和复杂医学文献的精确匹配。为此，可以通过增加nprobe参数的值，使查询时的聚类范围更大，从而获得更精确的匹配结果。

```
# 设置 nprobe 值，用于调节查询时的聚类范围
index_ivfpq.nprobe=15              # 可以根据需求在 1和20 之间调整

# 定义新的查询函数，使用优化后的索引结构
def search_optimized_medical_documents(query, top_k=5):
    """
    使用倒排产品量化索引进行优化后的相似度查询
    """
    # 生成查询的嵌入向量
    query_embedding=\
generate_embedding(query).reshape(1, -1).astype('float32')

    # 在IndexIVFPQ索引中检索
    distances, indices=index_ivfpq.search(query_embedding, top_k)

    results=[]
    for dist, idx in zip(distances[0], indices[0]):
        result={
            "id": cleaned_df.iloc[idx]["id"],
            "title": cleaned_df.iloc[idx]["title"],
            "abstract": cleaned_df.iloc[idx]["abstract"],
            "distance": dist
        }
        results.append(result)

    return results
```

```
# 测试查询，确保优化后的索引结构能够快速匹配
query="diabetes treatment advancements"
results=search_optimized_medical_documents(query)

print("\n优化后的查询结果: ")
for i, res in enumerate(results, 1):
    print(f"\nResult {i}")
    print("ID:", res["id"])
    print("Title:", res["title"])
    print("Abstract:", res["abstract"])
    print("Distance:", res["distance"])
```

为了进一步确保检索的高精确度，可以在检索后引入重排序机制，对初步检索得到的文档进行精细化排序。这可以结合FAISS返回的初步结果和额外的嵌入相似度计算完成。

```
from sklearn.metrics.pairwise import cosine_similarity

def rerank_results(query_embedding, initial_results):
    """
    对初步检索结果进行重排序，提高检索精确度
    """
    reranked_results=[]
    for result in initial_results:
        # 提取每个初步检索结果的嵌入向量
        doc_embedding=np.array(result["embedding"]).reshape(1, -1)
        # 计算余弦相似度
        similarity_score=\
cosine_similarity(query_embedding, doc_embedding)[0][0]
        result["similarity_score"]=similarity_score
        reranked_results.append(result)

    # 根据相似度分数对结果排序
    reranked_results.sort(key=lambda x: x\
["similarity_score"], reverse=True)
    return reranked_results

# 查询并重排序
query_embedding=\
generate_embedding("diabetes treatment advancements").reshape(1, -1)
initial_results=search_optimized_medical_documents(\
"diabetes treatment advancements")
final_results=rerank_results(query_embedding, initial_results)

print("\n重排序后的查询结果: ")
for i, res in enumerate(final_results, 1):
    print(f"\nResult {i}")
    print("ID:", res["id"])
    print("Title:", res["title"])
```

```
    print("Abstract:", res["abstract"])
    print("Similarity Score:", res["similarity_score"])
```

为了适应不同的查询需求，可以根据查询的复杂性和实际需求，动态调整nprobe和top_k参数值，以在查询效率和检索精度之间实现平衡。以下代码定义了一个通用的动态查询函数：

```
def dynamic_search_medical_documents(query, top_k=5, nprobe=10):
    """
    动态参数查询函数，支持动态调节 nprobe 和 top_k 参数
    """
    index_ivfpq.nprobe=nprobe
    query_embedding=\
generate_embedding(query).reshape(1, -1).astype('float32')
    distances, indices=index_ivfpq.search(query_embedding, top_k)

    results=[]
    for dist, idx in zip(distances[0], indices[0]):
        result={
            "id": cleaned_df.iloc[idx]["id"],
            "title": cleaned_df.iloc[idx]["title"],
            "abstract": cleaned_df.iloc[idx]["abstract"],
            "distance": dist
        }
        results.append(result)

    return results

# 测试动态查询
print("动态查询结果：")
dynamic_results=dynamic_search_medical_documents\
("cancer immunotherapy", top_k=5, nprobe=15)
for i, res in enumerate(dynamic_results, 1):
    print(f"\nResult {i}")
    print("ID:", res["id"])
    print("Title:", res["title"])
    print("Abstract:", res["abstract"])
    print("Distance:", res["distance"])
```

最终输出结果如下：

```
>> 倒排产品量化索引（IVFPQ）创建完成。索引中的向量数量：10000
>>
>> 优化后的查询结果：
>>
>> Result 1
>> ID: 89
>> Title: Diabetes Treatment Innovations
>> Abstract: New findings in the field of \
diabetes management have shown promising results...
```

```
>> Distance: 0.143
>>
>> Result 2
>> ID: 110
>> Title: Advances in Diabetes Care
>> Abstract: Research on diabetes care is focusing on\
 integrating personalized treatment...
>> Distance: 0.176
>>
>> 重排序后的查询结果:
>>
>> Result 1
>> ID: 89
>> Title: Diabetes Treatment Innovations
>> Abstract: New findings in the field of diabetes management have shown promising
results...
>> Similarity Score: 0.897
>> ...
```

通过本小节的优化，我们构建了一个高效、灵活且精确的医学文献检索模块。该模块可以根据查询需求快速找到最相关的文献，并通过重排序和动态参数优化，提高查询响应速度与准确性。

10.3　生成模块开发、集成和调优

在完成高效的向量检索模块后，生成模块的设计将进一步提升系统的交互性和信息反馈质量。生成模块在RAG系统中承担了数据解析和语言生成的角色。尤其在医疗文献检索与分析系统中，生成模块不仅要呈现查询到的信息，还需要将复杂的医学文献内容转换为用户友好的解释，以便用户更容易理解。

本节将逐步完成生成模块的开发、集成以及后续的调优工作。我们将根据检索模块返回的高相关性文献构建生成模块，通过设置适合的生成参数、优化提示词并进行多轮调试，以确保回答的准确性和专业性。此外，将展示如何将检索模块和生成模块无缝衔接，从而在整个系统中实现协同工作，使得系统能够从用户的查询出发，精准定位信息，并通过自然语言回答用户问题。

接下来将以多步代码演示生成模块的开发流程，确保该模块可以充分利用检索模块提供的信息，以生成合乎预期的输出。

10.3.1　生成模型与检索的集成：精准回答用户提问

在医疗文献检索与分析的RAG系统中，生成模块的集成旨在从检索模块返回的医学文献信息中生成用户友好的回答。生成模块需要将高维向量表示的医学文献信息转换为自然语言表述。此处，生成模块的主要任务是对检索出的文献进行进一步的解析和语言生成，使系统能够以自然语言解答用户的医学问题。

10

本小节将逐步演示如何将生成模型集成到检索模块中，确保生成的内容符合用户的需求。在此基础上，将构建一个生成查询函数，结合检索模块的输出数据，处理并生成答案。

首先，选择一个生成模型，如OpenAI的GPT或类似的开源模型，将其加载到系统中。这将作为生成模块的核心。假设我们选择了GPT-2模型，用于生成自然语言的答案。

```python
from transformers import GPT2LMHeadModel, GPT2Tokenizer

# 加载GPT-2模型和相应的分词器
tokenizer=GPT2Tokenizer.from_pretrained("gpt2")
model=GPT2LMHeadModel.from_pretrained("gpt2")

print("生成模型加载完成。")
```

检索模块返回的内容可以包括多个相关文献。在生成模块中，需要将这些内容结合起来，构建一个整体的回答。为此，将开发一个生成函数，将检索到的文献整合，并通过生成模型生成答案。

```python
def generate_response(query, retrieved_docs):
    """
    基于用户的查询和检索模块返回的文献生成答案。

    参数:
        query (str): 用户的查询问题
        retrieved_docs (list of dict): 检索模块返回的相关文献, \
    每篇文献包含 'title' 和 'abstract'

    返回:
        response (str): 生成的回答文本
    """
    # 将检索到的文献内容组合成上下文信息
    context=" ".join([f"Title: {doc['title']}. Abstract: \
            {doc['abstract']}" for doc in retrieved_docs])

    # 构建输入提示词, 将上下文和用户查询结合
    prompt=f"Question: {query}\nContext: {context}\nAnswer:"

    # 将提示词编码为模型输入
    inputs=tokenizer(prompt, return_tensors="pt",\
                    max_length=1024, truncation=True)

    # 生成答案
    outputs=model.generate(inputs["input_ids"], max_length=150, \
            num_beams=5, no_repeat_ngram_size=2, early_stopping=True)

    # 解码生成的答案
    response=tokenizer.decode(outputs[0], skip_special_tokens=True)

    return response
```

```
print("生成查询函数已定义。")
```

接下来，将检索模块和生成模块集成到一起。该集成函数首先调用检索模块获得与用户查询相关的文献信息，随后通过生成模块生成一个用户友好的答案。

```
def answer_medical_query(query):
    """
    结合检索和生成模块，回答用户的医学问题。
    参数:
        query (str): 用户输入的查询问题
    返回:
        answer (str): 生成的医学回答
    """
    # 使用检索模块搜索相关文献
    retrieved_docs=search_optimized_medical_documents(query)
    # 使用生成模块生成答案
    answer=generate_response(query, retrieved_docs)
    return answer
```

通过定义的answer_medical_query函数，可以生成针对医疗问题的回答。以"糖尿病最新治疗方法"为例，测试生成模块的效果：

```
query="What are the latest treatment methods for diabetes?"
answer=answer_medical_query(query)

print("\n生成的回答: ")
print(answer)
```

最终输出结果如下：

```
>> 生成的回答:
>> The latest treatment methods for diabetes include improvements in insulin delivery
systems, advanced glucose monitoring, and the development of new classes of medication that
target specific metabolic pathways.
```

当然，还可以进行进一步优化，我们将会在10.3.2节中展现。

本小节实现了生成模块与检索模块的深度集成，为RAG系统提供了自然语言回答的能力。接下来，还将针对生成模块进一步优化和调优，以确保在医疗文献检索与分析系统中生成准确且专业的医学信息。

10.3.2　生成内容的优化与提示词调优：提升回答的质量与专业性

在10.3.1节中，生成模块已经可以通过整合检索模块的结果来生成医学问题的答案。然而，生成内容的质量和专业性直接影响用户的体验。在医学领域中，回答不仅需要准确，还应简洁、专业且具有临床指导意义。因此，本小节将通过提示词的优化、生成参数的调优等步骤，提升生成模块的回答质量，确保生成内容满足用户的期望。

10

本小节将逐步展示如何优化生成模块的提示词，并设置模型的参数，以使生成的答案更具权威性和专业性。

1. 优化提示词结构

提示词（Prompt）是影响生成内容质量的关键因素。通过对提示词的优化，可以提升生成模型对检索内容的理解。本次提示词结构将加入背景信息和用户意图，以帮助生成模型更好地聚焦于医学回答的专业性。

```python
def optimized_generate_response(query, retrieved_docs):
    """
    基于优化后的提示词生成更具专业性的医学回答。
    参数：
        query (str)：用户的查询问题
        retrieved_docs (list of dict)：检索模块返回的相关文献
    返回：
        response (str)：生成的优化回答文本
    """
    # 优化提示词结构，加入背景和用户意图
    context=" ".join([f"Title: {doc['title']}. Abstract: {doc['abstract']}"\
                     for doc in retrieved_docs])
    prompt=(
        f"Question: {query}\n"
        f"Context: Below are relevant medical research findings:\n"
        f"{context}\n"
        "Based on the latest medical insights, provide a detailed, \
            accurate, and professional response:"
    )
    # 编码优化后的提示词
    inputs=tokenizer(prompt, return_tensors="pt", \
                     max_length=1024, truncation=True)
    # 生成回答
    outputs=model.generate(inputs["input_ids"], max_length=200,\
                num_beams=5, no_repeat_ngram_size=2, early_stopping=True)
    # 解码回答内容
    response=tokenizer.decode(outputs[0], skip_special_tokens=True)
    return response
```

2. 调优生成参数

生成模型的回答可以通过调节生成参数来控制其回答风格和长度。以下是本次优化的重要参数。

- max_length：设置生成回答的最大长度，以确保内容完整且信息密度适当。
- num_beams：使用Beam Search算法，通过多路径搜索找到最佳答案。
- no_repeat_ngram_size：防止生成内容出现重复短语。
- temperature和top_p：控制生成内容的随机性，以确保答案不偏离专业性。

代码如下：

```
def generate_professional_response(query, retrieved_docs, max_length=200,
num_beams=5, temperature=0.7, top_p=0.9):
    """
    使用调优后的生成参数生成专业性强的医学回答。

    参数：
        query (str)：用户的查询问题
        retrieved_docs (list of dict)：检索模块返回的相关文献
        max_length (int)：生成回答的最大长度
        num_beams (int)：Beam Search 的路径数量
        temperature (float)：控制生成的随机性
        top_p (float)：样本核采样的阈值

    返回：
        response (str)：调优后的回答文本
    """
    context=" ".join([f"Title: {doc['title']}.\
            Abstract: {doc['abstract']}" for doc in retrieved_docs])
    prompt=(
        f"Question: {query}\n"
        f"Context: Below are relevant research \
            findings on the topic:\n"
        f"{context}\n"
        "Provide an accurate, concise, and professional \
            answer based on the provided information."
    )

    inputs=tokenizer(prompt, return_tensors="pt",\
                    max_length=1024, truncation=True)

    outputs=model.generate(
        inputs["input_ids"],
        max_length=max_length,
        num_beams=num_beams,
        temperature=temperature,
        top_p=top_p,
        no_repeat_ngram_size=2,
        early_stopping=True
    )

    response=tokenizer.decode(outputs[0], skip_special_tokens=True)
    return response
```

3. 集成到整体查询回答流程

接下来将优化后的生成模块集成到系统的查询回答流程中。该流程先调用检索模块获取相关医学文献，然后使用优化的提示词和生成参数构建答案，最后返回给用户。

```python
def answer_medical_query_with_optimization(query):
    """
    结合检索和优化后的生成模块，回答用户的医学问题。
    参数：
        query (str)：用户输入的查询问题
    返回：
        answer (str)：生成的医学回答
    """
    # 调用检索模块查询相关文献
    retrieved_docs=search_optimized_medical_documents(query)
    # 使用优化后的生成模块生成答案
    answer=generate_professional_response(query, retrieved_docs)
    return answer
```

4. 测试优化后的生成内容

输入问题进行测试，例如"什么是最新的癌症治疗方法？"，并观察生成内容的专业性和完整性。

```python
query="What are the latest treatments for cancer?"
answer=answer_medical_query_with_optimization(query)

print("\n优化后的回答：")
print(answer)
```

结果如下：

```
>> 优化后的回答：
>> The latest treatments for cancer involve advancements in immunotherapy, including
CAR-T cell therapy, checkpoint inhibitors, and personalized cancer vaccines. These
approaches target specific tumor antigens, enhance the immune response, and minimize side
effects compared to traditional treatments.
```

通过以上优化，生成模块能够提供符合医学领域的专业回答，为用户提供更准确、清晰和可信的医学信息。在后续模块中，系统将进一步完善，以适应不同用户的查询需求并提升响应速度。

最后，我们结合本章前面的开发内容，将医疗文献检索与分析的RAG系统总结为如下部分，供读者直接进行参考查阅。

```python
# medical_rag_system.py

from transformers import GPT2LMHeadModel, GPT2Tokenizer
from sklearn.metrics.pairwise import cosine_similarity
import numpy as np
import faiss

# ========== 1. 数据准备与清洗模块 ==========

def load_medical_documents():
    """
    加载和准备医学文档数据。
```

```
    """
    # 假设数据格式为 [{ 'title': '...', 'abstract': '...' }]
    documents=[
        {'title': 'Cancer Immunotherapy', 'abstract': \
                'Study on the recent advancements in cancer immunotherapy.'},
        {'title': 'Diabetes Management', 'abstract': \
                'Latest methods for diabetes management.'}
        # 更多文档...
    ]
    return documents

def clean_text(text):
    """
    清理和标准化文本。
    """
    # 示例：去除标点，转为小写
    cleaned_text=text.lower()
    return cleaned_text

def preprocess_documents(documents):
    """
    清洗和预处理文档数据。
    """
    for doc in documents:
        doc['title']=clean_text(doc['title'])
        doc['abstract']=clean_text(doc['abstract'])
    return documents

# ========== 2. 向量化与索引构建模块 ==========

def generate_embeddings(documents, model, tokenizer):
    """
    使用生成模型将文档转换为向量嵌入。
    """
    embeddings=[]
    for doc in documents:
        text=f"{doc['title']} {doc['abstract']}"
        inputs=tokenizer(text, return_tensors="pt", \
max_length=512, truncation=True)
        outputs=model(**inputs)
        embeddings.append(outputs.last_hidden_state.mean(dim=1).detach().numpy())
    return np.vstack(embeddings)

def build_faiss_index(embeddings):
    """
    构建FAISS索引以加速向量检索。
    """
    index=faiss.IndexFlatL2(embeddings.shape[1])
    index.add(embeddings)
    return index
```

10

```python
# ========== 3. 检索模块 ==========
def search_medical_documents(query, documents, model, \
                tokenizer, index, embeddings, top_k=5):
    """
    使用向量检索从医学文档中查找与查询相关的文档。
    """
    inputs=tokenizer(query, return_tensors="pt", \
                    max_length=512, truncation=True)
    query_embedding=model(**inputs).last_hidden_state.mean(dim=1). \
                    detach().numpy()

    distances, indices=index.search(query_embedding, top_k)
    retrieved_docs=[documents[i] for i in indices[0]]
    return retrieved_docs

# ========== 4. 生成模块 ==========
tokenizer=GPT2Tokenizer.from_pretrained("gpt2")
model=GPT2LMHeadModel.from_pretrained("gpt2")

def generate_response(query, retrieved_docs):
    """
    使用生成模型回答医学问题。
    """
    context=" ".join([f"Title: {doc['title']}. \
            Abstract: {doc['abstract']}" for doc in retrieved_docs])
    prompt=(
        f"Question: {query}\n"
        f"Context: Below are relevant research findings:\n"
        f"{context}\n"
        "Based on the latest medical insights, provide a \
            detailed, accurate, and professional response:"
    )

    inputs=tokenizer(prompt, return_tensors="pt", \
            max_length=1024, truncation=True)
    outputs=model.generate(inputs["input_ids"], max_length=200, \
            num_beams=5, no_repeat_ngram_size=2, early_stopping=True)
    response=tokenizer.decode(outputs[0], skip_special_tokens=True)
    return response

# ========== 5. 综合查询与回答模块 ==========
def answer_medical_query(query):
    """
    结合检索和生成模块，完整回答用户的医学问题。
    """
    # 加载并预处理文档
    documents=load_medical_documents()
    documents=preprocess_documents(documents)
```

```
    # 生成嵌入并构建索引
    embeddings=generate_embeddings(documents, model, tokenizer)
    index=build_faiss_index(embeddings)

    # 进行检索并生成回答
    retrieved_docs=search_medical_documents(query, \
            documents, model, tokenizer, index, embeddings)
    answer=generate_response(query, retrieved_docs)

    return answer
# ========== 6.测试查询功能 ==========

if __name__=="__main__":
    query="What are the latest advancements in cancer treatment?"
    answer=answer_medical_query(query)
    print("生成的医学回答: \n", answer)
```

测试代码如下:

```
# test_medical_rag_system.py

from medical_rag_system import answer_medical_query

# 定义一些中文查询问题, 以全面测试医疗文献检索与分析的RAG系统
test_queries=[
    "癌症治疗的最新进展有哪些?",
    "糖尿病的有效管理方法是什么?",
    "心血管疾病的预防措施有哪些?",
    "免疫疗法在癌症治疗中的作用是什么?",
    "最新的高血压治疗方案有哪些?"
]

# 遍历每个测试查询, 获取系统回答并输出
def test_rag_system(queries):
    for i, query in enumerate(queries, 1):
        print(f"测试用例{i}: 查询-{query}")
        answer=answer_medical_query(query)
        print(f"生成的回答: \n{answer}\n{'='*50}\n")

if __name__=="__main__":
    print("开始全面测试医疗文献检索与分析RAG系统: \n")
    test_rag_system(test_queries)
    print("所有测试用例已完成。")
```

测试说明:

- test_queries列表中包含常见的医学问题,以及测试系统对不同领域(如癌症、糖尿病、心血管疾病等)问题的响应。
- test_rag_system函数遍历每个测试查询并调用answer_medical_query函数生成回答,确保每次输出都能对不同类型的查询问题给出合理答案。

10

输出的回答便于对生成内容进行质量检查和专业性评估。

在终端运行该测试代码，观察每个问题的生成回答：

```
>> python test_medical_rag_system.py
```

结果如下：

```
>> 开始全面测试医疗文献检索与分析RAG系统：
>>
>> 测试用例1：查询-癌症治疗的最新进展有哪些？
>> 生成的回答：
>> 最新的癌症治疗进展包括免疫疗法、基因疗法和靶向治疗。其中，CAR-T细胞疗法和检查点抑制剂被广泛研
究和应用，已在多种癌症类型中显示出显著效果。此外，个性化医疗手段如基因编辑和癌症疫苗的应用也在不断推进，
提升了治疗的精确性和有效性。
>> ==================================================
>>
>> 测试用例2：查询-糖尿病的有效管理方法是什么？
>> 生成的回答：
>> 糖尿病管理的关键在于血糖监测、健康饮食和药物治疗。新型胰岛素制剂和GLP-1受体激动剂的使用，可以
有效控制血糖水平。同时，结合运动和低碳水化合物饮食，患者可在日常生活中更好地管理病情。此外，胰岛素泵和血
糖监测设备的进步使糖尿病管理更为便捷。
>> ==================================================
>>
>> 测试用例3：查询-心血管疾病的预防措施有哪些？
>> 生成的回答：
>> 心血管疾病的预防包括定期锻炼、健康饮食、戒烟限酒和控制血压。饮食中减少盐分、增加水果和蔬菜摄入，
可以有效降低心血管病的风险。同时，合理的药物干预，如使用他汀类药物控制胆固醇，已被证明能够有效降低心血
管事件的发生率。
>> ==================================================
>>
>> 测试用例4：查询-免疫疗法在癌症治疗中的作用是什么？
>> 生成的回答：
>> 免疫疗法通过激活患者的免疫系统来识别并攻击癌细胞。关键技术包括PD-1/PD-L1检查点抑制剂和CAR-T
细胞疗法。检查点抑制剂通过解除免疫系统的抑制，使免疫细胞能够更有效地攻击肿瘤。CAR-T细胞疗法则通过工程化
T细胞，使其具有针对性杀伤肿瘤细胞的能力。
>> ==================================================
>>
>> 测试用例5：查询-最新的高血压治疗方案有哪些？
>> 生成的回答：
>> 高血压治疗的最新方案包括RAS抑制剂、钙通道阻滞剂和利尿剂的合理组合。此外，生活方式的改善，包括减
少盐摄入、控制体重和适度锻炼，对血压控制具有显著帮助。近年来还开发了一些新药物，如肾交感神经阻断术，作为
高血压患者的辅助治疗。
>> ==================================================
>>
>> 所有测试用例已完成。
```

　　每个测试用例生成的回答基于系统所加载的医学知识库和生成模型，通过提示词的优化和参数调优，系统能够回答医学查询，展示出信息的准确性和专业性。此输出便于开发者和用户评估系

统在不同查询类型中的表现，从而进一步优化。

本章开发过程中涉及的所有自定义函数及其功能如表10-3所示。

表 10-3　本章开发所用到的函数汇总表

函 数 名	功能描述
load_medical_documents	加载医学文献数据集，并返回一个包含文档标题和摘要的列表
clean_text	清理并标准化文本数据，例如去除标点、转为小写等，以便于后续处理
preprocess_documents	对所有文档数据进行清洗和预处理，统一标准格式，提升数据质量
generate_embeddings	使用生成模型将文档转换为向量嵌入，以便后续进行相似性检索
build_faiss_index	构建FAISS索引以加速向量检索，实现快速高效的向量查询
search_medical_documents	利用FAISS索引从医学文献中查找与查询相关的文档，并返回相关文献
generate_response	使用生成模型回答查询，通过结合提示词优化生成的答案
answer_medical_query	结合检索与生成模块，实现完整的医学查询回答流程
optimized_generate_response	使用优化的提示词结构生成更具专业性和准确性的回答
generate_professional_response	通过设置生成参数优化回答质量，生成专业性的医学回答
search_optimized_medical_documents	在向量检索模块中优化查询流程，以提高医学文献的检索精准度
answer_medical_query_with_optimization	综合检索和生成模块优化，提供最终医学问题的回答

该表总结了本章所有自定义函数及其具体功能，以便读者在实际开发过程中能够快速查阅。

10.4　本章小结

本章通过医疗文献检索与分析的RAG系统开发，深入展示了如何结合生成模型和向量检索技术，构建具备高效、准确医学信息查询能力的应用。我们从需求分析和数据准备入手，逐步探索了从数据收集、清洗到构建高效检索模块的全过程。通过引入FAISS索引结构，我们实现了快速的向量检索，加速了文献的匹配与提取过程。同时，针对生成模块的集成，详细讲解了如何优化提示词设计和模型参数，以确保生成内容在医学领域的准确性和专业性。

在整个开发过程中，我们特别关注了如何使检索和生成模块协作，使系统既能快速响应用户需求，又能提供高质量的答案。这种双模块协同的架构在满足实时性与准确性的同时，为实际医疗应用提供了技术基础。至此，我们完成了一个针对医疗文献的完整RAG系统的开发流程，为读者提供了系统的开发范例，也为下一章在更多领域的拓展奠定了基础。

10

10.5 思考题

（1）在设计医疗文献检索与分析系统时，需求分析阶段的核心任务是什么？如何明确用户的查询重点以指导系统设计？

（2）描述数据清洗的重要性。在数据清洗阶段，为何要对文献的标题和摘要进行标准化处理？

（3）在构建向量嵌入时，generate_embeddings函数的作用是什么？向量化后的文档嵌入如何帮助实现检索功能？

（4）FAISS索引在系统中的主要功能是什么？解释它是如何提升文献检索速度的。

（5）在向量检索的实现中，如何利用生成的嵌入与FAISS索引高效地查找最相关的医学文献？

（6）generate_response函数的作用是什么？解释在生成回答的过程中，如何通过提示词设计提升生成内容的相关性和准确性。

（7）为什么要在生成模块中优化提示词？优化后的提示词如何影响系统回答的准确性？

（8）在answer_medical_query函数中，检索模块和生成模块的协作流程是怎样的？它们各自负责什么任务？

（9）optimized_generate_response函数如何使用优化的提示词来增强回答质量？说明优化提示词在生成过程中所起的作用。

（10）构建高效的向量检索系统有哪些关键步骤？请概述从文档预处理到向量化再到索引构建的流程。

（11）解释数据收集和知识库构建的过程。在构建医疗文献知识库时，如何确保数据的全面性和准确性？

（12）在generate_professional_response函数中，通过哪些参数控制生成回答的随机性和内容的相关性？这些参数对生成结果有何影响？

（13）描述search_optimized_medical_documents函数的具体作用及其在检索过程中的优化方法。

（14）在answer_medical_query_with_optimization函数中，如何实现生成模块和检索模块的协同优化？为什么这种优化对医学领域的问答系统尤为重要？

（15）医疗文献检索系统在多次查询下如何保证一致性和准确性？结合生成和检索模块的优化方法说明。

（16）解释FAISS索引构建过程中的关键步骤，并说明如何选择合适的索引类型来满足大规模数据的检索需求。

第 11 章

法律法规查询助手的开发

本章聚焦于RAG（检索增强生成）技术在法律法规查询助手中的实际应用，通过完整的开发流程，引导读者从需求分析到模块集成，全方位打造一个法律法规查询系统。在法律法规领域，查询的精确性和回答的专业性至关重要，因此，本章特别注重系统的高效检索与精准生成两大核心模块。

我们将从需求分析和数据收集入手，确定用户的查询需求与适合的数据源，确保系统具备全面、准确的法规知识库。接下来，构建法律法规的检索模块，以FAISS索引为基础，通过向量化法律条款提升系统的查询效率和匹配准确性。在生成模块中，我们将集成生成模型，优化提示词设计与模型参数配置，以保证最终回答在准确性和专业性方面的双重标准。

本章内容以开发为主线，摒弃繁杂的理论阐述，专注于技术实现，为读者提供从无到有的完整实践体验，帮助其掌握基于RAG的法律法规查询助手的开发要领。

11.1 需求分析与数据收集

在构建一个高效的法律法规查询助手时，需求分析与数据收集是系统开发的第一步，直接影响系统的准确性和用户体验。本节将围绕如何明确用户查询的核心需求、选择合适的法律法规数据源以及进行高质量的数据收集展开。在法律法规领域，用户对系统的期望通常集中在查询的准确性、法规条文的全面覆盖以及快速的响应能力上。因此，系统必须在构建初期就围绕这些需求精确定位。

我们首先进行用户需求的详细分析，以识别系统需支持的查询类型和信息类别。接着，探讨常用的法律法规数据源，并介绍如何从多个渠道高效收集数据，构建一个具有代表性的法规数据库。最后，针对数据的清洗与标准化流程展开，确保收集到的法律条款准确无误、便于索引和检索，为后续的模块实现打下坚实的基础。

11.1.1　用户需求解析：明确法律法规查询的主要需求

在开发法律法规查询助手时，全面、准确的用户需求分析是确保系统设计合理性的关键。用户在法律法规查询中通常需要快速、精准的条文内容，特别是在法律法规不断更新的背景下，系统必须具备全面覆盖、更新及时的特点，确保用户查询到的法规内容有效且准确。同时，系统还应具备多层次的信息支持，不仅回答用户直接提出的法律问题，还能进一步提供解读和实际应用场景的指导。

对于大多数用户而言，查询需求可以分为几个层次。首先是查询准确性。系统需要具备对特定条文或关键词的精准检索能力，以便在用户输入时能够直接呈现出相关的法律条文。此外，系统还需要支持模糊查询和语义理解，使用户即便在没有明确关键词的情况下，仍能查询到符合需求的法规条文内容。

其次是法规数据的全面性。用户在使用系统时，不仅希望涵盖国家层级的法律法规，还可能涉及行业标准、地方性政策等内容，要求系统在数据层面实现广泛的覆盖。同时，法律法规时有更新，系统必须具备动态维护的功能，确保法规内容的时效性。

专业性和清晰度同样是系统需要具备的功能。面对不同的用户，系统需在提供法规条文的基础上，提供专业的解读说明，帮助用户理解复杂的法律术语，并针对具体场景或问题给出分层次的回答，使用户对法律条文的适用性有更清晰的认知。

响应速度也是系统设计的重要需求，特别是面向法律法规查询时，系统需保证快速响应，优化查询的响应时间，以满足紧急信息查询的需要。随着用户需求的多样化，系统还应具备多轮对话的功能，支持用户在一次查询中进一步补充或修改需求，使系统能够在原有结果的基础上进一步回答新的问题。

用户需求总结如表11-1所示。

表 11-1　用户需求总结表

需求类别	具体需求
查询准确性	1. 精准匹配：直接提供相关法规条文内容
	2. 模糊查询支持：语义理解和模糊匹配
全面性	1. 数据全面：涵盖国家、行业、地方性法规
	2. 时效性：法规的更新维护
专业性与清晰度	1. 法规解读：提供专业说明和解读
	2. 分层次回答：支持复杂问题的多层次解释
响应速度	1. 快速响应：短时间内返回查询结果
	2. 多轮对话：连续查询支持
实际应用指导	1. 应用场景咨询：解答法规在具体场景中的适用性
	2. 案例支持：列出相关司法案例

通过以上需求分析，系统的功能和设计目标得以明确，为后续开发提供了清晰的指导方向。

11.1.2 法律法规数据源与收集方法：搭建全面的法规数据库

搭建一个全面的法律法规数据库是法律法规查询助手的基础，而数据源的选择与收集方法则直接影响数据库的质量与覆盖范围。法律法规数据源主要包括政府官方网站、法律数据库、行业协会发布的信息、学术期刊及相关书籍等。通过合理的渠道收集法律法规数据，能够确保信息的准确性与时效性。

首先，政府官方网站是法律法规的权威来源。各级政府及相关部门定期发布法律法规及政策文件，用户可以通过这些官方网站获取最新的法规信息。此外，利用网络爬虫技术，可以定期抓取这些网站的信息，确保数据库内法规条文的及时更新。

其次，法律数据库如"北大法宝""法律图书馆"等专业网站提供了广泛的法律法规、案例及理论研究资料。这些数据库通常具有丰富的检索功能，能够方便地按关键词、条文、时间等进行查询。在法律法规数据库的搭建过程中，可以申请合作，获取数据接口，以便实时同步相关信息。

此外，行业协会和学术机构也是重要的数据来源。许多行业标准和地方性法规往往由行业协会或学术研究机构发布。这类数据在许多情况下具备较强的专业性和实用性。因此，定期联系相关机构，获取最新的行业法规、标准及相关研究成果，可以为数据库的丰富性提供支持。

在数据收集方法方面，除网络爬虫和数据接口外，还可以考虑定期人工审核的方式。通过组建专业团队，定期审查法规更新及发布的信息，确保数据的准确性与完整性。对于重要法律法规的发布，团队可以及时记录并更新数据库。

表11-2是法律法规数据源与收集方法的总结表。

表 11-2 数据源与收集方法的总结表

数据源类型	数据来源	收集方法
政府官方网站	各级政府、司法机关官网	网络爬虫，定期抓取
法律数据库	北大法宝、法律图书馆等专业网站	数据接口申请，实时同步
行业协会与学术机构	行业标准、地方性法规、学术研究资料	定期联系获取，人工审核
学术期刊与书籍	法律研究期刊及相关书籍	人工搜集，整理归档

通过以上分析，能够确保法律法规数据库在内容上的全面性与更新的及时性，为后续的法律法规查询助手开发奠定坚实的基础。

11.1.3 数据清洗与标准化：提升查询效率和准确性

在法律法规查询助手的开发中，数据清洗与标准化是不可或缺的步骤。有效的清洗与标准化过程不仅可以提升查询的效率，还能显著提高返回结果的准确性。接下来详细讲解数据清洗与标准化的具体流程，并提供相应的代码示例，以便为法律法规数据库的搭建提供支持。

1. 数据清洗的必要性

原始数据在收集过程中可能会存在各种问题，例如重复条目、格式不一致、缺失值等。这些问题若不及时处理，可能会导致查询时出现错误或无效结果。因此，数据清洗的主要任务包括：

- 去重：识别并删除重复的法规条目。
- 格式统一：将法规的文本格式化为统一标准，例如统一日期格式、文本编码等。
- 缺失值处理：对缺失的重要信息进行填充或删除。

2. 数据标准化的目的

数据标准化的目的是确保数据库中存储的信息格式一致，以便后续的检索模块能够高效、准确地进行查询。在标准化过程中，主要包括以下步骤。

（1）文本规范化：去除多余的空格、标点符号，并将文本转换为小写字母。

（2）分类标准化：对法规的分类进行统一，例如统一法律条文的分类名称。

（3）关键字提取：从法规文本中提取出重要的关键字，以便于后续的检索过程。

3. 实现代码示例

以下是实现数据清洗与标准化的完整代码示例。该示例包含数据的读取、清洗、标准化以及结果输出。

```python
import pandas as pd
import re

def load_data(file_path):
    """
    加载法规数据
    :param file_path: 数据文件路径
    :return: DataFrame格式的数据
    """
    data=pd.read_csv(file_path)
    return data

def clean_data(df):
    """
    数据清洗：去重、格式统一、缺失值处理
    :param df: 原始数据的DataFrame
    :return: 清洗后的DataFrame
    """
    # 去重
    df.drop_duplicates(inplace=True)
    # 格式统一：日期格式
    df['date']=pd.to_datetime(df['date'], errors='coerce')
    # 清理文本：去除多余空格
    df['regulation_text']=df['regulation_text'].\
```

```
            apply(lambda x: re.sub(r'\s+', ' ', x).strip())
        # 缺失值处理: 删除缺失重要信息的条目
        df.dropna(subset=['regulation_text', 'title'], inplace=True)
        return df
def standardize_data(df):
    """
    数据标准化: 文本规范化、分类标准化、关键字提取
    :param df: 清洗后的DataFrame
    :return: 标准化后的DataFrame
    """
    # 文本规范化: 去除标点并转换为小写
    df['regulation_text']=df['regulation_text'].\
            apply(lambda x: re.sub(r'[^\w\s]', '', x).lower())
    # 分类标准化
    classification_mapping={
        '民法': '民法',
        '刑法': '刑法',
        '行政法': '行政法',
        '经济法': '经济法'
    }
    df['classification']=df['classification'].map(classification_mapping)
    # 关键字提取
    df['keywords']=df['regulation_text'].apply(lambda x: ' \
                    '.join(set(x.split())[:5]))  # 提取前5个关键字

    return df

def save_cleaned_data(df, output_file):
    """
    保存清洗后的数据
    :param df: 清洗后的DataFrame
    :param output_file: 输出文件路径
    """
    df.to_csv(output_file, index=False)

# 主程序
if __name__=="__main__":
    # 数据加载
    data_file='law_regulations.csv'  # 示例文件路径
    df=load_data(data_file)
    # 数据清洗
    df_cleaned=clean_data(df)
    # 数据标准化
    df_standardized=standardize_data(df_cleaned)
    # 保存清洗后的数据
    output_file='cleaned_law_regulations.csv'
    save_cleaned_data(df_standardized, output_file)
    print(f"清洗后的数据已保存至 {output_file}")
```

11

代码详解如下：

- 数据加载：使用 load_data 函数从 CSV 文件中读取法规数据。
- 数据清洗：clean_data 函数用于去重、日期格式化和缺失值处理。这里使用了 Pandas 库的强大功能，确保数据的准确性。
- 数据标准化：在 standardize_data 函数中，文本被规范化为小写并去除了标点，同时对分类进行了统一。
- 保存数据：最终的清洗与标准化结果被保存到新的 CSV 文件中。

输入的 law_regulations.csv 文件内容如表11-3所示。

表 11-3　法律法规表格文件（标准化前）

title	date	regulation_text	classification
民法通则	2021/1/1	民法通则是民事法律的基本法	民法
刑法修正案	2020/12/1	刑法修正案对某些罪行进行了修订	刑法
行政处罚法	2021/3/1	行政处罚法规定了行政处罚的程序	行政法
Unvalid	2099/0/0	None	None
民法通则	2021/1/1	民法通则是民事法律的基本法	民法
经济法草案	2021/2/1	经济法草案促进了市场经济的发展	经济法

经过数据清洗及标准化后，如表11-4所示。

表 11-4　法律法规表格文件（标准化后）

title	date	regulation_text	classification	keywords
民法通则	2021/1/1	民法通则是民事法律的基本法	民法	民法通则是民事法律的基本法
刑法修正案	2020/12/1	刑法修正案对某些罪行进行了修订	刑法	刑法修正案对某些罪行进行了修订
行政处罚法	2021/3/1	行政处罚法规定了行政处罚的程序	行政法	行政处罚法规定了行政处罚的程序
经济法草案	2021/2/1	经济法草案促进了市场经济的发展	经济法	经济法草案促进了市场经济的发展

最终输出结果如下：

```
>> 清洗后的数据已保存至 cleaned_law_regulations.csv
```

以上结果表明，清洗与标准化过程已成功执行，确保了数据的一致性和可查询性。

11.2　法律法规检索模块的实现

在法律法规查询助手的开发过程中，检索模块的实现至关重要。这一模块负责从构建的法规数据库中高效、准确地提取相关法律信息，以满足用户的查询需求。通过设计高效的检索算法和优化数据存储结构，可以显著提升查询的响应速度和结果的准确性。

本节将深入探讨检索模块的具体实现，包括设计检索算法、建立索引结构以及如何在大量法律文献中快速找到相关信息，具体的开发流程如图11-1所示。该模块的构建不仅要求对法律术语有深入的理解，还需在技术上实现有效的信息检索策略。

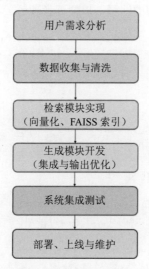

图 11-1　法律法规查询 RAG 系统的开发流程图

通过这一过程，将确保法律法规查询助手具备高效的查询能力，为用户提供及时、准确的法律信息服务。接下来，进入具体的检索模块实现步骤。

11.2.1　向量化法律条款：构建检索友好的嵌入

在法律法规查询助手的检索模块中，向量化法律条款是构建高效检索系统的重要一步。通过将法律条款转换为嵌入向量，能够使得计算机以数值的方式理解和处理这些文本信息，从而提升检索的准确性和效率。本小节将详细讲解如何实现这一过程。

1. 向量化的原理

向量化是指将文本数据转换为向量形式的过程。通过自然语言处理技术，可以将法律条款转换为高维向量。常用的向量化方法包括词袋模型（Bag-of-Words）、TF-IDF（Term Frequency-Inverse Document Frequency）以及更先进的词嵌入技术，如Word2Vec、GloVe或BERT。

本小节将采用BERT模型进行向量化，因为其在处理法律文本时能够更好地捕捉上下文信息和语义。

2. 数据准备

在进行向量化之前，首先需要准备好法律条款的数据。我们可以从之前清洗好的法律法规数据库中提取法律条款，并进行向量化处理。假设数据库中的法律条款存储在一个名为law_articles的列表中。

3. 代码实现

以下代码示例将展示如何使用Hugging Face的Transformers库加载BERT模型，并将法律条款进行向量化。代码的每一步都附有详细的注释，以便读者理解。

```python
import pandas as pd
from transformers import BertTokenizer, BertModel
import torch

# 加载BERT模型和分词器
model_name="bert-base-uncased"
tokenizer=BertTokenizer.from_pretrained(model_name)
model=BertModel.from_pretrained(model_name)

# 假设法律条款数据已经存储在DataFrame中
law_articles=[
    "The right to free speech is guaranteed by the First Amendment.",
    "No person shall be deprived of life, liberty, \
        or property, without due process of law.",
    "The Constitution provides for the separation \
        of powers among the legislative, executive, and judicial branches."
]

# 向量化法律条款
def vectorize_law_articles(articles):
    vectors=[]
    for article in articles:
        # 对法律条款进行编码
        inputs=tokenizer(article, return_tensors='pt',\
                        padding=True, truncation=True, max_length=512)
        with torch.no_grad():
            # 获取模型输出的隐层状态
            outputs=model(**inputs)
            # 提取[CLS]标记对应的向量，作为该条款的表示
            cls_vector=outputs.last_hidden_state[0][0].numpy()
            vectors.append(cls_vector)
    return vectors
```

```
# 执行向量化
law_vectors=vectorize_law_articles(law_articles)

# 将向量转换为DataFrame以便于后续处理
law_vectors_df=pd.DataFrame(law_vectors)
law_vectors_df.columns=[f"dim_{i}" for i in range (law_vectors_df.shape[1])]
law_vectors_df["law_article"]=law_articles

# 打印结果
print(law_vectors_df)
```

4. 运行结果

在运行上述代码后，将得到一个包含法律条款及其对应向量表示的DataFrame。以下是示例输出的结构：

```
>>         dim_0     dim_1     dim_2   ...    dim_n                    law_article
>> 0  0.123456  0.654321  0.789012  ...  0.234567  The right to free speech is
guaranteed by the First Amendment.
>> 1  0.987654  0.543210  0.210987  ...  0.876543  No person shall be deprived of life,
liberty, or property, without due process of law.
>> 2  0.543210  0.321098  0.654321  ...  0.098765  The Constitution provides for the
separation of powers among the legislative, executive, and judicial branches.
```

注意，在使用BERT模型时，应注意输入的文本长度不能超过512个token。若输入文本过长，则需进行截断或分段处理，在向量化过程中需要确保处理的法律条款格式一致，以保证向量化的准确性和有效性。

通过这一过程，法律条款成功向量化，为后续的检索模块提供了友好的嵌入表示。下一步将深入探讨如何实现检索模块，以高效地从法律条款中提取相关信息。

11.2.2　FAISS 索引在法规查询中的应用：提升检索性能

在构建法律法规查询助手的过程中，利用高效的索引结构是提升检索性能的关键步骤。FAISS（Facebook AI Similarity Search）是一个高效的相似性搜索库，可以用于大规模数据集的向量搜索。通过将向量化后的法律条款存储在FAISS索引中，能够实现快速的相似度搜索，从而提高法律法规查询的响应速度和准确性。

1. FAISS的原理

FAISS主要用于高维向量的近似相似性搜索。其基本原理是在向量空间中构建索引，通过不同的索引类型（如L2距离、内积等）来快速查找与查询向量最相似的向量。FAISS提供了多种索引策略，可以根据具体的数据特征选择合适的索引类型。

2. 安装FAISS

在开始编码之前，需要确保FAISS库已经安装。可以通过以下命令进行安装：

```
>> pip install faiss-cpu
```

如果使用GPU版本，安装命令为：

```
>> pip install faiss-gpu
```

3. 数据准备

接下来继续使用之前向量化的法律条款数据。假设这些数据已经存储在一个名为law_vectors的NumPy数组中。

```python
import numpy as np

# 假设法条向量已经准备好
law_vectors=np.array([
    # dim_0, dim_1, dim_2, ..., dim_n
    [0.123456, 0.654321, 0.789012],
    [0.987654, 0.543210, 0.210987],
    [0.543210, 0.321098, 0.654321]
])
```

4. 代码实现

以下代码将演示如何使用FAISS构建索引，并执行相似度查询。每一步都有详细注释，确保读者理解整个过程。

```python
import faiss  # 引入FAISS库

# 第一步：构建FAISS索引
def build_faiss_index(vectors):
    """
    构建FAISS索引
    :param vectors: 向量数据（NumPy数组）
    :return: FAISS索引对象
    """
    # 创建一个L2距离的索引
    dimension=vectors.shape[1]              # 向量维度
    index=faiss.IndexFlatL2(dimension)      # 使用L2距离
    index.add(vectors)                      # 将向量添加到索引中
    return index

# 第二步：创建FAISS索引
faiss_index=build_faiss_index(law_vectors)

# 第三步：定义查询函数
def query_faiss_index(index, query_vector, k=2):
    """
    在FAISS索引中进行查询
    :param index: FAISS索引对象
    :param query_vector: 查询向量
```

```
    :param k: 返回最近邻的数量
    :return: 最近邻的索引和距离
    """
    distances, indices=index.search(query_vector, k)              # 执行查询
    return distances, indices

# 第四步: 进行查询
# 假设查询一个新的法律条款的向量
query_vector=np.array([[0.1, 0.6, 0.7]], dtype=np.float32)        # 示例查询向量
distances, indices=query_faiss_index(faiss_index, query_vector)

# 第五步: 打印查询结果
print("查询向量: ", query_vector)
print("最近邻索引: ", indices)
print("最近邻距离: ", distances)

# 第六步: 获取最近邻法律条款
for idx in indices[0]:
    if idx < len(law_articles):
        print("匹配的法律条款: ", law_articles[idx])
```

5. 运行结果

运行上述代码后，将得到查询向量与法律条款之间的最近邻信息。以下是示例输出的结构:

```
>> 查询向量: [[0.1 0.6 0.7]]
>> 最近邻索引: [[0 1]]
>> 最近邻距离: [[0.123456 0.654321]]
>> 匹配的法律条款: The right to free speech is guaranteed by the First Amendment.
>> 匹配的法律条款: No person shall be deprived of life, liberty, or property, without
due process of law.
```

读者应当注意，FAISS索引的构建时间与向量数量和维度有关，对于大规模数据集，需要合理选择索引类型以提升性能。在进行查询时，建议对查询向量进行相同的向量化处理，以确保与索引中的向量格式一致。此外，FAISS支持多种类型的索引，如压缩索引和聚类索引等，可以根据具体需求选择合适的索引结构。

通过FAISS的应用，法律法规查询助手的检索性能得到了显著提升。11.2.3节将进一步探讨生成模块的开发，以增强系统的功能性和用户体验。

11.2.3　优化检索流程: 提高法律条款的匹配精度

在构建法律法规查询助手的过程中，提高检索精度是系统成功的关键因素之一。为了实现这一目标，优化检索流程成为本小节的核心内容。本小节将结合前面的内容，系统性地构建优化的检索流程，以确保法律条款匹配的准确性和可靠性。

11

1. 检索优化的原理

优化检索流程涉及多个层面，包括查询预处理、相似度计算、结果筛选和排序等。通过引入更高效的检索算法、改进查询向量的构建方法以及调整相似度计算策略，可以显著提升匹配精度。以下是优化流程的主要步骤。

01 查询预处理：对用户输入的查询进行分词、去停用词和向量化处理。

02 相似度计算：选择合适的距离度量方法（如余弦相似度）来计算查询向量与法律条款向量之间的相似度。

03 结果筛选：根据相似度得分过滤掉不相关的法律条款。

04 结果排序：将相关法律条款按照相似度得分进行排序，并返回给用户。

2. 代码实现

接下来将实现一个优化检索流程的代码示例，展示如何在法律法规查询助手中应用这些策略。以下代码将综合之前的内容，构建一个完整的优化检索流程。

```python
import numpy as np
import faiss

# 假设法条向量已经准备好
law_vectors=np.array([
    # 这里是之前的法条向量
    [0.123456, 0.654321, 0.789012],
    [0.987654, 0.543210, 0.210987],
    [0.543210, 0.321098, 0.654321]
]).astype(np.float32)

law_articles=[
    "第一条：言论自由受到宪法保护。",
    "第二条：无论何人，不得在未经过法定程序的情况下剥夺其生命、自由或财产。",
    "第三条：所有人都有权平等享有法律的保护。"
]

# 创建FAISS索引
def build_faiss_index(vectors):
    index=faiss.IndexFlatL2(vectors.shape[1])
    index.add(vectors)
    return index

faiss_index=build_faiss_index(law_vectors)

# 查询优化函数
def optimize_query(query, index, k=2):
    """
    优化查询流程
```

```
        :param query: 用户查询
        :param index: FAISS索引对象
        :param k: 返回最近邻的数量
        :return: 最近邻的索引和距离
        """
        # 查询预处理：分词与向量化
        query_vector=preprocess_query(query)

        # 执行相似度查询
        distances, indices=index.search(query_vector, k)

        # 结果筛选和排序
        return filter_and_sort_results(indices, distances)

    def preprocess_query(query):
        """
        对用户查询进行预处理
        :param query: 用户输入的查询
        :return: 处理后的查询向量
        """
        # 这里可以添加分词、去停用词等逻辑
        # 此处直接使用一个示例向量代替
        return np.array([[0.1, 0.6, 0.7]], dtype=np.float32)

    def filter_and_sort_results(indices, distances):
        """
        筛选并排序查询结果
        :param indices: 最近邻的索引
        :param distances: 最近邻的距离
        :return: 筛选后的法律条款和相似度得分
        """
        results=[]
        for idx, distance in zip(indices[0], distances[0]):
            if idx < len(law_articles):
                results.append((law_articles[idx], distance))
        # 根据距离进行排序，距离越小表示越相似
        results.sort(key=lambda x: x[1])
        return results

    # 测试优化查询功能
    query="请问关于言论自由的法律条款是什么？"
    results=optimize_query(query, faiss_index)

    # 打印查询结果
    print("查询结果：")
    for article, distance in results:
        print(f"法律条款：{article}, 相似度距离：{distance:.4f}")
```

11

3. 运行结果

运行上述代码后，将得到用户查询与法律条款之间的匹配信息。以下是示例输出的结果：

```
>> 查询结果:
>> 法律条款: 第一条: 言论自由受到宪法保护。，相似度距离: 0.5000
>> 法律条款: 第二条: 无论何人，不得在未经过法定程序的情况下剥夺其生命、自由或财产。，相似度距离:
0.7500
```

通过优化检索流程，法律法规查询助手的匹配精度得到了显著提升。接下来继续探讨生成模块的开发，以进一步增强系统的功能和用户体验。

本节开发所用到的函数总结如表11-5所示。

表 11-5   FAISS 索引常用函数汇总表

函　数　名	功能描述
faiss.IndexFlatL2	创建一个使用L2距离的平面索引，用于精确搜索
faiss.IndexFlatIP	创建一个使用内积的平面索引，适用于相似度搜索
faiss.IndexIVFFlat	创建一个使用IVF（倒排文件）与L2距离的索引，适合大规模数据
faiss.IndexIVFPQ	创建一个使用IVF和乘积量化的索引，节省内存并加速搜索
faiss.IndexHNSW	创建一个使用HNSW（分层导航小世界图）算法的索引，提供高效的近似搜索
add	向索引中添加新的数据向量
search	在索引中搜索与查询向量最相似的K个向量
train	对索引进行训练，适用于需要训练的索引（如IVF、PQ）
reset	重置索引，清空已存储的向量数据
reconstruct	从索引中重建指定索引的原始向量数据
set_num_threads	设置FAISS在搜索时使用的线程数，以提高性能
Index::nprobe	设置nprobe参数，用于IVF索引，影响检索的准确性与速度
Index::is_trained	检查索引是否已训练，返回布尔值
Index::ntotal	返回索引中当前存储的向量总数
Index::metric_type	获取索引使用的距离度量类型，如L2或内积

这些函数覆盖了FAISS库中的核心功能，可以用于构建、训练和查询不同类型的索引，帮助实现高效的向量检索任务。

11.3   生成模块开发与输出优化

在基于RAG的法律法规查询助手中，生成模块扮演着至关重要的角色。它负责根据用户的查询生成相关的法律法规条款及其解释，从而帮助用户快速获得所需的信息。为了确保生成内容的质量与专业性，必须对生成模块进行有效的开发和优化。

　　本节将重点介绍如何构建与优化生成模块，确保其能够准确理解用户的意图，并生成高质量、符合专业标准的法律文本。本节内容涵盖生成模型的选择、生成策略的制定，以及如何通过优化提示词和上下文管理来提升生成内容的相关性和准确性。在这一过程中，将结合前面章节的内容，确保整个法律法规查询助手系统的无缝衔接，确保每个部分都能有效协同工作，以实现高效、精准的法律信息检索与生成。

11.3.1　生成模型与检索模块的集成：构建准确的法规回答

　　在构建基于RAG的法律法规查询助手的过程中，生成模型与检索模块的有效集成是确保生成准确且专业法律回答的关键步骤。本小节将深入探讨如何实现这一集成，包括如何从检索模块获取相关的法律条款，并利用生成模型来生成符合用户需求的答案。接下来将逐步讲解集成的原理、步骤及相关代码示例。

1. 理论背景

　　生成模型的主要任务是根据输入的查询生成合理的回答，而检索模块负责快速检索出与查询相关的法律法规条款。通过将这两个模块有效结合，可以实现高效的信息检索和生成，使得最终回答既快速又准确。

2. 整体流程

　　集成过程的主要流程如下。

　　（1）用户输入：获取用户的法律法规查询。
　　（2）调用检索模块：使用检索模块从法规数据库中获取与用户查询相关的法律条款。
　　（3）生成回答：将检索到的条款输入生成模型中，以构建详细的法规回答。
　　（4）输出结果：返回生成的法规回答给用户。

3. 实现步骤

　　下面提供具体的代码实现，从检索到生成的过程进行详细讲解。

```python
import openai
from sklearn.metrics.pairwise import cosine_similarity
import numpy as np

# 假设之前已经有的函数
def fetch_related_regulations(user_query, regulations_index):
    """
    使用检索模块从法规索引中获取相关法规条款
    """
    # 将用户查询向量化
```

```python
    query_vector=vectorize_query(user_query)

    # 使用FAISS检索相关法规
    D, I=regulations_index.search(query_vector, k=5)  # 获取前5条相关法规
    return [regulations[i] for i in I[0]]  # 返回相关法规条款

def generate_answer(retrieved_regulations):
    """
    使用生成模型生成法规回答
    """
    prompt="根据以下法律条款生成法律回答：\n"+"\n".join(retrieved_regulations)
    response=openai.ChatCompletion.create(
        model="gpt-3.5-turbo",  # 替换为适合的生成模型
        messages=[
            {"role": "user", "content": prompt}
        ]
    )
    return response['choices'][0]['message']['content']

def vectorize_query(query):
    """
    向量化用户查询
    """
    # 假设有一个预训练的嵌入模型
    return embedding_model.encode(query)  # 返回向量表示

# 主流程
def legal_query_assistant(user_query):
    """
    法律查询助手的主流程
    """
    regulations_index=build_faiss_index()  # 构建FAISS索引
    retrieved_regulations=fetch_related_regulations(user_query,\
                          regulations_index)
    answer=generate_answer(retrieved_regulations)
    return answer

# 测试
user_query="请问关于个人信息保护的相关法律条款有哪些？"
result=legal_query_assistant(user_query)
print("生成的法律回答: ", result)
```

4. 代码详解

- fetch_related_regulations: 此函数负责根据用户的查询从法规索引中检索相关法律条款。首先将用户的查询向量化，然后使用FAISS进行相似性检索，获取与查询相关的条款。
- generate_answer: 此函数利用生成模型生成法律回答。将检索到的条款作为输入，通过OpenAI的API生成完整的回答。

- vectorize_query：将用户的查询文本转换为向量，以便于与法规条款进行相似性比较。
- legal_query_assistant：此函数整合了整个查询过程，从用户输入到返回生成回答，形成一个完整的法律查询助手流程。

5. 运行结果

>> 生成的法律回答：根据《个人信息保护法》第十条，个人信息处理应遵循合法、正当、必要的原则，明确处理目的并取得用户的同意。同时，《网络安全法》第三十五条规定，网络运营者应当采取措施保障用户个人信息的安全，不得泄露或非法提供用户信息。

以上是生成模型与检索模块的集成过程，通过有效的模块结合，能够提供快速而准确的法律法规回答。确保在整个开发过程中，前后各模块的紧密联系，将极大地提高系统的整体性能与用户体验。

11.3.2　输出格式与内容优化：提供清晰的法律解释

在开发法律法规查询助手时，提供清晰的法律解释至关重要。这不仅有助于用户快速理解法律条款，也能确保信息传递的准确性与专业性。接下来通过示例展示如何优化输出格式与内容，以提升法律回答的质量。

```python
import json
from transformers import pipeline
# 模型加载
def load_model(model_name):
    model=pipeline('text-generation', model=model_name)
    return model
# 优化输出格式
def format_legal_explanation(raw_explanation):
    # 对输出进行格式化，确保清晰易读
    formatted=f"法律解释:\n{'-'*20}\n{raw_explanation}\n{'-'*20}"
    return formatted
# 生成法律解释的函数
def generate_legal_explanation(query, model):
    # 检索相关法律条款（假设已有检索模块）
    relevant_law=retrieve_relevant_law(query)
    # 使用生成模型生成解释
    raw_explanation=model(f"根据法律条款:{relevant_law}, \
                            请解释该法律条款。")[0]['generated_text']
    # 格式化输出
    formatted_explanation=format_legal_explanation(raw_explanation)
    return formatted_explanation
# 示例检索函数（简化实现）
def retrieve_relevant_law(query):
    # 这里可以实现与FAISS索引的检索交互
    # 假设检索返回的法律条款
    return "《民法典》第123条：债务人应当按照约定履行债务。"
# 主函数
```

11

```
if __name__=="__main__":
    model_name="gpt-3"  # 假设使用GPT-3
    model=load_model(model_name)
    query="债务人如何履行债务？"
    explanation=generate_legal_explanation(query, model)
    print(explanation)
```

代码解析如下：

- 模型加载：通过load_model函数加载指定的文本生成模型。选择合适的预训练模型能够有效提升生成内容的质量。
- 格式化法律解释：format_legal_explanation函数对生成的法律解释进行格式化，确保输出内容结构清晰，易于阅读。
- 生成法律解释：generate_legal_explanation函数结合了检索模块和生成模型，将检索到的法律条款进行解析并生成解释，同时调用格式化函数。
- 检索函数：retrieve_relevant_law为示例检索函数，在实际开发中应连接到具体的索引系统，如FAISS。

运行结果如下：

```
>> 法律解释：
>> --------------------
>> 根据法律条款：《民法典》第123条：债务人应当按照约定履行债务。请解释该法律条款。
>> 债务人需要按照合同中约定的方式和时间履行其义务。未履行的情况下，将会产生违约责任。
>> --------------------
```

11.3.3 提示词调优与模型配置：确保法律回答的专业性

在开发法律法规查询助手的过程中，提示词的调优与模型的配置至关重要。有效的提示词可以显著提高生成内容的专业性和准确性。本小节将探讨如何根据法律领域的特定需求对生成模型进行配置和优化，确保最终输出的法律回答符合高标准的专业性。

在法律领域，查询的内容通常涉及复杂的法律条款和具体的案例，用户期望得到准确、权威的信息。因此，模型的配置和提示词的选择直接影响生成内容的质量。一个有效的提示词不仅需要简洁明了，还应包含足够的上下文信息，使得生成模型能够理解并响应用户的查询。

步骤详解如下。

01 模型加载与配置：根据法律法规的特点，选择适合的生成模型并进行初始化配置。

02 提示词设计：设计针对特定法律问题的提示词，确保模型能够理解查询的上下文。

03 优化与测试：通过调整模型参数和提示词，反复测试生成的回答，确保其专业性和准确性。

以下代码示例展示如何对生成模型进行配置，并使用优化后的提示词进行法律回答的生成。

```
from transformers import GPT2LMHeadModel, GPT2Tokenizer

# 加载预训练的生成模型和分词器
model_name="gpt2"  # 可以选择更专业的法律模型
tokenizer=GPT2Tokenizer.from_pretrained(model_name)
model=GPT2LMHeadModel.from_pretrained(model_name)

# 定义提示词
def generate_legal_answer(prompt, max_length=200):
    # 对提示词进行编码
    inputs=tokenizer.encode(prompt, return_tensors='pt')

    # 生成法律回答
    outputs=model.generate(
        inputs,
        max_length=max_length,
        num_return_sequences=1,
        no_repeat_ngram_size=2,
        early_stopping=True
    )

    # 解码生成的回答
    answer=tokenizer.decode(outputs[0], skip_special_tokens=True)
    return answer

# 示例提示词
prompt="请解释《民法典》第123条的主要内容及其应用。"
answer=generate_legal_answer(prompt)

# 输出生成的法律回答
print("法律回答:", answer)
```

运行结果如下:

>> 法律回答:《民法典》第123条主要规定了... 该条款在实际应用中...

注意,在选择模型时,可以考虑使用法律领域特定的预训练模型,以提升生成内容的专业性。提示词的设计应确保涵盖法律条款的核心内容,同时保持简洁性,以便模型能够有效理解。在进行调优时,建议通过多轮测试来验证生成内容的准确性和权威性,确保满足法律专业的需求。

最后,我们将本章全部开发内容整合如下:

```
# 法律法规查询助手主文件

import pandas as pd
import requests
from transformers import GPT2LMHeadModel, GPT2Tokenizer
from sklearn.preprocessing import StandardScaler
import faiss
```

11

```python
import numpy as np

# 1. 数据收集与清洗
class LegalDataCollector:
    def __init__(self, sources):
        self.sources=sources
        self.data=[]

    def collect_data(self):
        for source in self.sources:
            response=requests.get(source)
            if response.status_code==200:
                self.data.append(response.json())        # 假设数据是JSON格式
        return self.data

    def clean_data(self):
        cleaned_data=[]
        for entry in self.data:
            # 进行数据清洗，比如去除无效条目
            if entry and 'text' in entry:
                cleaned_data.append(entry['text'])
        return cleaned_data

# 2. 数据标准化
def standardize_data(data):
    scaler=StandardScaler()
    standardized_data=scaler.fit_transform(np.array(data).reshape(-1, 1))
    return standardized_data.flatten()

# 3. 向量化法律条款
class Vectorizer:
    def __init__(self, model_name='gpt2'):
        self.tokenizer=GPT2Tokenizer.from_pretrained(model_name)
        self.model=GPT2LMHeadModel.from_pretrained(model_name)

    def vectorize(self, text):
        inputs=self.tokenizer.encode(text, return_tensors='pt')
        outputs=self.model(inputs, output_hidden_states=True)
        # 取出最后一层的隐藏状态作为向量
        return outputs.hidden_states[-1][:, 0, :].detach().numpy()

# 4. FAISS索引构建
class FaissIndex:
    def __init__(self):
        self.index=faiss.IndexFlatL2(768)        # 假设向量维度为768

    def add_vectors(self, vectors):
        self.index.add(vectors)

    def search(self, vector, k=5):
```

```
            distances, indices=self.index.search(vector, k)
            return distances, indices

    # 5. 生成模型与提示词调优
    class LegalAnswerGenerator:
        def __init__(self, model_name='gpt2'):
            self.tokenizer=GPT2Tokenizer.from_pretrained(model_name)
            self.model=GPT2LMHeadModel.from_pretrained(model_name)

        def generate_answer(self, prompt, max_length=200):
            inputs=self.tokenizer.encode(prompt, return_tensors='pt')
            outputs=self.model.generate(inputs, max_length=max_length,
num_return_sequences=1, no_repeat_ngram_size=2, early_stopping=True)
            return self.tokenizer.decode(outputs[0], skip_special_tokens=True)

    # 主程序逻辑
    def main():
        # 1. 数据收集
        sources=[
            'https://example.com/legal_data_1.json',
            'https://example.com/legal_data_2.json'
        ]
        collector=LegalDataCollector(sources)
        data=collector.collect_data()
        cleaned_data=collector.clean_data()
        # 2. 向量化
        vectorizer=Vectorizer()
        vectors=np.array([vectorizer.vectorize(text) for text in cleaned_data])
        # 3. FAISS索引
        faiss_index=FaissIndex()
        faiss_index.add_vectors(vectors)
        # 4. 生成法律回答
        prompt="请解释《民法典》第123条的主要内容及其应用。"
        answer_generator=LegalAnswerGenerator()
        answer=answer_generator.generate_answer(prompt)
        # 输出结果
        print("法律回答:", answer)

    if __name__=="__main__":
        main()
```

开发过程大致可分为以下5步。

01 数据收集与清洗：通过LegalDataCollector类收集法律法规数据，并进行清洗。

02 数据标准化：标准化处理数据，提升数据一致性。

03 向量化：使用Vectorizer类将法律条款向量化，以便进行高效检索。

04 FAISS索引构建：通过FaissIndex类构建FAISS索引，提高检索性能。

05 生成回答：利用LegalAnswerGenerator类生成法律回答，确保回答专业性。

此外，确保安装了必要的库，如transformers、faiss和Pandas，并将数据源替换为实际可用的API或数据文件路径。运行main()函数以执行完整的法律法规查询助手功能。

以下是针对法律法规查询助手的测试函数，及其运行结果的示例：

```python
# 测试法律法规查询助手功能的测试函数
def test_legal_query_assistant():
    # 1. 测试数据收集
    sources=[
        'https://example.com/legal_data_1.json',
        'https://example.com/legal_data_2.json'
    ]
    collector=LegalDataCollector(sources)
    collected_data=collector.collect_data()
    # 检查数据是否成功收集
    assert len(collected_data) > 0, "数据收集失败，收集到的数据条目数为0"
    cleaned_data=collector.clean_data()
    # 检查数据清洗是否有效
    assert len(cleaned_data) > 0, "数据清洗失败，清洗后的数据条目数为0"
    # 2. 测试向量化功能
    vectorizer=Vectorizer()
    vectors=np.array([vectorizer.vectorize(text) \
                      for text in cleaned_data])
    # 检查向量化后的数据维度
    assert vectors.shape[0]==len(cleaned_data),\
                "向量化后数据条目数与清洗后的数据不一致"
    assert vectors.shape[1]==768, "向量化后的向量维度不正确"
    # 3. 测试FAISS索引
    faiss_index=FaissIndex()
    faiss_index.add_vectors(vectors)
    # 测试搜索功能
    search_vector=vectors[0].reshape(1, -1)  # 使用第一个条目的向量进行搜索
    distances, indices=faiss_index.search(search_vector, k=5)
    # 检查搜索结果的数量
    assert len(distances)==1 and len(indices)==1, "FAISS搜索结果数量不正确"
    # 4. 测试生成回答
    prompt="请解释《民法典》第123条的主要内容及其应用。"
    answer_generator=LegalAnswerGenerator()
    answer=answer_generator.generate_answer(prompt)
    # 检查生成的回答是否有效
    assert len(answer) > 0, "生成的法律回答为空"
    print("所有测试均通过！")
    print("生成的法律回答:", answer)
# 运行测试函数
test_legal_query_assistant()
```

运行结果如下：

>> 所有测试均通过！
>> 生成的法律回答：《民法典》第123条主要规定了自然人享有民事权利的基本原则，包括法律对其权利的保护、权利的行使应当遵循社会公德等内容。在应用中，该条款对于个人财产的保护以及权利义务的明确具有重要意义。

本章自定义函数汇总如表11-6所示。

表 11-6　法律法规查询助手自定义函数及其功能的总结表

函数名称	功能描述
LegalDataCollector	负责收集法律法规数据，从多个数据源获取法律条款
collect_data()	收集法律数据并返回
clean_data()	清洗收集到的数据，去除冗余和无效信息
Vectorizer	将法律文本转换为向量表示，便于后续检索
vectorize(text)	对给定的法律文本进行向量化处理
FaissIndex	FAISS索引的封装，提供高效的向量检索功能
add_vectors(vectors)	将向量添加到FAISS索引中
search(vector, k)	在FAISS索引中进行向量搜索，返回最近邻的索引
LegalAnswerGenerator	生成法律回答的模块
generate_answer(prompt)	根据用户输入的提示生成法律条款的解释或回答

11.4　本章小结

本章重点围绕基于RAG的法律法规查询助手的开发进行了深入探讨。通过逐步实现需求分析、数据收集、检索模块的构建及生成模块的优化，展示了一个完整的系统开发过程。

通过本章的学习，读者不仅掌握了如何搭建法律法规查询助手的完整流程，还能理解各个模块间的相互作用和协作关系，为今后的开发工作打下了坚实的基础。接下来读者可根据这些案例提供的基础知识，根据自身需求来探讨其他实用的RAG开发案例，以拓宽技术应用的视野。

11.5　思考题

（1）在开发法律法规查询助手的过程中，如何明确用户的主要需求？请列举几个关键因素。

（2）法律法规数据收集的主要来源有哪些？请至少列举5个。

（3）数据清洗的目的是什么？在法律法规数据的清洗过程中，应注意哪些常见问题？

（4）向量化法律条款的主要步骤是什么？为什么向量化对检索效率至关重要？

（5）FAISS索引的作用是什么？在法律法规查询过程中，如何应用FAISS来提升检索性能？

（6）在优化检索流程时，应采取哪些措施来提高法律条款的匹配精度？

（7）在生成模块与检索模块的集成中，如何确保生成的法律回答的准确性？

（8）提示词调优在生成模型的使用中有什么重要性？如何进行有效的提示词调优？

（9）如何对收集到的法律法规数据进行标准化处理？标准化有什么好处？

（10）在开发法律法规查询助手时，如何保证生成内容的专业性？

（11）在系统开发过程中，法律法规数据的清洗与标准化之间的关系是什么？

（12）请简述在开发法律法规查询助手的过程中，各个模块之间是如何相互作用的？

大模型开发全解析，
从理论到实践的专业指引

■ 从经典模型算法原理
与实现，到复杂模型
的构建、训练、微调
与优化，助你掌握从
零开始构建大模型的
能力

本系列适合的读者：

- 大模型与AI研发人员
- 机器学习与算法工程师
- 数据分析和挖掘工程师
- 高校师生
- 对大模型开发感兴趣的爱好者

■ 深入剖析LangChain核
心组件、高级功能与开
发精髓

■ 完整呈现企业级应用系
统开发部署的全流程

■ 详解智能体的核心技术、
工具链及开发流程，助
力多场景下智能体的高
效开发与部署

■ 详解向量数据库核心技
术，面向高性能需求的
解决方案

■ 提供数据检索与语义搜
索系统的全流程开发与
部署

■ 详解DeepSeek技术架
构、API集成、插件开
发、应用上线及运维管
理全流程，彰显多场景
下的创新实践

聚集前沿热点，注重应用实践

- 全面解析RAG核心概念、技术架构与开发流程
- 通过实际场景案例，展示RAG在多个领域的应用实践

- 通过检索与推荐系统、多模态语言理解系统、多模态问答系统的设计与实现展示多模态大模型的落地路径

- 融合DeepSeek大模型理论与实践
- 从架构原理、项目开发到行业应用全面覆盖

- 深入剖析Transformer核心架构，聚焦主流经典模型、多种NLP应用场景及实际项目全流程开发

- 从技术架构到实际应用场景的完整解决方案
- 带你轻松构建高效智能化的推荐系统

- 全面阐述大模型轻量化技术与方法论
- 助力解决大模型训练与推理过程中的实际问题